PETIT COURS

D'ARITHMÉTIQUE

ÉLÉMENTAIRE

Amiens. — Typographie Ve LAMBERT-CARON.

PETIT COURS

D'ARITHMÉTIQUE

EN CINQUANTE-DEUX LEÇONS

SUIVI DE NOTIONS SUPPLÉMENTAIRES

D'UN QUESTIONNAIRE

ET D'UN RECUEIL DE 1212 PROBLÈMES

A L'USAGE DES ÉCOLES PRIMAIRES

DU COMMERCE ET DE LA BANQUE

PAR S^{on} PAUCHET

Ancien élève de l'École Normale de la Somme
Lauréat en 1868, — 1869, — 1870, — et Membre de la Société
pour l'Instruction élémentaire, siégeant à Paris

VINGT-DEUXIÈME ÉDITION

REVUE AVEC SOIN.

Ouvrage couronné par ladite Société et adopté
dans un grand nombre d'Institutions

VeL-C

A PARIS

L. HACHETTE et Cⁱᵉ, Libraires, boulevard St-Germain, 79
Ch. FOURAUT, Lib., rue St-André-des-Arts, 47

A AMIENS

Vᵉ LAMBERT-CARON, Imp.-Lib., Éditeur
Place du Grand-Marché

AVERTISSEMENT.

Cet ouvrage est le complément de l'ARITHMÉTIQUE DES COMMENÇANTS, que nous avons publiée pour le premier âge.

L'accueil favorable que MM. les Instituteurs et Institutrices, Maîtres et Maîtresses de pension ont fait à toutes les éditions de ce *Petit Cours*, nous a engagé à revoir avec soin notre travail, et à y faire quelques corrections, pour l'améliorer autant que possible.

Nous avons pensé, comme plusieurs estimables Confrères, qu'il était préférable, pour faciliter les recherches, de rejeter les Exercices et les Problèmes à la fin du livre, au lieu de les disséminer à la suite de chaque leçon.

L'exposition est telle que la demande le savant et judicieux M. Gandon, Insp. général : « *Avec de jeunes élèves, dit-il, il faut aller de l'exemple à la règle, et non de la règle à l'exemple ; car l'enfant ne comprend pas l'abstraction.* »

Nous espérons conséquemment que cette *Nouvelle Édition* sera accueillie avec autant de bienveillance que les précédentes, par toutes les personnes qui se livrent à l'enseignement.

Le plan que nous avons suivi, nous a paru le plus rationnel ; cependant rien n'empêche de commencer l'étude du système métrique avant celle des fractions ordinaires, ni de faire résoudre en même temps ou alternativement, un problème sur les nombres entiers, un sur les nombres décimaux, et ainsi de suite.

TABLEAU SYNOPTIQUE DES MESURES MÉTRIQUES.

	NOMS DES MESURES.	VALEUR NUMÉRIQUE.	ÉCRITURE ABRÉGÉE.
Mesures de longueur.	Myriamètre.	Dix mille mètres (10000m).	Myriam. ou M.
	Kilomètre.	Mille mètres (1000).	Kilom. — K.
	Hectomètre.	Cent mètres (100).	Hectom. — H.
	Décamètre.	Dix mètres (10).	Décam. — D.
	MÈTRE.	*Unité fondamentale du Système. — Dix-millionième partie du quart du méridien terrestre.*	Mèt. — m.
	Décimètre.	Dixième du mètre (0,1)	Décim. — d.
	Centimètre.	Centième du mètre (0,01)	Centim. — c.
	Millimètre.	Millième du mètre (0,001)	Millim. —mm
Mesures des surfaces agraires.	Hectare	Cent ares. — Dix mille mètres carrés.	Hect. ou H.
	ARE.	*Carré de dix mètres de côté. — Cent mètres carrés.*	Ar. — a.
	Centiare	Centième partie de l'are. — Un mètre carré.	Cent. — c.
Mesures de volume.	Décastère	Dix stères (10).	Décast. ou D.
	STÈRE	*Mètre cube (1)*	St. — S.
	Décistère	Dixième du stère (0,1)	Décist. — d.
Mesures de capacité.	Kilolitre	Mille litres (1000).	Kilol. ou K.
	Hectolitre	Cent litres (100).	Hectol. — H.
	Décalitre	Dix litres (10).	Décal. — D.
	LITRE	*Contenance d'un décimètre cube (1)*	Lit. — L.
	Décilitre	Dixième du litre (0,1)	Décil. — d.
	Centilitre	Centième du litre (0,01).	Centil. — c.
Mesures de poids.	Myriagramme	Dix mille grammes (10000gr)	Myriagr. ou M.
	Kilogramme	Mille grammes (1000).	Kilogr. — K.
	Hectogramme	Cent grammes (100).	Hectogr. — H.
	Décagramme.	Dix grammes (10).	Décagr. — D.
	GRAMME.	*Poids d'un centimètre cube d'eau distillée* (pure).	Gr. — G.
	Décigramme.	Dixième du gramme (0,1).	Décigr. — d.
	Centigramme.	Centième du gramme (0,01)	Centigr. — c.
	Milligramme.	Millième du gramme (0,001)	Milligr. — m.
Mesures monétaires.	FRANC.	*Pièce d'argent du poids de cinq grammes.*	Fr. ou F.
	Décime.	Dixième du franc (0,1).	Déc. — d.
	Centime	Centième du franc (0,01).	Cent. — c.

* D'après notre méthode, plusieurs mesures différentes se représentent par la même lettre; mais on verra, plus tard, quelle en est l'utilité.

D'ARITHMÉTIQUE

ÉLÉMENTAIRE

PREMIÈRE LEÇON.

NOTIONS PRÉLIMINAIRES.

1. L'étendue, le temps, le poids, cent francs, etc., sont des *grandeurs*; car on peut y ajouter ou en retrancher une partie. — Donc,

On appelle grandeur ou **quantité tout ce qui est susceptible d'être augmenté ou diminué.**

2. Je vois un arbre sur la terre : au simple aperçu, il m'est impossible d'en connaître précisément la *longueur*; mais si je prends le *mètre*, par exemple, et que je le porte sur l'arbre autant de fois que cela sera possible, je me formerai une juste idée de l'étendue mesurée. — Ainsi, *Pour avoir une idée exacte d'une grandeur, il faut la comparer à une autre semblable,* souvent plus petite, nommée *unité.*

3. *L'unité est donc une grandeur qui sert à comparer ou à mesurer d'autres grandeurs de même espèce.* Dans trente pommes, l'unité est la *pomme;* dans dix-sept ares, l'unité est l'*are*, et dans quatre *millièmes* de mètre, l'unité est le *mètre.*

4. Trente, dix-sept, quatre *millièmes*, etc., sont des *nombres;* car, *On appelle nombre une réunion d'unités*

1.

ou *de parties d'unité*. L'unité elle-même est aussi parfois considérée comme un nombre. Alors, c'est *un*.

5. Quand on mesure quelque chose, Ou l'unité y est contenue un nombre de fois exactement; Ou elle y est contenue une, deux, trois... fois, plus un reste; Ou enfin elle n'y est contenue qu'en partie. — CONCLUSION : Il y a trois sortes de nombres : le nombre *entier*, le nombre *fractionnaire* et le nombre-*fraction*.

1°. *Le nombre entier renferme des unités entières seulement*, comme quatre cent sept, soixante volumes ;

2°. *Le nombre fractionnaire renferme des unités entières, et de plus des parties d'unité*, comme neuf quatre dixièmes, vingt-cinq jours et demi ;

3°. *Le nombre-fraction*, ou plus simplement la *fraction, ne contient qu'une ou plusieurs parties égales de l'unité*, comme un quart, cinquante centièmes de ration.

6. Chacun de ces nombres est *concret* ou *abstrait. Il est concret, lorsqu'on désigne la nature des unités considérées*, comme dans quatre-vingts *francs* ; *et abstrait, quand on n'indique pas l'espèce d'unité*, comme dans soixante-dix. — Cent cinquante ardoises, douze grammes, vingt-huit litres sont des nombres concrets, et seize, deux, quarante, des nombres abstraits.

7. Rendre les nombres plus grands ou plus petits, c'est *faire des opérations*, ou *calculer. Le calcul est donc l'art d'augmenter et de diminuer les nombres.* — Pour calculer, on a inventé : l'*Addition*, la *Soustraction*, la *Multiplication* et la *Division*, quatre opérations que l'on nomme *fondamentales*, parce qu'elles sont la base, le *fondement* de toutes les autres.

FORMATION DES NOMBRES.

8. Pour former les nombres, on ajoute une unité à elle-même, puis une unité au premier résultat, puis une autre unité au second résultat, et ainsi de suite. On voit par là que la série des nombres n'a point de limite; car, quelque grand que soit un nombre, en y ajoutant une nouvelle unité, on en obtient un plus grand. Néanmoins, on a trouvé un système fort simple de *Numération*, comme nous allons le voir.

DEUXIÈME LEÇON.

NUMÉRATION DES NOMBRES ENTIERS.

9. La Numération est l'art d'exprimer tous les nombres au moyen d'une petite quantité de mots et de chiffres. Elle se divise en numération parlée et en numération écrite.

La Numération parlée est l'art d'énoncer les nombres avec une petite quantité de mots, et la **Numération écrite** est l'art de les représenter par quelques caractères appelés chiffres.

NUMÉRATION PARLÉE.

10. Les noms des neuf premiers nombres sont : *un, deux, trois, quatre, cinq, six, sept, huit, neuf.* Ces neuf premiers nombres s'appellent *unités simples* ou *du 1er ordre.*

En ajoutant une unité à *neuf,* on a le nombre *dix* ou une *dizaine :* c'est l'unité du 2e. *ordre.* — On compte par dizaines comme par unités simples. On dit donc : *une dizaine, deux dizaines, trois, quatre, cinq, six, sept, huit, neuf dizaines.*

Une dizaine se nomme *dix ;*
Deux dizaines se nomment *vingt ;*
Trois dizaines —— *trente ;*
Quatre dizaines —— *quarante ;*
Cinq dizaines —— *cinquante ;*
Six dizaines —— *soixante ;*
Sept dizaines —— *soixante-dix ;* [1]
Huit dizaines —— *quatre-vingts ;* [2]
Neuf dizaines —— *quatre-vingt-dix.* [3]

11. — Or, en ajoutant à *dix* les neuf premiers nombres, on a :

Dix-un ou *onze,* — *dix-deux* ou *douze,* — *dix-trois* ou *treize,* — *dix-quatre* ou *quatorze,* — *dix-cinq* ou *quinze,* — *dix-six* ou *seize,* — *dix-sept, dix-huit, dix-neuf.*

Puis vient la seconde dizaine ou *vingt.* En ajoutant à vingt les neuf premiers nombres, on a :

Vingt-un, vingt-deux, vingt-trois, vingt-quatre..... vingt-neuf.

Puis vient la troisième dizaine ou *trente.* En ajoutant à trente les neuf premiers nombres, on a :

Trente-un, trente-deux, trente-trois, trente-quatre.... trente-neuf.

En continuant toujours de la même manière, on a successivement :

Quarante-un, quarante-deux..... quarante-neuf ;
Cinquante-un, cinquante-deux..... cinquante-neuf ;
et ainsi de suite jusqu'à *quatre-vingt-dix-neuf.*

---

[1] Ou *septante.* — [2] Ou *octante.* — [3] Ou *nonante.*

12. En ajoutant une unité à *quatre-vingt-dix-neuf*, on forme le nombre *cent* ou une *centaine*, qui est l'unité du 3° *ordre*. — On compte par centaines comme par unités simples et par dizaines. Ainsi l'on dit: *une centaine, deux centaines, trois, quatre, cinq, six, sept, huit, neuf centaines.*

Une centaine se nomme *cent* ou *un cent*;
Deux centaines se nomment *deux cents*;
Trois centaines   ——   *trois cents*;
Quatre centaines   ——   *quatre cents, etc.*

13. Or, en ajoutant, à la suite de *cent*, les quatre-vingt-dix-neuf nombres précédents, on aura :

Cent un, cent deux, cent trois..... cent quatre-vingt-dix-neuf.

Puis vient la seconde centaine ou *deux cents*. Joignant à deux cents les quatre-vingt-dix-neuf premiers nombres, on obtient :

Deux cent un, deux cent deux..... deux cent quatre-vingt-dix-neuf.

Puis vient la troisième centaine ou *trois cents*. En continuant comme auparavant, on a successivement :

Trois cent un, trois cent deux..... trois cent quatre-vingt-dix-neuf;

Quatre cent un, quatre cent deux..... quatre cent quatre-vingt-dix-neuf;

. . . .

Neuf cent un, neuf cent deux..... neuf cent quatre-vingt-dix-neuf. Ce dernier nombre, augmenté de un, donne *mille*, ou l'unité du 4° *ordre.*

TROISIÈME LEÇON.

SUITE DE LA NUMÉRATION PARLÉE.

14. De même qu'on a considéré les unités simples, les dizaines et les centaines comme formant une PREMIÈRE CLASSE d'unités, de même on regarde les mille comme formant une DEUXIÈME CLASSE, aussi composée de trois ordres, savoir : *unités de mille* ou du 4e. ordre, *dizaines de mille* ou du 5e. ordre, *centaines de mille* ou du 6e. ordre. On compte donc avec mille comme auparavant. Ainsi l'on dit :

Un mille, deux mille, trois mille, quatre mille..... neuf mille ;

Dix mille, onze mille, douze mille....... quatre-vingt-dix-neuf mille ;

Cent mille, cent un mille....... neuf cent quatre-vingt-dix-neuf mille.

15. En plaçant après chaque nombre consécutif de mille, les noms des neuf cent quatre-vingt-dix-neuf premiers nombres, on peut compter jusqu'à *neuf cent quatre-vingt-dix-neuf mille neuf cent quatre-vingt-dix-neuf.*

En ajoutant un à ce dernier nombre, on forme une collection de mille mille ou *million*, unité de la TROISIÈME CLASSE, qui est, comme toutes les autres, composée de trois ordres ternaires, savoir : *unités de millions* ou du 7e. ordre, *dizaines de millions* ou du 8e. ordre, *centaines de millions* ou du 9e. ordre.

16. Mille millions forment un *billion*, unité de la QUATRIÈME CLASSE ; Mille billions, un *trillion*, unité de la cinquième classe ; Mille trillions, un *quatrillion*, unité de la sixième classe.

Ensuite viennent les *quintillions*, les *sextillions*, les *septillions*, les *octillions*, les *nonillions* et les *décillions*, toutes espèces d'unités qui ont leurs dizaines et leurs centaines, comme les unités simples, les mille, les millions, les billions, etc. — Ces derniers prennent quelquefois le nom de *milliards* : c'est lorsqu'il s'agit de sommes d'argent.

17. Toute la numération parlée peut se résumer dans le tableau suivant :

1.	*Unités* simples,	1er. ordre.	}	1re. CLASSE.
2.	Dizaines d'unités,	2e. —	}	(Unités.)
3.	Centaines d'unités,	3e. —	}	
4.	Unités de *mille*,	4e. —	}	2e. CLASSE.
5.	Dizaines de mille,	5e. —	}	(Mille.)
6.	Centaines de mille,	6e. —	}	
7.	Unités de *millions*,	7e. —	}	3e. CLASSE.
8.	Dizaines de millions,	8e. —	}	(Millions.)
9.	Centaines de millions,	9e. —	}	

On peut étendre plus loin ce tableau, si l'on veut.

18. Il résulte, de ce qui précède, que dix unités simples forment une *dizaine* ; dix dizaines, une *centaine* ; dix centaines, un *mille* ; dix mille, une *dizaine de mille* ; dix dizaines de mille, une *centaine de mille* ; dix centaines de mille, un *million* ; dix millions, une *dizaine de millions*, etc. En un mot, *dix unités d'un ordre quelconque en forment toujours une de l'ordre immédiatement supérieur.*

19. Remarquons ici que la liste des nombres se réduit à la connaissance d'une bien petite quantité de mots. En effet, les *noms* des *neuf* premiers nombres, combinés avec ceux de *unité, dizaine, centaine,* MILLE, MILLION, BILLION OU MILLIARD, suffisent er général ; car, au-delà des billions, on exprime des nombres que l'imagination n'est plus capable d'embrasser ou de comprendre.

On dit très-souvent *onze cents, douze cents...... dix-neuf cents*, au lieu de mille cent, mille deux cents..... mille neuf cents ; — et *onze cent mille, douze cent mille.... dix-neuf cent mille*, au lieu de un million cent mille, un million deux cent mille, etc.

QUATRIÈME LEÇON.

NUMÉRATION ÉCRITE.

20. Il aurait fallu beaucoup de temps pour représenter de grands nombres par l'écriture ordinaire, et de plus, il aurait été bien difficile, par ce moyen, de faire la plupart des opérations. On a donc inventé des caractères qui, en abrégeant le temps, sont très-commodes pour le calcul. Ces caractères sont au nombre de neuf ; ils s'écrivent comme il suit :

un,	deux,	trois,	quatre,	cinq,	six,	sept,	huit,	neuf.
1	2	3	4	5	6	7	8	9

Et s'appellent *chiffres significatifs*.

21. Ensuite on a établi ce principe fondamental : que *Tout chiffre placé à la gauche d'un autre exprimerait des unités d'un ordre immédiatement supérieur à celles de cet autre* ; en d'autres termes, on est convenu que, s'il y avait plusieurs chiffres écrits les uns à côté des autres, comme 387, le premier à droite représenterait des *unités simples* ; le second, en allant vers la gauche, des *dizaines* ; le troisième, des *centaines*, et ainsi de suite. Donc, au lieu d'écrire en toutes lettres : *trois centaines, huit dizaines, sept unités*, ou même 3 *centaines,* 8 *dizaines,* 7 *unités*, on peut poser 387.

22. Supposons maintenant qu'on ait à écrire *neuf centaines et trois unités.* — Pour représenter les dizaines qui manquent dans ce nombre, on a été obligé d'inventer un dixième chiffre (0), qu'on nomme *zéro*, et que l'on met à son ordre, de cette manière: 903.

On voit également que dans *trois mille, quatre dizaines et six unités*, les centaines ne sont pas énoncées ; on les remplace par un zéro : 3046, nombre qui se lit *trois mille quarante-six.* Sans le zéro, on aurait 346, qui n'exprime que *trois cent quarante-six unités.*

23. Le zéro est donc un chiffre d'ordre ou sans valeur par lui-même, qui sert à remplacer les unités, dizaines, centaines manquantes. Il conserve ainsi le rang et la valeur des autres chiffres à gauche.

Ces autres chiffres, comme nous l'avons dit, se nomment *chiffres significatifs.* Ils ont deux espèces de valeurs: la *valeur absolue* et la *valeur relative.*

La valeur absolue d'un chiffre est celle qui lui vient de sa forme étant considéré seul, et la valeur relative est celle qu'il doit à sa position dans les nombres.

Ainsi, par exemple, dans 387, la valeur absolue ou nominale du 3 est *trois*, et sa valeur relative ou variable est *trois cents*, parce qu'il est au rang des centaines.

CINQUIÈME LEÇON.

MANIÈRE DE LIRE LES NOMBRES ENTIERS.

24. *Supposons qu'on ait à lire le nombre représenté par 5 8 7.*

Pour l'énoncer, on remarquera que le premier chiffre à droite exprime des *unités*; le second, des *dizaines*, et le troisième, des *centaines*. Puis, pour plus de facilité, on l'écrira :

$$5 \quad 8 \quad 7$$
$$c \quad d \quad u$$

En mettant *u* sous les *unités*, *d* sous les *dizaines*, et *c* sous les *centaines*.

Après cette préparation, on dira, en commençant par la gauche :

Cinq centaines font *cinq cents*; puis huit dizaines font *quatre-vingts* $=$ *cinq cent quatre-vingts*, plus sept $=$ *cinq cent quatre-vingt-sept*.

Le nombre donné se lira donc : *Cinq cent quatre-vingt-sept unités.*

25. Or, quand on sait lire trois chiffres réunis, on peut en lire facilement 10, 11, 12 et même davantage. — Pour le faire voir, *soit à exprimer la valeur du nombre suivant :* 34805736.

On le partagera en tranches de trois chiffres, en commençant par la droite, la dernière à gauche pouvant n'avoir qu'un ou deux chiffres, comme on le voit par cet exemple : 34 | 805 | 736.

Puis on se souviendra (17) que la première tranche à droite est la *tranche des unités*; la seconde, celle *des mille*, et la troisième, celle des *millions*; de

sorte que la quantité proposée peut ainsi s'écrire :
34.805.736 ou

Millions.	Mille.	Unités.
34	**805**	**736**
d. u.	c. d. u.	c. d. u.

C'est-à-dire en mettant au-dessus de chaque tranche le nom qui lui convient, et de plus *u* sous les *unités*, *d* sous les *dizaines*, et *c* sous les *centaines*, de chacune d'elles.

Après cette préparation, on dira, en commençant par la gauche, et en nommant séparément chaque tranche : *Trente-quatre millions, huit cent cinq mille, sept cent trente-six unités.*

26. Nous déduirons la règle suivante :

Pour lire un nombre entier, lorsqu'il a au moins 4 chiffres, on commence par la droite à le partager en classes, c'est-à-dire en tranches de trois chiffres chacune, sauf à ne laisser que deux, ou même un seul chiffre dans la dernière. Puis, à partir de la gauche, on lit chaque tranche comme si elle était toute seule, en ayant soin d'ajouter à la suite le nom qui lui convient.

SIXIÈME LEÇON.

MANIÈRE D'ÉCRIRE LES NOMBRES ENTIERS.

27. Il s'agit d'écrire, en chiffres, le nombre *cinq cent quarante-deux mille huit cent vingt-trois.*

On écrit d'abord 5 pour les *cinq cent mille* ; ensuite on dit : *quarante* = 4 *dizaines* ; on pose 4 à la droite de 5 ; puis on écrit les 2 *mille.* — Passant maintenant aux unités simples, on met 8 pour les *huit cents*; puis on dit : *vingt* = 2 *dizaines* ; on les place à la droite des centaines ; enfin on pose à côté les 3 *unités* qui restent, et l'on a : 542823.

28. Soit, pour second exemple, *six millions cinquante-quatre*.

J'écris 6 pour les *six millions* ; ensuite je dis : après les millions, en diminuant, viennent les *mille* ; il n'y en a pas d'exprimés (*ni centaines, ni dizaines, ni unités*), j'écris trois zéros pour en tenir la place ; enfin, comme dans cinquante-quatre unités simples, il n'y a pas encore de centaines, je remplace celles-ci par un zéro; puis je pose les 5 *dizaines* et les 4 *unités*. J'obtiens ainsi : 6.000.054.

De là cette règle :

29. Pour écrire en chiffres un nombre entier exprimé en lettres, ou énoncé en langage ordinaire, on écrit chaque classe d'unités à mesure qu'elle se présente ou qu'on la dicte, en ayant soin de remplacer, par des zéros, les unités, dizaines, centaines qui peuvent manquer dans une ou plusieurs classes.

Remarque. Notre système de numération, ou *manière de compter*, se nomme *système décimal*, pour deux raisons : 1°. *parce que les nombres augmentent ou diminuent de dix en dix* ; 2° *parce qu'on se sert de dix caractères seulement*. Le nombre *dix* est la *base* du système.

CONSÉQUENCES DES PRINCIPES DE LA NUMÉRATION
DES NOMBRES ENTIERS.

30. 1°. En écrivant un zéro à la droite de 47, il vient 470, nombre *dix fois plus fort que le premier*.

Car le chiffre 7, qui était au rang des unités, est maintenant à celui des dizaines, et le chiffre 4, qui était au rang des dizaines, est passé à celui des centaines. Donc, puisque chaque chiffre est devenu 10 fois plus fort, en remontant d'un rang vers la gauche, le nombre lui-même est devenu aussi 10 fois plus fort.

On prouverait de la même manière, qu'en mettant deux zéros à la droite de 47, le nombre 4700 serait 100 *fois plus fort que le 1er*. On conclut de là que :

Pour rendre un nombre entier 10, 100, 1000... fois plus fort, il suffit d'écrire 1, 2, 3... zéros à sa droite.

31. 2°. En supprimant le zéro de 470, il vient 47, *nombre dix fois plus faible que le 1er*. Car le chiffre 4 des centaines est passé au rang des dizaines, et le chiffre 7 des dizaines, à celui des unités. Donc, puisque chaque chiffre est devenu 10 fois plus faible, en descendant d'un rang vers la droite, le nombre lui-même est devenu aussi dix fois plus faible.

On prouverait de la même façon, que le nombre 4700 deviendrait 100 fois moindre, en retranchant les deux zéros qui le terminent. D'où l'on conclut que :

Pour rendre un nombre entier suivi de zéros, 10, 100, 1000... fois plus faible, il suffit de supprimer, sur sa droite, 1, 2, 3... de ces zéros.

32. 3°. Il résulte encore, des mêmes principes, qu'*Un nombre entier ne change pas de valeur, soit que l'on écrive, soit que l'on supprime des zéros à sa gauche*. Car les unités, les dizaines, les centaines, etc., restent toujours au même rang.

SEPTIÈME LEÇON.

DES OPÉRATIONS FONDAMENTALES DE L'ARITHMÉTIQUE.

33. **L'Arithmétique est la science qui apprend à faire usage des nombres, — en donnant des règles faciles et certaines pour effectuer les calculs.**

Nous avons déjà dit qu'il y a *quatre opérations fondamentales* en arithmétique : *l'Addition, la Soustraction, la Multiplication* et la *Division*. Nous ajouterons que *l'addition et la multiplication* servent à augmenter les nombres ou à les *composer*, et que la *soustraction et la division* servent à les *décomposer*, c'est-à-dire à les rendre plus petits ; c'est ce que nous allons voir. — Mais auparavant, il est bon d'indiquer les signes abréviatifs des opérations de l'arithmétique.

34. Voici les principaux :

+ (*Une croix droite*) est le signe de *l'addition*, et se prononce *plus*. Ainsi 4 + 5 signifie 4 *plus* 5.

— (*Un tiret*) placé entre deux nombres, est le signe de la *soustraction*, et se prononce *moins*. Ainsi 5 — 4 veut dire 5 *moins* 4.

× (*Une croix oblique*) est le signe de la *multiplication*, et se prononce *multiplié par* ou *qui multiplie*. Ainsi, 5 × 4 veut dire 5 *multiplié par* 4, ou 5 *qui multiplie* 4.

: (*Deux points*) sont le signe de la *division* et signifient *divisé par*. Ainsi 15 : 5 indique 15 *divisé par* 5. — On peut encore figurer la division par un petit trait horizontal placé entre deux nombres, dont l'un est au-dessus de l'autre ; donc $\frac{15}{5}$ signifie également 15 *divisé par* 5.

— = (*Deux lignes parallèles*) sont le signe de *l'égalité*, et signifient *égale* ou *est égal à*. Ainsi, $4 \times 5 = 5 \times 4$ veut dire 4×5 *égale* 5×4, ou 4×5 *est égal à* 5×4.

$34 < 50$ marque que 34 est plus faible que 50 ; $50 > 34$ montre que 50 est plus fort que 34.

35. Dans chaque opération, on considère quatre choses : 1° *La définition*, qui fait connaître le but qu'on se propose ; 2°. *Le procédé à suivre*, qui donne le moyen le plus facile d'opérer : il comprend *l'exemple* et la *règle* ; 3°. *Les usages*, qui indiquent dans quels cas l'opération est employée ; 4°. *La preuve*, seconde opération qui a pour but de faire savoir si la première a été bien faite. — Une preuve ne fournit pourtant pas la *certitude* qu'un nombre obtenu est exact ; car on peut commettre dans chaque opération des erreurs qui se compensent ; mais si le résultat de la *preuve* est le même que celui qu'on a trouvé précédemment, il est *très-probable* qu'on ne s'est point trompé. Dans le cas contraire, il faut repasser et corriger les calculs.

36. Avant d'étudier la 8ᵉ leçon, on ferait bien de revenir sur les précédentes, qui doivent être sues et comprises parfaitement, de manière que l'élève puisse *chiffrer* rapidement et sans hésitation tous les nombres *usuels*, c'est-à-dire ceux dont on fait usage pour les besoins de la vie, comme *deux cents* ; *mille neuf cent cinq* ; *trente mille quatre cent soixante-seize*, etc. — Le premier nombre, contenant seulement 2 *centaines* simples, s'écrit : 200 ; — le second, qui contient 1 *mille*, 9 *centaines*, 5 *unités*, sans *dizaines*, se figure ainsi : 1905 ; — enfin, le troisième, qui renferme 3 *dizaines de mille*, point de *mille*, 4 *centaines*, 7 *dizaines* et 6 *unités*, se représente par les chiffres : 30476.

37. Sous Hugues-Capet, au x° siècle, Gerbert introduisit ou fit connaître, en Europe, les dix chiffres arabes; mais jusqu'en 1150, et même jusqu'à la fin du xv° siècle, époque où ces caractères arithmétiques furent bien usités chez nous, on comptait encore avec des objets sensibles, matériels, souvent avec des *cailloux*, et c'est sans doute de ce mot que vient celui de *calcul*.

Afin de faire mieux comprendre les commençants, le Maître peut montrer pour *unité* un CENTIME; pour *dizaine*, un DÉCIME (10 centimes); pour *centaine*, un FRANC (10 décimes ou 100 centimes), etc. Ou bien *une* petite bûchette, court et mince morceau de bois; ensuite une réunion de *dix* (en un paquet); puis une réunion de *cent* (en dix bottes ou faisceaux de dix), etc.

HUITIÈME LEÇON.

DE L'ADDITION.

---

38. Si l'on voulait savoir combien Eugène a reçu de pommes, sachant que sa mère lui en a donné 6, son père 8 et sa cousine 4, on réunirait, en un seul, les trois nombres de pommes, c'est-à-dire qu'on en ferait l'*addition*, et l'on trouverait 18.

L'ADDITION consiste donc à réunir, en un seul, plusieurs nombres de même espèce. Le résultat trouvé est appelé SOMME ou TOTAL.

Les nombres doivent être de même espèce, avons-nous dit; et en effet, s'il en était autrement, on ne saurait quel est le *nom* des unités du total. On ne peut donc pas ajouter 6 encriers avec 3 plumes, ni 100 kilogrammes avec 60 fr. et 15 bouteilles, etc...

39. Lorsque les nombres n'ont qu'un seul chiffre chacun, on les additionne de mémoire sans disposer l'opération.

Ainsi, pour faire la somme de 8, 4, 5, 7, on dira : 8 et 4 font 12, et 5, 17, et 7, 24; ou plus simplement : 8, 12, 17, 24. — Mais quand les nombres ont plusieurs chiffres, il n'en est plus de même, comme on va bientôt le voir.

40. *Un père de famille a 4 enfants. Il veut donner au 1ᵉʳ. 6412 francs ; au 2ᵉ, 5976 ; au 3ᵉ, 4833, et au 4ᵉ, 905 fr. Combien lui faut-il pour cela ?*

Il faut à cet homme 6412 fr. + 5976 + 4833 + 905. Je résoudrai donc cette question en réunissant les quatre sommes d'argent, ainsi qu'il suit :

6412	J'ai bien soin, *afin d'éviter toute confusion,* de poser les nombres les uns sous les autres, de manière que les unités soient sous les unités, les dizaines sous les dizaines, les centaines sous les centaines,
+ 5976	
+ 4833	
+ 905	
Total = 18126 fr.	

etc.; ensuite je souligne le dernier nombre, et je dis, en commençant par la droite, c'est-à-dire *par les unités :* 2 et 6, 8, et 3, 11, et 5, 16. Mais dans 16 unités, il y a 1 *dizaine* + 6 *unités* ; j'écris les 6 unités, et je retiens (*de mémoire*) la dizaine, pour l'ajouter aux dizaines de la colonne suivante à gauche, en disant :

Une dizaine de retenue et 1 font 2, et 7, 9, et 3, 12; 12 *dizaines* font 1 *centaine* + 2 *dizaines;* j'écris les 2 dizaines, et je reporte la centaine à la colonne des centaines.

Je dis donc: une centaine de retenue + 4 = 5, + 9 = 14, + 8 = 22, + 9 = 31 ; 31 *centaines* font 3 *mille* + 1 *centaine;* j'écris la centaine, et je reporte les 3 mille à la colonne des mille, en disant :

3 mille de retenus + 6 = 9, + 5 = 14, + 4 =

18. Or, 18 *mille* valent 1 *dizaine* de mille + 8 *mille* ; j'écris les 8 mille, et à leur gauche la dizaine de mille, parce qu'il n'y a plus de chiffres à additionner. J'obtiens ainsi pour total 18126 *francs.*

41. Remarque. Souvent on ne fait pas attention au nom de la colonne sur laquelle on opère ; on la considère comme exprimant des unités simples à l'égard de celle qui est à sa gauche. Ainsi l'on dit, dans la pratique : 2 et 6, 8 ; et 3, 11 ; et 5, 16 ; à 16 je pose 6 et retiens 1 ; 1 de retenu et 1, 2 ; et 7, 9 ; et 3, 12 ; je pose 2 et retiens 1, etc.

De cette explication, nous conclurons la règle générale suivante :

42. Pour faire une addition, on pose les nombres les uns sous les autres, de manière que les unités de même espèce se trouvent dans une même colonne verticale (c'est-à-dire allant de haut en bas) ; puis on tire un trait horizontal, et l'on commence l'addition par la droite. Si le résultat que l'on obtient, n'est pas plus fort que 9, on le pose sous le trait ; mais s'il surpasse 9, on n'écrit que les unités simples, ou zéro quand il n'y en a pas, et l'on retient les dizaines pour les ajouter avec celles de la colonne suivante à gauche. On opère sur cette deuxième colonne et sur les autres, comme sur la première, jusqu'à la dernière à gauche, dont la somme s'écrit en entier.

En opérant ainsi, on doit obtenir le véritable résultat ; car chaque chiffre de la somme représente le total *d'une colonne* ; donc tous ensemble expriment le total de *toutes les colonnes* ; donc la somme vaut à elle seule les nombres proposés.

NEUVIÈME LEÇON.

POURQUOI L'ON COMMENCE L'ADDITION PAR LA DROITE.

43. Pour prouver que l'on doit commencer l'addition par la droite, il suffit de faire remarquer les inconvénients que l'on rencontrerait, en opérant autrement. Pour cela, prenons un exemple.

Soit à ajouter les nombres 2658, 7849 et 8127.

2658
+ 7849
+ 8127
17~~614~~
=18634

Je dis, en commençant par la gauche, c'est-à-dire par les *mille* : 2 et 7, 9, et 8, 17 ; 17 *mille* = 1 *dizaine de mille* + 7 *mille* ; j'écris les 7 mille, et à gauche la dizaine de mille.

Puis je passe à la colonne des *centaines* : 6 et 8, 14, et 1, 15. Or, dans 15 centaines, il y a 1 *mille* et 5 *centaines* ; je pose celles-ci ; mais le mille, je dois l'ajouter aux 17 mille que j'ai déjà obtenus, ce qui fait 18. *Il faut donc que je barre le 7, pour mettre un 8 à sa place.*

À la colonne des *dizaines*, j'ai pour total 11 *dizaines*, qui valent 1 *centaine*, *plus* 1 *dizaine* ; je pose cette dernière ; mais la centaine devant être ajoutée aux 15 centaines totales, *je dois effacer 5 et écrire 6.*

Enfin, en faisant l'addition des *unités*, je trouve 24. Dans 24 unités, il y a 2 *dizaines*, *plus* 4 *unités* ; j'écris 4 au rang des unités, et je reporte les 2 dizaines à la colonne des dizaines, *en remplaçant le 1 par un 3.*

44. Après avoir abaissé les chiffres non barrés, on voit clairement que le résultat est 18634. Mais en comptant à partir de la gauche, l'opération est plus longue et plus embrouillée, puisque l'on est souvent contraint de retourner sur les additions partielles, pour rectifier un chiffre trouvé. Or, cela n'arrive pas en commençant par la droite; car on peut toujours reporter, à la colonne suivante à gauche, la retenue précédente, sans changer les chiffres du total. — Ainsi, en résumé,

On commence l'addition par la droite, afin de n'être point obligé de revenir sur ses pas pour augmenter un chiffre déjà écrit au résultat.

USAGES DE L'ADDITION.

45. L'addition s'emploie lorsque *plusieurs nombres de même espèce étant donnés, on veut en trouver un seul qui leur soit équivalent.*

PREUVE DE L'ADDITION.

46. On fait la preuve de l'addition, *en ajoutant de nouveau les nombres, mais dans un ordre inverse,* c'est-à-dire en comptant les chiffres *de bas en haut* (car d'abord on a dû les compter *de haut en bas*). Les résultats *sont égaux*, à moins qu'on ne se soit trompé.

652
+ 3937
+ 18
+ 560
= 5167

Ainsi, pour vérifier l'addition ci-dessus, et compter rapidement, je dirai, en remontant, *sans nommer les chiffres ni même la retenue* : 8, 15, 17, je retrouve 7, et retiens 1 ; — 7, 8, 11, 16, je retrouve 6 et retiens 1 ; — 6, 15, 21, je retrouve 1 et retiens 2 ; — enfin je retrouve 5 à la dernière colonne, ou *tout comme au total.*

47. De cette manière, les chiffres étant ajoutés dans un sens différent, on est presque sûr de ne pas commettre les mêmes erreurs dans les deux opérations à la fois; et comme les résultats des colonnes et du total ne doivent varier dans aucun cas, si tous les chiffres de la somme obtenue se reproduisent, il est à peu près certain que celle-ci est exacte.

Ce procédé est le plus ordinaire, parce qu'il est le plus simple et le plus avantageux. En effet, il vérifie à chaque colonne le chiffre du résultat, et fait voir de suite où l'on s'est trompé, c'est-à-dire où porte la faute, quand elle existe.

DIXIÈME LEÇON.

DE LA SOUSTRACTION.

---

48. *Un homme avait en caisse une somme de 8312 fr.; mais il a payé 3110 fr. pour un achat de marchandises. Combien lui reste-t-il ?*

Il reste à cet homme tout l'argent qu'il avait, *moins* celui qu'il a donné. Pour savoir combien vaut ce reste, il faut retirer ou *soustraire* 3110 de 8342; en d'autres termes, il faut faire une *soustraction*.

La soustraction consiste à retrancher un nombre d'un plus grand de la même espèce. Le résultat se nomme RESTE, EXCÈS ou différence.

8342 — 3110 ———————— Reste = 5232	Pour faire la soustraction proposée, j'écris d'abord le plus grand nombre, et au-dessous le plus petit, ayant bien soin d'aligner les chiffres

2.

de même espèce. Puis je tire un trait horizontal, et je dis, en commençant par la droite, c'est-à-dire *par les unités :* 0 ôté ou retiré de 2, il reste 2, que j'écris sous les unités.

Passant aux *dizaines*, je dis : 1 ôté de 4, il reste 3 dizaines, que je place à leur rang.

A la colonne suivante, qui est celle des *centaines*, j'ôte 1 de 3, il reste 2 ; je pose 2 vis-à-vis des centaines.

J'arrive aux *mille* en disant : 3 ôtés de 8, reste 5, que je mets sous les mille. Je trouve ainsi 5232 *fr.*, pour la réponse demandée.

49. Dans cet exemple, *du 1ᵉʳ cas, tous les chiffres du nombre inférieur peuvent se retrancher de ceux qui sont au-dessus d'eux ;* mais il arrive souvent *qu'un ou plusieurs chiffres du plus petit nombre surpassent leurs correspondants du plus grand ;* alors c'est le second cas, et la manière d'opérer repose sur le principe suivant :

On peut augmenter deux nombres d'une même quantité, sans en changer la différence ou le reste.

Pour le faire voir, soient les termes 5 et 12, dont la différence est 7. Si j'ajoute 6 à chacun, j'aurai 11 et 18, dont la différence est encore 7, parce que j'ai ôté, de 18, les 6 unités que je lui avais ajoutées auparavant.

50. *Maintenant, il s'agit de retrancher* 1852 *de* 2026.

<table>
<tr><td>2026</td><td rowspan="3">J'écris 2026, et au-dessous 1852. Après avoir tiré le trait horizontal, je dis, en commençant par les unités : 2 unités ôtées de 6, il reste 4 unités,</td></tr>
<tr><td>— 1852</td></tr>
<tr><td>Reste = 174</td></tr>
</table>

que j'écris à leur rang.

Passant à la colonne des *dizaines*, je dis : 5 dizaines ôtées de 2 dizaines, cela ne se peut pas. Pour pouvoir faire la soustraction, j'ajoute par la pensée, 10 *dizaines* à 2, ce qui fait 12 ; 5 de 12, il reste 7, que je place au rang des dizaines. Mais en augmentant le nombre supérieur de 10 dizaines, j'ai augmenté le reste lui-même de 10 dizaines *ou d'une centaine*. Alors, pour ne pas changer ce reste (49), je retrancherai *une centaine de plus*, c'est-à-dire 9 au lieu de 8.

Je dis donc : 9 ôtés de 0, cela ne se peut pas encore : j'ajoute, par la pensée, 10 *centaines* à zéro, ce qui fait toujours 10 ; 9 de 10, il reste 1. Mais comme j'ai augmenté le nombre supérieur de 10 centaines, le reste est lui-même augmenté de 10 *centaines ou d'un mille* Alors, pour ne pas changer ce reste, il faudra que je retranche 1 *mille de plus*, c'est-à-dire 2 au lieu de 1.

2 mille ôtés de 2 mille, il reste 0, que je puis me dispenser d'écrire, parce qu'étant à la gauche du nombre, il n'en changerait pas la valeur (32.) *Le reste de la soustraction est* **174**.

51. REMARQUE. Souvent on ne fait pas attention à l'espèce d'unité sur laquelle on opère. Dans la pratique, on dirait : 2 ôtés de 6, il reste 4 ; 5 ôtés de 2, cela ne se peut ; j'ajoute 10 à 2, ce qui fait 12 ; 5 de 12, reste 7, que j'écris. Mais comme j'ai ajouté 10 au 2 supérieur, il faut que j'ajoute 1 à 8 (*le chiffre inférieur suivant à gauche*), ce qui fait 9 ; 9 de 10, il reste 1, etc. Ou bien : A 2, pour avoir 6, il faut ajouter 4 (que je pose) ; à 5, pour avoir 12, il faut ajouter 7 ; à 9, pour avoir 10, il faut ajouter 1 ; à 2, pour avoir 2, il faut ajouter 0. — Mieux : 2 et 4, 6 ; 5 et 7, 12, etc.

De ce qui précède, on peut conclure la règle :

52. **Pour faire une soustraction, on écrit le plus petit nombre sous le plus grand, de manière que les unités de même espèce soient alignées; puis on tire un trait horizontal. En commençant par la droite, on retranche chaque chiffre inférieur du supérieur vis-à-vis; le reste se pose à son rang. Mais lorsqu'un chiffre d'en bas est plus fort que son correspondant, on ajoute 10 par la pensée à celui-ci; alors il n'y a plus de difficulté; ensuite on force de 1 le chiffre du dessous à gauche, ce qui rectifie la précédente augmentation que l'on a faite. On continue de même jusqu'à l'ordre le plus élevé; on a ainsi la réponse cherchée.**

Car chaque chiffre du résultat représente le reste d'*une colonne*; donc tous ensemble représentent le reste de *toutes les colonnes*, et la quantité obtenue est la différence des deux sur lesquelles on a opéré.

ONZIÈME LEÇON.

POURQUOI L'ON COMMENCE LA SOUSTRACTION PAR LA DROITE.

53. Pour prouver que l'on doit commencer la soustraction par la droite, il suffit de faire remarquer les inconvénients que l'on rencontrerait, en opérant autrement.

Supposons donc qu'il s'agisse de retrancher 586 de

725. — Je dis : 725 est plus fort que 586 ; mais la partie 25 du premier nombre (*abstraction faite du chiffre à gauche*), est moindre que la partie 86 du second nombre. Donc si je retranchais d'abord 5 de 7, il me serait impossible ensuite de soustraire 86 de 25, sans diminuer le reste déjà obtenu. — Comme ces inconvénients se répéteraient souvent, on est convenu de commencer par la droite. De cette manière, d'ailleurs, on obtient à chaque opération partielle un véritable chiffre du résultat, lorsqu'on ne se trompe pas en opérant. — Ainsi,

On commence la soustraction par la droite, afin de n'être point obligé de revenir sur ses pas, pour diminuer un chiffre déjà écrit au reste.

USAGES DE LA SOUSTRACTION.

54. La soustraction s'emploie lorsque, connaissant la somme de deux nombres, et l'un d'entre eux, on veut déterminer l'autre; ou lorsqu'on doit retrancher un nombre donné, d'un autre, également donné ou connu.

PREUVES DE L'ADDITION ET DE LA SOUSTRACTION.

55. *Seconde manière* de vérifier l'addition. — On emploie la soustraction. — Voici un exemple :

	Je réunis d'abord les chiffres de
8765	la 1re ligne verticale à gauche ; j'ob-
+ 977	tiens 15 *mille*, que je retranche de
+ 6452	18, partie correspondante du total ;
+ 1903	le reste est 3, que j'écris au-dessous.
Total. 18097	Ces 3 mille, avec 0 centaine du total,
Preuve. 3110	font 30 *centaines*.

Puis je fais l'addition des *centaines*. Je trouve 29 ; 29 centaines ôtées de 30, il reste 1 *centaine*, que j'écris. Jointe aux 9 dizaines du total, elle forme 19 *dizaines*.

Or, la somme des chiffres de la colonne des *dizaines* est 18 ; 18 dizaines ôtées de 19, il reste *une dizaine*, qui, avec le chiffre 7 des unités, produit 17.

Enfin j'opère sur la dernière colonne ; j'ai précisément 17 ; 17 unités ôtées de 17, il reste 0, que j'écris. D'où je conclus que la somme trouvée est exacte ; car *si d'un tout, on prend toutes les parties, il ne doit rien rester.*

(Les chiffres 3, 1, 1, doivent maintenant être barrés, puisque les unités qu'ils représentent, après avoir été converties successivement en unités de l'ordre inférieur, ont été *reportées* sur celles de la somme partielle suivante, *et ensuite retranchées*).

56. REMARQUE. Dans la pratique, pour vérifier cette opération, on dirait : 8, 14, 15 ; de 18 reste 3, suivi de 0, 30 ; — 7, 16, 20, 29, de 30 reste 1, suivi de 9, 19 ; — 6, 13, 18, de 19 reste 1, suivi de 7, 17 ; — 5, 12, 14, 17, de 17 reste nul.

57. De là cette règle : *Il faut recompter les chiffres, mais d'abord vers la gauche, et retrancher successivement chaque somme obtenue de la partie correspondante du résultat. Les différents restes se joignent aux unités totales de l'ordre suivant.* La dernière colonne donne pour reste 0, si l'on a bien calculé.

58. PREUVE DE LA SOUSTRACTION. *On ajoute le reste avec le plus petit nombre ; on doit retrouver le plus grand au total.* Car le reste est ce qui manque au moindre nombre pour valoir le plus fort ; donc si l'on opère comme il vient d'être dit, on aura pour somme le plus grand lui-même, sauf erreur.

Ex. : *Soit à ôter 4725 de 5183.* En faisant la soustraction, je trouve 458 unités de reste. Pour véri-

5183
— 4725
Reste = 458

fier, j'additionne 458 avec 4725, et comme je retombe sur 5183, je conclus que la soustraction est bonne. — On se dispense d'écrire de nouveaux chiffres, parce que ceux du plus grand nombre servent assez.

On pourrait aussi soustraire le reste du plus grand nombre, pour avoir le plus petit.

DOUZIÈME LEÇON.

DE LA MULTIPLICATION.

---

59. *Un ouvrier gagnant 2 fr. par journée, a travaillé pendant 307 jours. Combien lui donnera-t-on pour son salaire ?*

Il est évident qu'on lui donnera 307 fois 2 fr. Mais additionner ainsi 307 nombres, serait chose bien pénible. Il faut donc calculer le total d'une manière plus prompte et plus facile, c'est-à-dire *multiplier* 2 fr. par 307.

Multiplier un nombre par un autre, c'est en chercher un troisième qui se compose avec le premier, comme le second se compose avec l'unité.

Ce qui signifie que si le second nombre est 2, 3, 4... fois plus fort que l'unité, ou 1, le troisième sera aussi 2, 3, 4... fois plus fort que le premier.

On donne des noms différents à chacun de ces

nombres. *Celui qu'on doit multiplier*, s'appelle *mul-tiplicande ; celui par lequel on multiplie*, se nomme *multiplicateur*, et le troisième, ou *le résultat obtenu*, porte le nom de *produit*. Le multiplicande et le multiplicateur s'appellent aussi *facteurs* du produit; car ce sont eux qui servent à le former.

On comprendra actuellement ceci :

60. La multiplication consiste à chercher un produit qui se compose avec le multipli-cande, comme le multiplicateur se compose avec l'unité.

Ainsi, multiplier 25 par 4, c'est chercher un pro-duit qui soit formé avec 25, comme 4 l'est avec l'unité. Or, 4 se compose de 4 fois l'unité ; donc le produit se composera de 4 fois 25. — Quand le multiplicateur est un nombre *entier*, on peut encore dire que la multiplication est *une opération par laquelle on répète le multiplicande autant de fois qu'il y a d'unités dans le multiplicateur.*

61. LA MULTIPLICATION est une addition abrégée.

En effet, en écrivant le multiplicande en colonne verticale autant de fois qu'il y a d'unités dans le multiplicateur, et en faisant l'addition, on aurait le produit demandé, comme on le voit ici pour 25×4.

$$
\begin{array}{r}
25 \\
25 \\
25 \\
25 \\
\hline
\end{array}
$$

100, somme et produit.

Mais comme cette opération serait souvent très-longue, on a cherché une *méthode* abrégée pour arriver au résultat, et c'est elle qui porte le nom de *multiplication.*

62. Avant de l'exposer, nous ferons remarquer que, de la définition même, il résulte :

1° *Que si le multiplicateur est l'unité, le produit sera égal au multiplicande ;*

2° *Que si le multiplicateur est plus fort que l'unité, le produit sera plus fort que le multiplicande ;*

3° *Que si le multiplicateur est plus faible que l'unité, le produit sera moindre que le multiplicande ;*

4° *Que le multiplicateur peut être considéré comme un nombre abstrait ;* car il indique seulement le nombre de fois qu'il faut répéter l'autre facteur ;

5° *Que les unités du produit sont de la même espèce que celles du multiplicande,* puisque le produit n'est autre chose que le multiplicande lui-même répété un certain nombre de fois.

Cela posé, on peut avoir à multiplier : 1° un nombre *simple* ou d'un seul chiffre, par un nombre simple ; 2° un nombre *composé* ou de plusieurs chiffres par un nombre simple ; 3° un nombre composé par un nombre composé (3 Cas).

63. 1ᵉʳ. Cas. *Pour obtenir le produit d'un nombre simple par un nombre simple, on se sert de la table de multiplication* suivante, nommée aussi table de Pythagore.

Pour la former, on construit un carré, que l'on divise en 9 bandes dans le sens horizontal et dans le sens vertical ; puis on écrit les 9 premiers nombres dans la 1ʳᵉ colonne horizontale, et dans la 1ʳᵉ bande verticale. — On obtient la seconde colonne horizontale, en ajoutant 2 successivement ; la 3ᵉ, en ajoutant 3, et ainsi de suite.

TABLE DE PYTHAGORE.

Sens horizontal.								
1	2	3	4	5	6	7	8	9
2	4	6	8	10	12	14	16	18
3	6	9	12	15	18	21	24	27
4	8	12	16	20	24	28	32	36
5	10	15	20	25	30	35	40	45
6	12	18	24	30	36	42	48	54
7	14	21	28	35	42	49	56	63
8	16	24	32	40	48	56	64	72
9	18	27	36	45	54	63	72	81

(Sens vertical, à gauche et à droite ; Sens horizontal, en bas.)

MANIÈRE DE SE SERVIR DE CETTE TABLE.

Soit à multiplier 5 par 6.

On prend le multiplicande 5 dans la 1re colonne horizontale, et le multiplicateur 6 dans la 1re colonne verticale ; on suit du doigt ou des yeux les deux bandes, jusqu'au moment où elles se rencontrent, et dans la case correspondante, on trouve 30 pour le produit cherché.

REMARQUE. Il est facile de voir, dès maintenant, par l'examen attentif de ladite table, que les produits des nombres simples s'y trouvent généralement deux fois :

Que, par exemple, $3 \times 7 = 7 \times 3 = 21$, etc.

On formule ainsi ce *théorème*, qui sera démontré plus tard, pour des quantités quelconques : *On peut transposer deux nombres, sans que leurs produits soient changés.* — (Un *théorème* est une vérité qui devient évidente à l'aide d'une démonstration.)

AUTRE TABLE DE MULTIPLICATION,

Que les Élèves doivent apprendre de mémoire.

1 fois 1 fait 1	4 fois 1 font 4	7 fois 1 font 7
1 — 2 — 2	4 — 2 — 8	7 — 2 — 14
1 — 3 — 3	4 — 3 — 12	7 — 3 — 21
1 — 4 — 4	4 — 4 — 16	7 — 4 — 28
1 — 5 — 5	4 — 5 — 20	7 — 5 — 35
1 — 6 — 6	4 — 6 — 24	7 — 6 — 42
1 — 7 — 7	4 — 7 — 28	7 — 7 — 49
1 — 8 — 8	4 — 8 — 32	7 — 8 — 56
1 — 9 — 9	4 — 9 — 36	7 — 9 — 63
2 fois 1 font 2	5 fois 1 font 5	8 fois 1 font 8
2 — 2 — 4	5 — 2 — 10	8 — 2 — 16
2 — 3 — 6	5 — 3 — 15	8 — 3 — 24
2 — 4 — 8	5 — 4 — 20	8 — 4 — 32
2 — 5 — 10	5 — 5 — 25	8 — 5 — 40
2 — 6 — 12	5 — 6 — 30	8 — 6 — 48
2 — 7 — 14	5 — 7 — 35	8 — 7 — 56
2 — 8 — 16	5 — 8 — 40	8 — 8 — 64
2 — 9 — 18	5 — 9 — 45	8 — 9 — 72
3 fois 1 font 3	6 fois 1 font 6	9 fois 1 font 9
3 — 2 — 6	6 — 2 — 12	9 — 2 — 18
3 — 3 — 9	6 — 3 — 18	9 — 3 — 27
3 — 4 — 12	6 — 4 — 24	9 — 4 — 36
3 — 5 — 15	6 — 5 — 30	9 — 5 — 45
3 — 6 — 18	6 — 6 — 36	9 — 6 — 54
3 — 7 — 21	6 — 7 — 42	9 — 7 — 63
3 — 8 — 24	6 — 8 — 48	9 — 8 — 72
3 — 9 — 27	6 — 9 — 54	9 — 9 — 81

64. On appelle *multiple* un nombre qui en contient un autre plusieurs fois exactement. Je suppose 30 ; c'est un multiple de 5 et de 6, puisque $5 \times 6 = 30$. Un *sous-multiple* est un nombre qui est contenu dans un autre plusieurs fois sans reste, comme 8 et 9, sous-multiples de 72. — Le *carré* ou la 2e *puissance* d'un nombre est le produit de ce nombre par lui-même. Ainsi, 4 est le carré de 2 ; car $2 \times 2 = 4$. La *racine carrée* d'un nombre est un second nombre qui, multiplié par lui-même, reproduit le 1er, comme 7 par rapport à 49. — Le *cube* ou la 3e *puissance* d'un nombre est le produit de ce nombre pris 3 fois facteur. Ainsi, 125 est le cube de 5 ; car $5 \times 5 \times 5 = 125$. La *racine cubique* est le nombre qui, employé 3 fois comme facteur, reproduit le 1er. Par exemple, 5 à l'égard de 125.

TREIZIÈME LEÇON.

65. 2e Cas. *Passons au second cas de la multiplication, et proposons-nous de multiplier 812 par 7.*

812 Multiplicande.
$\times$ 7 Multiplicateur.
= 5684 Produit.

— En écrivant le nombre 812, 7 fois en colonne ou sur 7 lignes, et en faisant l'addition, j'aurais le produit demandé. Mais il est évident que, dans cette addition, je répèterais 7 fois les 2 unités, 7 fois la dizaine, et 7 fois les 8 centaines qui composent le multiplicande 812. Donc, je puis parvenir au but à l'aide de la table de multiplication.

Pour cela, après avoir écrit 812 et 7 au-dessous, je tire un trait horizontal sous ce dernier nombre, et je dis, en commençant par la droite : 7 fois 2 unités font 14 *unités* ; mais dans 14 unités, il y a 1 *dizaine* + 4 *unités* ; je pose les 4 unités sous les unités, et je retiens la dizaine, pour l'ajouter au produit des dizaines, que je trouve en disant :

7 fois 1 dizaine font 7 dizaines, et une de retenue font 8 *dizaines* ; je pose 8 au rang des dizaines.

Puis, 7 fois 8 centaines font 56 *centaines*, ou 5 *mille* et 6 *centaines*; j'écris les 6 centaines et à leur gauche les 5 *mille*, parce qu'il n'y a plus aucun chiffre à multiplier. — *Je trouve ainsi 5684 pour le produit demandé.*

Dans la pratique, on dirait : 7 fois 2, 14; je pose 4 et retiens 1 ; 7 fois 1, 7, et 1 de retenue, 8 ; je pose 8 ; 7 fois 8 font 56 ; je pose 6 et j'avance 5.

66. Conclusion : Pour multiplier un nombre composé par un nombre simple, on écrit d'abord le multiplicande, et au-dessous le multiplicateur, que l'on souligne; puis on multiplie chaque chiffre du 1er facteur par celui du second, en commençant par la droite. Quand on obtient un produit qui n'est pas plus fort que 9, on le pose; dans le cas contraire, on écrit seulement les unités, ou 0 quand elles manquent, et l'on retient les dizaines pour les ajouter au produit suivant à gauche; enfin le dernier s'écrit tel qu'on le trouve.

En opérant de cette manière, on a évidemment le résultat demandé ; car on répète toutes les parties du multiplicande, et par conséquent le multiplicande lui-même, autant de fois qu'il y a d'unités dans le multiplicateur.

(Au n° 49, nous avons employé le mot *principe*, sans en donner la définition. Nous dirons ici qu'Un *principe*, en mathématiques, est une vérité pouvant être connue par la raison et l'intelligence. Il diffère de l'*axiome*, en ce que celui-ci désigne une vérité incontestable par elle-même. Ex.: *Un tout égale la somme de ses parties; il est plus grand que chacune d'elles. Des nombres équivalents à un 3e forment égalité entre eux.*—*Hypothèse* signifie *supposition*).

QUATORZIÈME LEÇON.

---

67. **3° Cas.** — *Soit à multiplier 321 par 564.*

321 Multiplicande.	Multiplier 321 par 564,
× 564 Multiplicateur.	c'est chercher un produit
1284 1er produit partiel.	qui contienne le multi-
1926 . 2° produit partiel.	plicande 564 fois, ou 4
1605 . . 3° produit partiel.	fois + 60 fois + 500 fois.
= 181044 produit total.	Donc, si l'on répète ce

multiplicande 4 fois, plus 60 fois, plus 500 fois, en faisant la somme des trois produits partiels, on aura le produit cherché.

Après avoir écrit les deux facteurs, je multiplie 321 par 4, d'après la règle, ce qui donne 1284 pour *premier produit partiel.*

Maintenant je dis : Multiplier 321 par 60, revient à multiplier par 6 *dizaines* (10). Or, si je multiplie par ce chiffre 6 des dizaines, comme s'il exprimait des unités simples, il viendra un produit 10 fois trop *faible* (31). Pour lui rendre sa juste valeur, il faudra que j'écrive un 0 à sa droite, ou que je place le premier chiffre au rang des dizaines (ce qui vaut mieux).

Je dis donc : 6 fois 1, 6 ; je pose 6 *au rang des dizaines ;* ensuite je continue, et j'obtiens 1926 dizaines, ou 19260 unités pour *second produit partiel.*

Enfin, je dois multiplier 321 par 500, ou par 5 *centaines,* ce qui est la même chose (12). Or, si je multiplie par ce chiffre 5 des centaines comme s'il exprimait des unités simples, il viendra un produit 100 fois trop *faible* (31). Pour lui donner sa juste valeur, il faudra que j'écrive deux zéros à sa droite, ou que je place le premier chiffre sous les centaines (ce qui vaut mieux).

Je dis donc: 5 fois 1 font 5; je pose 5 *au rang des centaines*, etc. J'obtiens ainsi 1605 centaines ou 160500 unités pour *troisième produit partiel*.

Faisant l'addition des trois produits obtenus, *j'ai pour produit total 181044 unités.* — Donc,

68. Règle générale. Pour multiplier un nombre composé par un nombre composé, on multiplie tous les chiffres du multiplicande, d'abord par les unités simples du multiplicateur, puis par les dizaines, les centaines, les mille, etc., en ayant soin de poser le premier chiffre à droite de chaque produit partiel au même rang que celui par lequel on multiplie. Ensuite on additionne tous les produits partiels, et la somme qui en résulte est le produit total.

Car le multiplicande a été multiplié par tous les chiffres du multiplicateur ; or, la réunion des produits partiels doit être le produit total.

69. Lorsqu'il y a un ou plusieurs zéros entre deux chiffres significatifs au multiplicateur, cela ne change rien à la règle précédente. Comme ils ne peuvent donner que zéro pour produit, on les néglige ; mais il faut placer le premier chiffre du produit suivant, sous celui qui a servi de multiplicateur. Exemple : *Multipliez 1405 par 7003.*

Opération :	Dans l'opération, on a passé
$\begin{array}{r} 1405 \\ \times\ 7003 \\ \hline 4215 \\ 9835\ldots \\ \hline =9839215 \end{array}$	les deux zéros de 7003 ; mais on a écrit le 5 du second produit sous les mille du précédent, parce que le 7 est au rang des mille.

70. On commence la multiplication vers la droite, par la raison qu'elle n'est qu'une addition abrégée (61).

QUINZIÈME LEÇON.

INTERVERTISSEMENT DES FACTEURS.

71. *On demande combien coûteront 2328 mètres de drap, à raison de 17 fr. l'un.*

Solution : Puisqu'un mètre de drap coûte 17 fr., 2328 mètres coûteront 2328 *fois plus.* Il faut donc répéter 17 fr. 2328 fois.

$$\begin{array}{r} 17 \\ \times\ 2328 \\ \hline 136 \\ 34 \\ 51 \\ 34 \\ \hline =39576\ \text{fr.} \end{array} \qquad \begin{array}{r} 2328 \\ \times\ 17 \\ \hline 16296 \\ 2328 \\ \hline =39576\ \text{fr.} \end{array}$$

En faisant l'opération, on trouve 39576 francs, pour le *prix demandé.*

Mais on aurait pu obtenir le même résultat, en prenant 2328 pour multiplicande et 17 pour multiplicateur. Ainsi, on peut poser en principe que

72. Le produit de deux nombres ne change pas, quand on intervertit l'ordre des facteurs.

On rend cette vérité évidente par le raisonnement suivant :

Prenant à volonté les deux nombres 8 et 6, je dis que $8 \times 6 = 6 \times 8$.

En effet, je décompose le premier nombre en 8 unités distinctes, que j'écris 6 fois.

<table>
<tr><td rowspan="6" style="writing-mode:vertical-rl">Sens vertical.</td><td>1 1 1 1 1 1 1 1</td><td rowspan="6" style="writing-mode:vertical-rl">8 multiplié par 6</td></tr>
<tr><td>1 1 1 1 1 1 1 1</td></tr>
<tr><td>1 1 1 1 1 1 1 1</td></tr>
<tr><td>1 1 1 1 1 1 1 1</td></tr>
<tr><td>1 1 1 1 1 1 1 1</td></tr>
<tr><td>1 1 1 1 1 1 1 1</td></tr>
</table>

8 multiplié par 6.

Or, en comptant les parties de ce tableau dans le sens horizontal, je vois que les lignes ont 8 unités, et comme il y a 6 de ces lignes, j'ai le produit de 8 par 6, ou 8×6. — En comptant dans le sens vertical, je trouve que chaque ligne contient 6 unités, et comme il y a 8 de ces lignes, j'ai le produit de 6 par 8, ou 6×8. Mais de l'une ou de l'autre manière de compter, je trouverai toujours la même quantité; ce qui prouve que $8 \times 6 = 6 \times 8$. Donc, *le produit de deux facteurs reste le même, quel que soit l'ordre de la multiplication.*

Remarque. Lorsque le multiplicateur a plus de chiffres significatifs que le multiplicande, on peut, pour rendre l'opération plus commode, mettre le multiplicande à la place du multiplicateur, et réciproquement; puis opérer comme sur des nombres abstraits, et rétablir, au résultat, le nom de l'unité.

73. On conclut, du principe précédent :

1° *Que si l'on rend l'un des facteurs 2, 3, 4... fois plus fort, le produit devient le même nombre de fois plus fort.* Car il vaut l'autre facteur 2, 3, 4... fois plus qu'il ne le valait d'abord.

2° *Que si l'on rend l'un des facteurs 2, 3, 4... fois plus faible, le produit devient le même nombre de fois plus faible.* Car il vaut l'autre facteur 2, 3, 4... fois moins qu'il ne le valait d'abord.

3° *Que si l'on rend l'un des facteurs 2, 3, 4... fois plus fort, et l'autre facteur le même nombre de fois plus faible, le produit ne change pas de valeur.* Car ce produit devient successivement 2, 3, 4... fois plus fort, et le même nombre de fois plus faible ; donc le second changement détruit l'effet du 1er.

74. Le principe du n° 72 subsiste encore pour *un nombre quelconque de facteurs.*

Par exemple, soient les trois nombres 5, 7, 6.

En ne considérant d'abord que les deux premiers, on aura $5 \times 7 = 7 \times 5$. Reste maintenant à faire le produit par 6. Or, il est clair qu'en multipliant deux quantités égales par un même nombre, les résultats seront toujours égaux. Donc, $5 \times 7 \times 6 = 7 \times 5 \times 6$. *Ce qu'il fallait démontrer.*

75. Multiplier un facteur par un second, et le résultat par un troisième, revient à multiplier le premier par le produit des deux autres.

Je dis donc que $8 \times 2 \times 3 = 8 \times 6$, ce dernier nombre égalant 2×3.

$$\begin{array}{llllllll} 1 & 1 & 1 & 1 & 1 & 1 & 1 & 1 \\ 1 & 1 & 1 & 1 & 1 & 1 & 1 & 1 \\ \hline 1 & 1 & 1 & 1 & 1 & 1 & 1 & 1 \\ 1 & 1 & 1 & 1 & 1 & 1 & 1 & 1 \\ \hline 1 & 1 & 1 & 1 & 1 & 1 & 1 & 1 \\ 1 & 1 & 1 & 1 & 1 & 1 & 1 & 1 \end{array}$$

En effet, en écrivant 8 unités distinctes 2 fois, j'ai le produit de 8 par 2, ou 8×2. Pour avoir celui de $8 \times 2 \times 3$, je répète 3 fois les deux lignes horizontales ; mais alors j'ai aussi 6 lignes de chacune 8 unités, ou 6 fois 8 unités ; ce qui prouve que $8 \times 2 \times 3 = 8 \times 6$.

76. Réciproquement, *on peut multiplier un nombre par le produit effectué de plusieurs autres, ou par chacun d'eux successivement, on aura deux résultats égaux.* Ainsi, par exemple, sachant que $10 = 5 \times 2$, je dis que $26 \times 10 = 26 \times 5 \times 2$.

$$26 \times 10 = 26 \times 5 \times 2$$

En effet, pour avoir le produit de 26 par 10, on peut écrire 26, 10 fois en ligne verticale, et faire l'addition. — Mais au lieu de prendre la colonne tout entière, on la partage en deux autres de 5 lignes, et puisque chaque bande vaut 26×5, les deux ensemble valent 2 fois plus, c'est-à-dire $26 \times 5 \times 2$; donc, toute la colonne, ou 26×10, est la même chose que $26 \times 5 \times 2$. Ce qu'il fallait démontrer.

SEIZIÈME LEÇON.

CAS OÙ L'ON ABRÉGE LA MULTIPLICATION.

77. 1er Cas. *Supposons qu'on ait à multiplier 125 par 10.*

Nous avons vu, dans la numération (30), qu'on rend un nombre entier 10, 100, 1000... fois plus fort, en mettant 1, 2, 3... zéros à sa droite. Donc, *pour multiplier 125 par 10, il suffit d'écrire 1250.* Pour le multiplier par 100 ou par 1000, il faudrait écrire 12500, ou 125000. — D'où nous concluons cette règle :

Pour multiplier un nombre entier par 10, 100, 1000..., on met 1, 2, 3... zéros à sa

droite, c'est-à-dire autant qu'il y en a après l'unité elle-même.

78. 2° Cas. *Effectuer la multiplication de 125 par 30.*

Je remarque que $30 = 3 \times 10$; par conséquent, multiplier 125 par 30, revient à le multiplier d'abord par 3, puis le produit obtenu par 10 (75). Or, $125 \times 3 = 375$, et $375 \times 10 = 3750$. — Donc,

Pour multiplier un nombre par un autre suivi de zéros, il faut d'abord multiplier par les chiffres significatifs, sans faire attention aux zéros, puis poser à la droite du produit ceux qu'on avait négligés.

79. 3° Cas. Quand les deux facteurs sont terminés par des zéros, *on opère comme si ces zéros n'y étaient pas; ensuite on les écrit après le résultat.*

Ex.: *Dire quel est le produit de* 12600×320.

Opération.

$$12.600 = 126 \times 100.$$
$$320 = 32 \times 10$$
$$\begin{array}{r} 2\,5\,2 \\ 3\,7\,8 \\ \hline = 4.0\,3\,2.000 \end{array}$$

En effet, $12600 = 126 \times 100$, et $320 = 32 \times 10$; donc, multiplier 12600 par 320, revient à multiplier d'abord 126 par 32, puis le produit obtenu par 10 fois 100, ou 1000. Or, $126 \times 32 = 4032$. Mais, comme ce nombre doit être rendu 1000 fois plus fort, *on écrira trois zéros à sa droite, c'est-à-dire précisément autant qu'il y en a dans les deux facteurs.*

PREUVE DE LA MULTIPLICATION.

80. Il y a plusieurs *manières* de faire cette preuve. *La première consiste à recommencer l'opération en changeant l'ordre des facteurs,* c'est-à-dire en mettant le multiplicande à la place du multiplicateur et réciproquement. *Les produits sont les mêmes, si l'on n'a pas commis d'erreur* (72).

USAGES DE LA MULTIPLICATION.

81. *Quel sera le prix de 500 stères de bois, sachant que chacun coûte 8 fr. ?*

Ici, le prix d'un stère est indiqué, et l'on veut trouver celui de plusieurs; par conséquent il faut faire une multiplication; car, *en général, on sait qu'il s'agit d'effectuer cette opération, quand on connaît ce que vaut une chose, et que l'on cherche ce que valent plusieurs des mêmes choses.*

On fait aussi une multiplication pour répéter 2, 3, 4... fois le même nombre. Exemple : Un fût de vin contient 114 litres, 7 fûts de même grandeur contiendront 7 *fois* 114 *litres,* ou 114 litres $\times$ 7 $=$ 798 litres.

DIX-SEPTIÈME LEÇON.

DE LA DIVISION.

---

82. 1ʳᵉ QUESTION. *B*** a 5800 fr., avec lesquels il voudrait acheter du froment. Combien en aura-t-il d'hectolitres à 25 fr. ?*

Il est manifeste que pour chaque hectolitre, le marchand retirera 25 fr. de la somme qu'il possède, et qu'il *devra acheter autant d'hectolitres que 25 fr. sont contenus de fois dans 5800 fr.*

Autre raisonnement : Le marchand achètera 25 *fois* moins d'hectolitres qu'il n'a de francs à dépenser.

Or, si la quantité d'hectolitres était connue, en

multipliant le prix donné 25 fr., par cette quantité, on aurait pour résultat 5800. Donc, 5800 *peut être regardé comme un produit, dont le nombre 25 est un facteur, et celui que l'on cherche, l'autre facteur.*

2ᵉ Question. *On veut partager également 42 ares de terre entre 7 héritiers. Dire ce que chacun d'eux aura de terrain.*

Chaque héritier en aura visiblement 7 *fois moins* que 42 ares. Mais supposons que le partage soit fait ; En réunissant les 7 parts, ou, ce qui est la même chose, en répétant 7 fois celle d'une personne, on devrait retrouver 42 ares. *Ce dernier nombre peut donc aussi être considéré comme le résultat d'une multiplication, dont 7 est un facteur, et le nombre cherché, l'autre facteur.* — L'opération qu'il faut faire, dans les deux cas, pour trouver le nombre inconnu, se nomme *division*. — Ainsi,

83. La DIVISION est une opération par laquelle connaissant un produit nommé dividende, et l'un de ses deux facteurs, appelé diviseur, on cherche l'autre facteur nommé quotient.

Quand il est question de nombres entiers, on peut encore définir la division : *Une opération par laquelle on détermine combien de fois le diviseur est contenu dans le dividende.* D'après cela, on dit que *le dividende est le nombre qui doit être divisé ou partagé ; que le diviseur est celui par lequel on divise, et que le quotient est le résultat de la division.*

La DIVISION est une soustraction abrégée.

84. Si l'on retranchait le diviseur du dividende, puis du premier reste, etc., autant de fois que cela serait possible, le nombre des soustractions représenterait le quotient. Ainsi, par exemple, pour 32 divisé par 8, j'ôte :

1°. 8 de 32, il reste 24 ; — 2°. 8 de 24, il reste 16 ; — 3° 8 de 16, il reste 8 ; — 4°. 8 de 8, il reste 0.

Comme j'ai fait 4 *soustractions*, il s'en suit que *le nombre 4 est le quotient demandé*. Mais cette manière d'opérer étant trop longue dans la pratique, on a imaginé une méthode abrégée, et c'est elle qui porte le nom de division.

85. Avant de l'exposer, nous ferons remarquer que, de la définition même de la division, il résulte :

1° *Que le diviseur multiplié par le quotient, doit reproduire le dividende.* Car celui-ci est un produit dont le diviseur et le quotient sont les facteurs.

2° *Que si l'on rend le dividende 2, 3, 4... 10... fois plus fort, le quotient est rendu aussi 2, 3, 4... 10... fois plus fort.* Car le dividende contient le diviseur 2, 3, 4... 10... fois plus qu'il ne le contenait d'abord.

3° *Que si l'on rend le diviseur 2, 3, 4... 10... fois plus grand, le quotient est rendu 2, 3, 4... 10... fois plus faible.* Car le diviseur est contenu dans le dividende 2, 3, 4... 10... fois moins qu'il n'y était d'abord.

4° *Que si l'on rend le dividende et le diviseur le même nombre de fois plus grands, le quotient reste le même.* Car il devient successivement ce même nombre de fois plus grand et plus petit.

5° *Que si l'on rend le dividende un certain nombre de fois moindre, le quotient devient le même nombre de fois plus faible.* Car, plus le dividende est petit, moins il contient le diviseur, et plus le quotient est petit.

6° *Que si l'on rend le diviseur un certain nombre de fois plus faible, le quotient devient le même nombre de fois plus fort.* Car, plus le diviseur est faible, plus il est contenu de fois dans le dividende, et plus le quotient est grand.

7° *Que si l'on rend le dividende et le diviseur le même nombre de fois moindres, le quotient reste le même.* Car il devient successivement ce même nombre de fois plus petit et plus grand.

DIX-HUITIÈME LEÇON.

SUITE DE LA DIVISION.

86. 1ᵉʳ CAS. *Le dividende est moindre que* 10 *fois le diviseur* d'un seul chiffre, comme 34 : 5 (34 < 50); alors le quotient ne dépasse pas 9, et la division se fait de mémoire. Ainsi, 42 *divisé par* 7, donne 6, parce que 6 fois 7 font 42. — De même, 75 *divisé par* 8, donne 9, mais avec un reste 3, parce que 75 est compris entre 9 fois 8 et 10 fois 8. — On peut d'ailleurs se servir de la table de Pythagore. Voici comment :

1ᵉʳ *Exemple* : (42 : 7). On prend le diviseur 7 dans le petit carré de la 1ʳᵉ colonne horizontale ; puis on descend le long de la verticale correspondante, jusqu'à ce que l'on voie le dividende 42, et à l'extrémité à gauche, on trouve 6, quotient cherché.

Second exemple : (75 : 8). On pose le doigt sur 8, entre les deux lignes supérieures, et du haut en bas, on cherche 75, qui n'y est pas ; on s'arrête alors à 72, qui en approche, et à gauche de la bande, on aperçoit 9, pour le résultat demandé, avec 3 d'excès ou de différence ; car 75 — 72 = 3.

87. 2° CAS. *Le dividende est un nombre composé plus fort que le diviseur simple suivi d'un zéro, et il y a nécessairement plusieurs chiffres au quotient.*

EXEMPLE : *Je veux connaître combien de fois 6 est contenu dans 3912.*

<table>
<tr><td>39.1.2
36
———
.31
30
———
.12
12
———
.0</td><td>6, diviseur.
——————
6 5 2, quotient.

centaines.
dizaines.
unités.</td><td>Pour faire l'opération, j'écris sur une même ligne le dividende et le diviseur ; je sépare ces deux nombres par un trait vertical ; puis je souligne le diviseur, pour le séparer du quotient.</td></tr>
</table>

Maintenant, je dis : Diviser 3912 par 6, c'est chercher par quel nombre il faut multiplier 6, pour obtenir 3912 au produit. Or, en multipliant 6 par 10, j'ai 60, nombre plus faible que le dividende ; en le multipliant par 100, j'ai 600, nombre encore plus faible que le dividende ; mais en le multipliant par 1000, il vient 6000, qui est plus fort que 3912. Donc le quotient ne contiendra pas de mille, mais seulement *des unités, des dizaines et des centaines*. Il se composera de *trois chiffres*.

Cela posé, je cherche d'abord les centaines du quotient (102), et comme je ne puis les trouver que dans les centaines du dividende, je sépare ces dernières des autres chiffres, par un point. J'ai pour *premier dividende partiel* 39 *centaines*, que je divise par 6, en disant :

En 39, combien de fois 6 ? — Il y est contenu 6 fois. Je multiplie le diviseur par ces 6 centaines, et j'écris le produit 36 sous 39. J'obtiens pour reste 3 centaines, que je réduis, par la pensée, en 30 dizaines. J'y joins la dizaine du dividende, [1]

---

[1] C'est-à-dire je l'abaisse à la droite du reste 3.

et j'ai 31 *dizaines, qui forment le second dividende partiel.*

En 31, combien de fois 6 ? — Il y est contenu 5 fois. J'écris 5 *dizaines* au quotient, à la droite des 6 centaines. Je multiplie le diviseur par 5, et je pose le produit 30, sous 31. Il vient pour reste une dizaine. Je la décompose en 10 unités, et en y ajoutant les 2 du dividende, j'ai 12 *unités pour troisième dividende partiel.*

En 12, combien de fois 6 ? — Il y est 2 fois. Je pose ces 2 *unités* au quotient : 2 fois 6, 12 ; de 12 reste 0.

Le quotient est 652 *exactement ;* car en le multipliant par 6, pour faire la preuve, on retrouve 3912 au produit.

88. *Autre exemple.* Faire la division suivante : 590 : 7.

1ᵉʳ dividende partiel (59) 59. 0.	7, diviseur.
56	
2ᵉ dividende partiel .30	84 + $\frac{2}{7}$, quotient.
28	
Reste. 2	

Ici, le quotient total se compose de 84, *plus* du quotient de 2 par 7 (*qu'on peut pousser en décimales, ou représenter par* $\frac{2}{7}$). — Donc 590 n'est pas exactement divisible par 7 ; pour qu'il le fût, il faudrait y retrancher 2 unités.

3ᵉ *Exemple.* 86544 : 9.

Le calcul donne 9615 et 6 pour reste. Donc le quotient = 9615 + 6/9.

4ᵉ *Exemple.* 136 : 5 = 27 + 1/5.

DIX-NEUVIÈME LEÇON.

89. 3° Cas. *Division d'un nombre composé par un nombre composé.*

Prenons 37168 et 426.

Dividende 3716.8.　｜　426, diviseur.
　　　　　 3408　　　｜
　　　　──────────｜──────────
　　　　　.3088　　｜　8 7, quotient.
　　　　　 2982　　｜
　　　　──────────
Reste. . . 106

Après avoir disposé l'opération comme au second cas, je dis : Diviser 37168 par 426, c'est chercher par quel nombre il faut multiplier 426, pour obtenir 37168. Or, en multipliant 426 par 10, il vient 4260, nombre plus petit que le dividende ; en le multipliant par 100, il vient 42600, produit plus fort que 37168. — Je conclus de là que le quotient est compris entre 10 et 100, c'est-à-dire qu'il se composera de 2 chiffres (*d'unités et de dizaines*).

Cela posé, je cherche d'abord les dizaines du quotient (102), et comme je ne puis les trouver que dans les *dizaines* du dividende, je sépare ces dernières des unités, par un point. J'ai pour *premier dividende partiel* 3716 *dizaines*, que je divise par 426. — Pour plus de facilité, au lieu de dire: en 3716, combien de fois 426 ? je dis, *en faisant abstraction des deux derniers chiffres à droite du diviseur et du premier dividende partiel*: En 37, combien de fois 4 ? — 9 fois. Mais comme *j'ignore si 37 contient 4 autant que 3716 contient 426*, avant de poser 9 au quotient, je multiplie le diviseur par ce chiffre. Le produit = 3834, nombre plus grand que le dividende partiel. Cela me fait connaître que 9 *est trop fort*. J'essaie 8 de la même manière. Le produit = 3408, nombre qui peut s'ôter de 3716. Je conclus de là que 8 *est le véritable chiffre*, et je le pose au quotient.

Puis, retranchant 3408 de 3716, il reste 308 *dizaines*, que je réduis en unités, ce qui fait 3080. J'y joins les 8 unités suivantes du dividende, après lesquelles je mets un point, et j'ai 3088, *pour second dividende partiel*.

J'opère sur celui-ci comme sur le premier. Je dis donc : En 30, combien de fois 4 ? — 7 fois. Essayant 7, je trouve qu'il est *bon* ; je le pose au rang des unités ; puis je multiplie le diviseur 426 par ce chiffre, et je retranche le produit 2982 de 3088. L'opération étant terminée, il vient 87 pour quotient, *à moins d'une unité près*, parce qu'il y a un reste 106 qui ne contient plus une fois le diviseur, et par conséquent il ne s'en faut pas d'une unité qu'on n'ait le vrai résultat.

90. REMARQUE. Tout reste de division indique que le *diviseur ne divise pas exactement le dividende*, ou que le quotient n'est qu'*approximatif* (incomplet) ; alors, pour reproduire le dividende, il ne suffit pas de multiplier le diviseur par le quotient, *il faut encore ajouter au produit le reste trouvé*.

Des explications qui précèdent, voici la conclusion :

91. RÈGLE GÉNÉRALE. Pour faire une division,

1° On écrit les deux termes sur une même ligne horizontale ; puis on tire un trait ver-

tical ou une accolade entre eux ; on souligne le second ;

2º On prend, vers la gauche du dividende,
assez de chiffres pour contenir le diviseur
une fois au moins et 9 fois au plus ;

3º On divise cette quantité par le facteur
connu, et l'on pose au quotient le nombre
trouvé ;

4º On multiplie le diviseur par ce chiffre;
le produit obtenu se retranche du premier
dividende partiel ;

5º A la droite du reste, on abaisse le chiffre suivant du 1ᵉʳ terme, pour opérer comme
il vient d'être dit, et ainsi de suite jusqu'à ce
que tous les ordres d'unités soient épuisés.

En observant cette règle, on a évidemment le
quotient cherché; car on détermine successivement
le nombre de fois que le diviseur est contenu dans
chaque dividende partiel, et par conséquent le nombre de fois qu'il est contenu dans le dividende total.

VINGTIÈME LEÇON.

MANIÈRE ABRÉGÉE D'EFFECTUER LA DIVISION.

92. Dans la pratique, on abrége la division, en
agissant comme il suit:

Lorsque le diviseur est un nombre *simple*, tel
que 2, 3, 4, 5, etc., l'opération se réduit à prendre
la moitié, le tiers, le quart, le cinquième, etc., du
dividende.

Exemple. 1432 : 4.

| Dividende 1432 | 4, diviseur. | Je dis: le quart de 14 |
| = 358, quotient. | | est 3 pour 12; il reste 2 |

qui, suivi de 3, = 23; le quart de 23 est 5 pour 20; il reste 3, qui, suivi de 2, = 32; le quart de 32 est 8. Donc le quotient = 358.

93. Quand le dividende et le diviseur sont deux nombres *composés*, on fait à la fois *les multiplications et les soustractions*, ainsi qu'on le verra par l'exemple suivant : 37168 : 426.

3 7 1 6.8.	426
3 0 8 8	———
Reste . 1 0 6	87

Les 3 premiers chiffres du dividende ne pouvant pas contenir ceux du diviseur, j'en prends 4, et après le quatrième, je mets un point. — Maintenant je dis : 37 divisé par 4, donne 9, nombre qui serait *trop fort*, à cause de la *retenue*. J'écris donc 8 au quotient : 8 fois 6, 48[1]. Ne pouvant retrancher 48 de 6, je suppose ce dernier augmenté de 5 dizaines, ou de 50 *unités*, ce qui donne 56 ; 48 de 56, il reste 8. — Mais ayant augmenté 3716 de 5 *dizaines*, je dois augmenter aussi le nombre à retrancher de la même quantité, afin que la différence ne change pas. Je retiens donc 5 ; puis je dis : 8 fois 2, 16, et 5 de retenue, 21 ; 21 dizaines ôtées de 1, cela ne se peut ; j'ajoute 2 centaines ou 20 *dizaines*, à 1, ce qui donne 21 ; de 21, il reste 0, que je place à

---

[1] Mécaniquement : Le premier nombre plus fort terminé par 6 est 56 ; je dis donc : 48 de 56, reste 8 que j'écris, et retiens 5, parce que dans 56 il y a 5 dizaines. Je continue en disant : 8 fois 2, 16, et 5, 21, nombre qui finit par 1 ; 21 de 21 reste 0, et retiens 2, etc ; mais au dernier produit à gauche, j'ai bien soin de prendre le nombre supérieur tel qu'il est, sans l'augmenter.

son rang, et je retiens les 2 *centaines*, pour les ajouter au produit suivant. 8 fois 4, 32, et 2 de retenue, 34 ; de 37, reste 3. — A la droite de 308, j'abaisse le chiffre suivant, ce qui donne le *second dividende partiel*, 3088, sur lequel j'opère de même que sur le premier, et j'ai pour quotient 87 $+$ le reste 106.

94. Voici un procédé de *division* qui exige plus de chiffres que la méthode ordinaire, mais qui ramène le calcul à l'*addition* et à la *soustraction*.

			Le diviseur répété	
Dividende 23208.9.0.	5846		1 fois =	5846
— 17538			2 —	11692
	397		3 —	17538
.56709	quotient.		4 —	23384
— 52614			5 —	29230
			6 —	35076
.40950			7 —	40922
— 40922			8 —	46768
Reste. . . 28			9 —	52614

EXPLICATION.

On commence par écrire le diviseur.
Pour le multiplier :
Par 2, on double le produit 1 ;
Par 3, on additionne les produits 1 et 2 ;
Par 4, on double le produit 2 ;
Par 5, on additionne les produits 1 et 4... etc.

On forme ainsi un tableau qui contient 1, 2, 3... 9 *fois* le diviseur. Cela fait, on n'a plus qu'à retrancher, au fur et à mesure, de chaque dividende partiel, le produit qui lui est immédiatement inférieur, — après avoir eu soin d'écrire au quotient le *sous-multiple* à gauche de ce produit.

95. Cette méthode a de plus l'avantage d'épargner les tâtonnements relatifs à la détermination des véritables chiffres du quotient. — Dans le même but, nous donnons ces quelques autres procédés.

$$
\begin{array}{r|l}
1\,5\,2\,0\,0. & 7\,8\,3 \\
.\,7\,3\,7\,0 & \overline{1\,9} \\
.\,3\,2\,3 &
\end{array}
$$

2° P. : *Diviser* 15200 *par* 783. — On ajoute 1, par la pensée et suivant le cas, au premier ou au second chiffre des dividendes partiels, et au premier du diviseur, quand le second chiffre de ce diviseur surpasse 5. Ici, l'on pourrait dire : En 16, combien de fois 8 ? etc.

3°. P. : — *Même exemple.* — 15 divisé par 7 donne 2. La *moitié* de 15 est 7 (chiffre égal au premier du diviseur). Il reste 1 ; suivi de 2, 12. La *moitié* de 12 est 6 (chiffre qui n'atteint pas le second du diviseur) : 2 *est trop fort.*

4°. P. : En 15, combien de fois 7 ? — 2 fois. 2 fois 7, 14 (en partant de la gauche) ; 14 de 15, 1 ; joint à 2 = 12. — 2 fois 8, 16. Ce nombre est plus fort que 12 : 2 *est trop fort.*

5°. P., *le plus suivi :* On n'essaie que les 2 chiffres de gauche du diviseur. — 2 fois 8, 16 ; *je pose* 6 *et retiens* 1 ; 2 fois 7, 14, et 1, 15 ; *je pose* 15. J'aurais pour produit 156, qui ne peut se soustraire de 152 : 2 *est trop fort.*

CAS ABRÉVIATIFS DE LA DIVISION.

96. **1er CAS.** *Soit à diviser* 4000 *par* 100.

Nous avons vu (31) qu'on rend un nombre entier suivi de zéros, 10, 100, 1000... fois plus faible, en effaçant, sur sa droite, 1, 2, 3... de ces chiffres d'ordre.

Donc, pour diviser 4000 par 100, il suffit de retrancher deux des zéros qui le terminent, et il vient 40 pour résultat.

97. *2ᵉ* Cas. *Soit proposé d'effectuer l'opération de* 37000 : 600.

On abrége la division, en supprimant, à la droite de chacun des deux termes, *une égale quantité de zéros* et *autant qu'il est possible*, c'est-à-dire autant qu'il y en a dans le nombre qui en contient le moins. Car alors on rend le dividende et le diviseur 10, 100, 1000... fois plus petits, et le quotient ne *change* pas (85, 7ᵒ). *Mais le reste*, s'il y en a un, *veut les zéros négligés.*

$$\text{Calcul : } 37.0.0\!/\!0 \ \big|\ 6\,0\!/\!0$$
$$.10 \ \big|\ \overline{61.}$$
$$\text{Reste} \quad .400 \ \big|$$

(Nous exposerons, à la 26ᵉ, leçon, le moyen de diviser un nombre entier quelconque, par 10, 100, 1000 etc.

VINGT-UNIÈME LEÇON.

OBSERVATIONS SUR LA DIVISION.

98. 1ʳᵉ Remarque. Il arrive parfois qu'après avoir abaissé un chiffre à la droite du reste, on obtient un dividende partiel plus petit que le diviseur. Dans ce cas, on écrit un 0 au quotient, et l'on descend ensuite un nouveau chiffre du dividende, pour continuer l'opération.

Par exemple : *Soit à diviser 4256 par 7.*

$$4\,2.5.6. \ \big|\ 7$$
$$0\,5\,6 \ \big|\ \overline{608}$$
$$0\,0 \ \big|$$

Je dis: En 42, combien de fois 7 ? — 6 fois. Je pose 6; 6 fois 7, 42, de 42, reste 0. Puis j'abaisse le 5. En 5, combien de fois 7 ? — Il n'y est pas contenu; je mets 0 au quotient, pour tenir la place des dizaines manquantes; j'abaisse ensuite le 6. En 56, combien de fois 7? — 8 fois; 8 fois 7,56; de 56 reste 0. *Le quotient est* 608.

99. 2° REMARQUE. En expliquant le 3° cas de la division, nous avons dit qu'un chiffre du quotient est *trop fort*, quand le produit ne peut pas se soustraire du dividende partiel; mais on peut quelquefois, par crainte, en écrire un *trop faible*. Or, on sait qu'il en a été ainsi, lorsqu'on trouve un reste *aussi fort* ou *plus fort* que le diviseur. Alors il faut effacer le chiffre posé, et le remplacer par un autre.

$$\begin{array}{c|c} 258 & 32 \\ 34 & \overline{\quad 7 \quad} \\ \hline 258 & 32 \\ 2 & \overline{\quad 8 \quad} \\ \hline \end{array}$$

Ainsi, par exemple, en divisant 258 par 32, si l'on mettait 7 au quotient, on aurait pour reste 34, nombre qui contient encore une fois le diviseur; donc 7 est *trop faible*, et il faut l'augmenter. — Avec 8, il ne reste que 2, < que 32; donc 8 est convenable.

100. 3° REMARQUE. Aucun chiffre du quotient ne peut être plus fort que 9, parce qu'on doit toujours avoir un dividende partiel moindre que 10 fois le diviseur. S'il en était autrement, le précédent résultat serait trop faible, et il faudrait refaire le calcul.

101. 4° REMARQUE. On peut savoir d'avance, par un moyen mécanique, combien le quotient contiendra de chiffres. Il suffit, pour cela, d'ajouter 1 au nombre de ceux qui se trouvent à la suite du point au dividende. Ainsi, quand il reste 2 *chiffres* après le petit signe, il y en aura $2 + 1 = 3$ au quotient; car chaque division partielle fournit toujours le sien.

102. 5° REMARQUE. On commence la division par la gauche, parce que, de cette manière, les unités restantes d'un ordre peuvent se décomposer en unités de l'ordre inférieur suivant. — Ainsi, par exemple, les centaines restantes peuvent se décomposer en dizaines, pour être ajoutées aux dizaines du dividende; de même les dizaines restantes peuvent se décomposer en unités, pour être ajoutées aux unités du dividende. — Mais cette décomposition ne saurait avoir lieu de droite à gauche; car *tout* le reste des unités simples ne pourrait se convertir en dizaines, ni tout le reste des dizaines en centaines, etc., et par conséquent la division commencée par la droite donnerait un quotient inexact.

VINGT-DEUXIÈME LEÇON.

PREUVES DES OPÉRATIONS FONDAMENTALES.

103. *Preuve par* 9 *de l'Addition.* — On ajoute horizontalement : 1°. tous les chiffres des nombres donnés; 2°. ceux du total, en retranchant 9 des résultats, ou aussitôt que cela se peut. Il y a nécessairement deux restes identiques, à moins d'inexactitude.

$$
\begin{array}{r|r}
1723 & \\
+\ 895 & 3 \\
+\ 346 & \\
\hline
=\ 2964 & 3
\end{array}
$$

104. *Preuve par* 9 *de la Soustraction.* — On suppose que le reste et le plus petit nombre sont des quantités à joindre ensemble, et que le nombre supérieur est une *somme* obtenue; puis on suit la marche indiquée pour l'addition.

$$
\begin{array}{r|r}
1727 & 8 \\
-\ 895 & - \\
\hline
=\ 832 & 8
\end{array}
$$

105. PREUVES DE LA MULTIPLICATION. 1ᵉ. Manière. *On intervertit les nombres,* ainsi que nous l'avons dit au n° 80.

2° Manière. *On double un facteur et l'on prend la moitié de l'autre ; puis on fait une nouvelle multiplication :* le second produit est tel que le 1er, sinon il y a faute dans le calcul (73, 3°). Exemple : 456 × 32 donnant 14592, on s'assure qu'on ne s'est point trompé, en multipliant 228, moitié du multiplicande, par 64, double du multiplicateur, ou bien 912, double du premier nombre, par 16, moitié du second.

3° Manière. *On divise le résultat par le multiplicande,* et quand on a bien opéré, *on obtient pour quotient le multiplicateur.* Car le produit égale le m[de]. répété autant de fois qu'il y a d'unités dans l'autre nombre. — Ainsi, 355 × 113 égalant 40115, réciproquement 40115 : 355 fait reparaître 113.

4° Manière. *Preuve par* 9. Quoique moins rigoureuse que les autres, cette preuve est très-précieuse, à cause de son extrême simplicité.

En voici un exemple : *Soit* 6438 × 176.

Opération.	Preuve.	Pour vérifier
6438	3, reste du multiplicande.	le calcul, je dis :
× 176	5, reste du multiplicateur.	1° *Sur le multiplicande :* 6, 10,
38628	6, reste de 3 × 5.	13, 21 ; — 2 et
45066.		1 = 3. Ou : 6
6438..		et 4, 10 ; moins
1133088	6, reste du produit.	9, 1 ; et 3, 4,

et 8, 12 ; moins 9, 3, que j'écris. — 2° *Sur le multiplicateur :* 1, 8, 14 ; — 1 et 4 = 5. Ou : 1 et 7, 8, et 6, 14 ; moins 9, 5, que je pose plus bas. — 3° *Sur 3 fois* 5, 15 : 1 et 5 = 6. — 4° *Sur le produit :* 1, 2, 5, 8, 16, 24 ; — 2 et 4 = 6, etc. Comme les 2 derniers résultats sont les mêmes, la conclusion est que l'opération a été bien faite.

Règle : *On diminue de* 9, successivement et quand

il est possible, *les totaux provenant du multiplicande,
du multiplicateur, du produit des restes et du produit
total.* On trouve finalement 0, 0, — 1, 1, — 2, 2,
— 3, 3.... 8, 8, avec tous chiffres convenables. On
passe les 9 ou réunions de 9, afin d'abréger.

106. PREUVES DE LA DIVISION. 1re. Manière.
*On multiplie le diviseur par le quotient; on y ajoute
le reste, s'il y en a un; on doit retrouver le d^{de},* ou
l'on a fait erreur (85, 1°).

2°. Manière. *Preuve par 9.* Quand la division se fait
exactement, *on considère le dividende comme le produit
du diviseur, par le quotient,* et l'on agit ainsi qu'il a été
enseigné auparavant. Exemple :

Opération.		Preuve.
2 2 6 6 1.7.6.	3219	6, reste du diviseur;
.1 2 8 7 6		2, reste du quotient;
0 0 0 0	704	3, reste de 6 × 2;
		3, reste du dividende.

107. *Autre exemple* de division donnant un reste.

8 7.4.9.7.	34	7, reste du diviseur;
1 9 4	2573	8, reste du quotient;
.2 4 9		8, reste de 7 × 8 + 15;
.1 1 7		8, reste du dividende.
5 6...1 5		

1° Je fais la somme des chiffres du *diviseur*, et
j'obtiens 7;

2° J'ôte aussi les 9 contenus dans le *quotient*;
j'ai 8, que je place vis-à-vis;

3° Je multiplie 7 par 8; et sur 56, mis *avec le
reste* 15, je compte: 5, 11, 12, 17; — 1 et 7 = 8;

4° Je soustrais enfin les 9 du d^{de}, en disant : 8,
15, 19, 26; — 2 et 6 = 8. Ou: 8 et 7,15; moins 9,
6; et 4, 10; moins 9, 1; et 7, 8, que j'écris. *Les*

4.

deux derniers chiffres étant égaux, je suis presque certain que le calcul est bon, attendu ce principe : *Si l'on divise par 9 : 1° deux nombres, 2° leur produit, 3° celui de leurs restes, le 3° et le 4° excédant ne différeront en rien.*

USAGES DE LA DIVISION.

108. *5 tables ont été payées 40 francs. A combien revient chacune d'elles ?*

Ici, le prix de plusieurs tables est indiqué, et l'on veut trouver celui d'une seule ; par conséquent il faut faire une division ; car, en général, *on sait qu'il s'agit d'effectuer cette opération, quand on connaît le prix de plusieurs choses, et que l'on cherche ce que vaut une seule de ces mêmes choses.*

La division sert aussi à partager une quantité en autant de parties égales que l'on veut.

Elle fait encore savoir combien de fois un nombre est contenu dans un autre. — Ex. : Avec 7 décalitres de grain, on a ensemencé une pièce de terre. Que faudrait-il de champs de même contenance, pour semer 84 décalitres ? — Solution : *Autant de fois 7 décal. se trouvent dans 84, autant on ensemencera de pièces.* Divisant donc 84 par 7, le quotient 12 *fois* indique 12 des surfaces ou étendues en question. On peut dire également : *Il faudrait 7 fois moins de champs* qu'il n'y a de décalitres à employer, etc.

109. Remarque. On voit, par cet exemple, que *l'espèce des unités du quotient varie suivant les problèmes à résoudre. Si le dividende et le diviseur* sont de diverse nature, le quotient a la même unité que le dividende ; si, au contraire, ils appartiennent à une espèce semblable, le résultat exprime des choses différentes ou abstraites.

VINGT-TROISIÈME LEÇON.

FRACTIONS DÉCIMALES

NUMÉRATION.

110. On peut concevoir une unité quelconque divisée en 10 parties égales, appelées *dixièmes* ; le dixième partagé de même en dix parties égales appelées *centièmes* [1] ; le centième subdivisé à son tour en dix autres, nommées *millièmes* [2], et ainsi de suite, en désignant par les mots *dix-millièmes, cent-millièmes, millionièmes,* etc., les noms des parties obtenues par la division successive de chacune d'elles. — On voit, d'après cela, que *l'unité vaut* 10 *dixièmes,* 100 *centièmes,* 1000 *millièmes...* ; *le dixième,* 10 *centièmes ; le centième,* 10 *millièmes,* etc. — Toutes ces valeurs, de dix en dix fois plus petites que l'unité, se nomment *fractions décimales,* ou simplement *décimales.* — Donc,

On appelle fraction décimale une ou plusieurs portions de l'unité divisée en 10, 100, 1000... *parties égales.* Ainsi, par exemple, 0, 4 (4 *dixièmes*), qui indique que l'unité a été partagée en 10 parties, et que l'on a pris 4 d'entre elles.

111. Or, nous savons que *quand un chiffre est à la droite d'un autre, il marque un ordre ou rang dix fois plus faible que celui de cet autre ;* donc, si, après

---

[1] Parce qu'il y en a *cent* dans l'unité.
[2] Parce que l'unité en contient *mille.*

l'unité de notre système, on écrit quelques chiffres, *le 1ᵉʳ représentera des dixièmes ; le 2ᵉ, des centièmes ; le 3ᵉ, des millièmes ; le 4ᵉ, des dix-millièmes ; le 5ᵉ, des cent-millièmes ; le 6ᵉ, des millionièmes,* etc.

CONCLUSION: Les fractions décimales s'écrivent avec les mêmes caractères que les nombres entiers ; seulement il faut avoir soin, pour les distinguer de ceux-ci, de mettre une virgule à la suite des unités simples, ou du zéro qui les remplace, s'il n'y en a pas.

Exemples : 17,548 ; — 0, 62.

112. *On appelle nombres décimaux ceux qui renferment des fractions décimales.* Ils peuvent contenir des unités entières (2,50 centièmes), ou n'en pas contenir (0,755 millièmes).

Les questions sur la numération des nombres décimaux, se réduisent à deux, comme pour les nombres entiers : 1°. *Lire ou énoncer un nombre décimal ;* 2° *l'écrire en chiffres.*

MANIÈRE DE LIRE UN NOMBRE DÉCIMAL.

113. Un nombre décimal peut s'énoncer de plusieurs manières. — *Soit* 17,458. Il se lit à volonté : *17 entiers, 5 dixièmes, 4 centièmes et 8 millièmes, en donnant à chaque décimale le nom qui lui convient ;* — Ou bien : *17 entiers 548 millièmes, en ajoutant seulement, à la fin du nombre, le nom de la dernière unité.* Le plus souvent on suit cette méthode. En voici la règle :

Pour lire un nombre décimal, on énonce d'abord la partie entière, à moins qu'elle ne manque ; ensuite la fraction, à droite de la virgule, comme si c'était un nombre entier, en ajoutant à la fin le nom de la dernière unité décimale.

114. Remarque. Pour trouver ce nom dans 6ᵘ,403257, par exemple, je dirai, sur les chiffres 4, 0, 3, 2, 5, 7, les mots *dixième, centième, millième, dix-millième, cent-millième, millionième.*—Après, je partagerai le nombre en tranches de trois chiffres, ainsi que pour les entiers, etc. Il s'énoncera donc : 6 *unités*, 403 *mille*, 257 millionièmes.

MANIÈRE D'ÉCRIRE EN CHIFFRES UN NOMBRE DÉCIMAL.

115. *Soient* 13 *unités quatre-vingt-seize* cent-millièmes.

Je pose d'abord les 13 unités ; puis je me rappelle que les cent-millièmes se trouvent au cinquième rang, et que par conséquent il me faudra cinq décimales. Ensuite je dis : pour écrire 96, j'emploie deux chiffres ; mais il m'en faut cinq. Je place donc trois zéros à la gauche de 96, pour tenir lieu des dixièmes, des centièmes et des millièmes manquants, et j'ai 13ᵘ, 00096 cent-millièmes, écriture du nombre demandé. — Donc,

Pour représenter ou écrire en chiffres une quantité décimale, on écrit d'abord ce qui précède la virgule ; puis les dixièmes, les centièmes, les millièmes, etc., du nombre dicté, en remplaçant par des zéros les divers ordres manquants.

CONSÉQUENCES DES PRINCIPES DE LA NUMÉRATION
DES NOMBRES DÉCIMAUX.

116. 1° *Prenons* 17, 24 *centièmes.* En transportant la virgule un rang plus à droite, il vient 172,4, *nombre* 10 *fois plus fort que le premier.* Car le chiffre des centièmes est passé au rang des dixièmes, et celui des dixièmes, au rang des unités, etc. Or, puisque chaque chiffre est devenu 10 fois plus fort,

lout le nombre est rendu aussi 10 fois plus fort.
—On prouverait de même qu'on l'augmenterait de
100 fois sa valeur, en mettant la virgule après le 4,
ou en la retranchant tout-à-fait. — Donc,

**Pour rendre un nombre décimal 10, 100,
1000... fois plus fort, il suffit d'avancer la
virgule de 1, 2, 3... rangs vers la droite.**

117. 2°. *Soit encore* 17,24. Si je recule la virgule
d'un rang vers la gauche, j'aurai 1,724, *nombre* 10
fois plus faible que le premier. Car le chiffre des dizaines est passé au rang des unités, et celui des
unités, au rang des dixièmes, etc. Or, puisque
chaque chiffre est devenu 10 fois plus faible, le nombre lui-même l'est devenu aussi. — De là on conclut que :

**Pour rendre un nombre décimal 10, 100,
1000... moindre, il suffit de reculer la virgule de 1, 2, 3... rangs vers la gauche.**

118. 3°. Les nombres 0,24 ; 0,240 ; 0,2400 *ont
tous la même importance ;* car le chiffre des dixièmes
du premier nombre, est encore au rang des dixièmes
dans les autres, et celui des centièmes, toujours
au rang des centièmes. Or, puisque chaque chiffre
a conservé invariablement la même place, il est
prouvé que les quantités ci-dessus sont équivalentes
ou égales l'une à l'autre. — Donc,

**Un nombre décimal ne change pas de va-
leur, quand on écrit ou qu'on supprime des
zéros à sa droite.**

VINGT-QUATRIÈME LEÇON.

ADDITION DES NOMBRES DÉCIMAUX.

119. *On veut faire la somme de* 18^n,415 *millièmes;* 0,62 *centièmes;* 4, 8 *dixièmes, et* 55, 706 *millièmes.*

$$
\begin{aligned}
& 18,\ 415 \\
+\ & 0,\ 620 \\
+\ & 4,\ 800 \\
+\ &55,\ 706 \\
\hline
\text{Total.} =\ &79,\ 541
\end{aligned}
$$

Les nombres donnés n'ayant pas autant de décimales l'un que l'autre, je mets des zéros à la droite de ceux qui en ont le moins, ce qui ne modifie pas ces nombres, quant à la grandeur (118). Ensuite je les écris de façon que les unités de même espèce soient en colonne verticale. Puis je commence l'addition par la droite, c'est-à-dire par les *millièmes*, dans cet exemple. Je dis donc : 5 et 6, 11. Ce sont 11 *millièmes*, qui valent 1 *centième*; + 1 *millième*; je pose le millième, et je retiens 1 centième, pour l'ajouter à la colonne des centièmes. — 1 de retenu + 1 = 2, + 2 = 4. Je pose 4 *centièmes à leur rang*. — Passant à la colonne des dixièmes, je dis : 4 + 6 = 10, + 8 = 18, + 7 = 25; 25 *dixièmes* = 2 *unités*, + 5 *dixièmes*. Je pose les 5 dixièmes, et je retiens les 2 unités, pour les joindre à la colonne des unités, etc. — Il vient 79^n,541 millièmes pour le total demandé. — Donc,

RÈGLE GÉNÉRALE. L'addition des nombres décimaux se fait comme celle des nombres entiers. On place la virgule, à la somme, sous les autres virgules.

120. REMARQUE. On se dispense souvent d'écrire des zéros à la droite des termes qui ont moins de décimales que les autres ; mais il vaut mieux le faire. Ces zéros d'ailleurs, comme nous l'avons dit, ne changent pas la valeur des nombres ; car le chiffre des dixièmes reste toujours au rang des dixièmes, et celui des centièmes, au rang des centièmes, etc. — On peut dire aussi : En écrivant 1, 2, 3... zéros à la droite d'un nombre décimal, on prend, 10, 100, 1000... fois plus de parties ; mais ces parties sont 10, 100, 1000... fois plus petites.

SOUSTRACTION DES NOMBRES DÉCIMAUX.

121. *Soit à retrancher* 30ᵐ 287 *millièmes, de* 42ᵐ 475 *millièmes.*

$$42, 475$$
$$- 30, 287$$
$$\text{Reste} = 12, 188$$

J'écris d'abord le plus grand nombre, et au-dessous le plus petit, comme on le voit ci-contre. Ensuite je dis, en commençant par la droite, c'est-à-dire par les *millièmes*, dans cet exemple : 7 ôtés de 5, cela ne se peut pas. J'ajoute, par la pensée, 10 millièmes à 5, ce qui fait 15 ; 7 de 15, il reste 8, *que je place au rang des millièmes.* Mais en ajoutant 10 millièmes à 5, j'ai augmenté le nombre supérieur de 10 millièmes ; le reste est donc lui-même augmenté de 10 millièmes ou *d'un centième.* Pour ne pas changer ce reste, il faudra donc que je retranche 1 *centième de plus,* c'est-à-dire 9 au lieu de 8.

9 de 7, cela ne se peut pas encore. J'ajoute, par la pensée, 10 centièmes à 7, ce qui fait 17 ; 9 de 17, il reste 8, *que je pose sous les centièmes.* Mais comme j'ai augmenté le nombre supérieur de 10 centièmes ou *de 1 dixième,* il faudra, pour ne pas changer le reste, que je retranche 1 *dixième de plus,* c'est-à-dire 3 au lieu de 2 ; 3 de 4, il reste 1, que

je pose. — Je place la virgule en passant, Puis : 0 de 2, il reste 2 ; 3 de 4, il reste 1.

J'obtiens *12 unités 188 millièmes, qui sont le reste cherché.*

122. Si l'un des deux nombres avait moins de décimales que l'autre, on ajouterait un nombre suffisant de zéros à sa droite, et l'on ferait ensuite la soustraction. Exemple :

Retrancher 4ᵃ 486 de 5ᵃ 63 centièmes,

$$\begin{array}{r} \text{Opération :} \quad 5,\;630 \\ -\;4,\;486 \\ \hline \end{array}$$

Reste 1, 144 *millièmes.*

De ces explications, nous déduirons que :

La soustraction des nombres décimaux se fait comme celle des nombres entiers, et l'on a soin de mettre la virgule, au reste, sous les autres virgules.

VINGT-CINQUIÈME LEÇON.

MULTIPLICATION DES NOMBRES DÉCIMAUX.

123. Nous avons vu (116) que l'on rend un nombre décimal 10, 100, 1000... fois plus fort, en avançant la virgule de 1, 2, 3... rangs vers la droite. D'où il suit que pour multiplier par 10, le nombre 4ᵃ 86 centièmes, par exemple, il faudra mettre la virgule après le 8, et l'on aura 48ᵃ 6. — Donc,

Pour multiplier un nombre décimal par 10, 100, 1000..., il faut avancer la virgule d'autant de rangs vers la droite qu'il y a de zéros après l'unité.

5

Exemples : 4,865 ×   100 =   486,5.
            4,865 ×   1000 =   4865.
            4,865 × 10000 = 48650.

124. *Il s'agit maintenant de multiplier 6ᶠ, 45
centièmes par 2ᶠ, 3 dixièmes.*

Je dis: si je néglige la virgule dans le multiplicande
et dans le multiplicateur, je rendrai le 1ᵉʳ nombre
100 fois plus fort, et le second 10 fois (116). Le produit que je trouverai, sera donc 10 fois 100 fois, ou
1000 fois trop fort. Pour le ramener à sa juste valeur,
il faudra que je le rende 1000 fois plus petit, en sé-
parant sur sa droite 3 chiffres décimaux, c'est-à-
dire autant qu'il y en a dans les deux facteurs.

$$
\begin{array}{r}
6,45 \\
\times \ 2,3 \\
\hline
1935 \\
1290 \ . \\
\hline
= 14,835
\end{array}
$$

Je multiplie donc 6,45 par 2,3,
sans faire attention aux virgules, et
il vient 14835. Donnant 3 décimales
à ce nombre, j'obtiens 14ᶠ 835 *millièmes*, pour le produit demandé.

On conclut la règle générale suivante :

**125. Pour faire la multiplication des
nombres décimaux, on opère comme sur des
entiers, c'est-à-dire sans faire attention aux
virgules; mais on a soin de séparer, sur la
droite du produit, autant de chiffres décimaux qu'il y en a dans les facteurs réunis.**

Autre exemple : Soit 0,25 × 0,015.

$$
\begin{array}{r}
0,25 \\
\times \ 0,015 \\
\hline
125 \\
25 \\
\hline
= 0,00375
\end{array}
$$

Le produit des deux nombres,
d'après la règle, est 375 ; mais il
y a 5 chiffres décimaux, tant au
multiplicande qu'au multiplicateur ; par conséquent il faut
ajouter deux zéros à gauche du

résultat, et enfin un 0 de plus suivi d'une virgule, en avant du 5ᵉ. chiffre, pour tenir la place des unités entières.

VINGT-SIXIÈME LEÇON.

DIVISION DES NOMBRES DÉCIMAUX.

126. Nous avons dit (117) comment on rend un nombre décimal 10, 100, 1000... fois moindre. Donc, pour diviser 7324,5 par 10, on mettra la virgule après le 2, et il viendra 732,45. — Pour le diviser par 100, on la mettrait après le 3, et l'on aurait 73,245. D'où l'on tire cette règle :

Pour diviser un nombre décimal par 10, 100, 1000...., on recule la virgule de 1, 2, 3... rangs vers la gauche, c'est-à-dire d'autant de rangs qu'il y a de chiffres d'ordre après l'unité. On écrit des zéros vers la gauche de la quantité que l'on divise, lorsque cela est nécessaire. — S'il s'agit d'un nombre entier, il faut séparer sur sa droite, par la virgule, 1, 2, 3... chiffres décimaux.

Exemple : 1248 : 100 = 12,48.

127. Mais le diviseur est quelquefois 60, 700, 15000, etc. Dans ce cas, on barre ses zéros, et l'on marque, au dividende, autant de décimales qu'on vient d'effacer de caractères au second terme. — Ainsi, 5432 : 80 = 543,2 : 8.

128. *Soit proposé actuellement de diviser 82,45 par 2,25 centièmes.*

Le dividende et le diviseur ayant l'un et l'autre deux décimales, je puis supprimer leurs virgules, et faire la division comme celle des nombres entiers. Car alors je rends les nombres chacun 100 fois plus grands, et la valeur du quotient n'est pas changée (85,4°).

J'ai donc à diviser 3245 par 225.

$$\begin{array}{r|l} 3\,2\,4\,5 & 225 \\ \cdot 9\,9\,5 & \overline{\ 14\ } \\ \cdot 9\,5 & \end{array}$$

En effectuant la division, je trouve 14 pour quotient, et 95 pour reste. Mais celui-ci est 100 *fois trop fort* (Conséquence de 97).

129. Examinons un autre cas : 432,45 et 1,565.

Ici, le diviseur contient un chiffre décimal de plus que le dividende; j'écris un zéro à la droite de ce dividende, ce qui ramène la division au cas précédent. Faisant ensuite abstraction de la virgule dans les deux nombres, j'ai 432450 : 1565.

$$\begin{array}{r|l} 4\,3\,2\,4\,5\,0 & 1565 \\ 1\,1\,9\,4\,5 & \overline{\ 276\ } \\ \cdot 9\,9\,0\,0 & \\ \cdot 5\,1\,0 & \end{array}$$

En effectuant la division, je trouve 276 unités pour quotient, plus un reste, qui est véritablement 0,510. — Donc,

130. RÈGLE GÉNÉRALE. Quand le dividende et le diviseur ont la même quantité de décimales, on supprime les virgules, et l'on fait la division comme celle des entiers. Si l'un des deux n'a pas de ces chiffres décimaux, ou en a moins que l'autre, on écrit 1, 2, 3.... zéros à sa droite, et ensuite on opère de même qu'on vient de le dire.

131. Cette règle conduit toujours au véritable résultat; néanmoins il n'est pas absolument nécessaire de l'observer en toutes circonstances.

Pour le montrer, *soit à diviser* 73,0125 *par* 32,45.

7301,2.5.	3245
.8112	2,25
16225	
0000	

Avant tout, je supprime la virgule dans le diviseur, et il vient 3245 ; mais parce que j'ai rendu ce nombre 100 fois trop fort, il faut, pour ne pas changer le quotient, que je rende aussi le dividende 100 fois plus grand (123) = 7301,25.

Maintenant, je fais l'opération comme sur des nombres entiers, et je trouve 225. Or, en négligeant la virgule dans le dividende, ce terme et ensuite le quotient ont été multipliés par 100. Au dernier résultat, je dois donc séparer deux chiffres décimaux, ce qui donne enfin 2ᵘ, 25 *centièmes*, pour la réponse cherchée.

Résumé : Si le diviseur est inférieur en décimales, 1° *On transporte sa virgule après le dernier chiffre de droite (mieux : on la barre ou on l'enlève tout-à-fait); 2° On avance celle du dividende d'autant de rangs; 3° On fait la division, et l'on place le signe (,) dès qu'on abaisse les dixièmes.*

AUTRES CALCULS PRATIQUES.

83 : 0,75 = 8300 : 75.

1,24 : 0,9 = 12,4 : 9.

55,813 : 0,06 = 5581,3 : 6.

9,87605 : 2,384 = 9876,05 : 2384.

(Les Élèves en chercheront les résultats.)

VINGT-SEPTIÈME LEÇON.

QUOTIENTS COMPLÉTÉS OU APPROCHÉS.

132. En faisant une division de nombres entiers, on obtient quelquefois un reste. Voici le moyen de le pousser en décimales.

Soit proposé de diviser 959 par 4.

```
9.5.9. | 4
1 5    |————
. 3 9  | 239,75
  . 3 0
   . 2 0
    . 0
```

J'obtiens d'abord 239 *unités*. — Pour compléter ce quotient, j'y mets une virgule, et je réduis le reste 3 en *dixièmes*. Pour cela, j'observe qu'une unité valant 10 dixièmes, 3 unités en valent 30. J'écris donc un zéro à côté de 3, et divisant les 30 dixièmes par 4, j'ai 7, que je pose à droite de la virgule. Je convertis de même le reste 2 dixièmes en *centièmes*; puis je divise 20 par 4, ce qui me donne 5 sans reste; de sorte que le quotient total ou complet = 239 *unités* 75 *centièmes*. — De cette explication, nous conclurons la règle suivante :

133. Pour évaluer en décimales un quotient de nombres entiers ou regardés comme tels, on met d'abord une virgule après ses unités; puis un zéro à la droite du reste, et l'on divise ce nouveau dividende par le diviseur; on obtient ainsi le chiffre des dixièmes du quotient. A la suite du second reste, s'il y en a un, on écrit encore 0, et opérant comme précédemment, on trouve

les centièmes du quotient. On continue ainsi jusqu'à ce que la division s'effectue exactement, ou jusqu'à ce que l'on ait autant de décimales qu'on en désirait.

134. Quand l'opération doit aller loin, on se contente d'une approximation; et, suivant qu'elle est poussée jusqu'aux *dixièmes, centièmes, millièmes...*, on dit que le quotient est calculé *à un dixième, à un centième, à un millième...* près, parce que le résultat ne diffère pas du vrai d'un dixième, d'un centième, d'un millième, etc. Exemple:

Partager 1435 entre 6, avec valeur approchée.

1 4.3.5.	6
. 2 3	
. 5 5	239,166
. 1 0	
. 4 0	
. 4 0	
. 4	

En s'arrêtant à la 3e. décimale, ou aux millièmes, on a 239^n,166, à *un millième près.* — En effet, ce quotient n'est pas *trop fort* d'un millième, puisqu'il y a un reste ; il n'est pas non plus *trop faible* de la même quantité; car ce reste (4 millièmes) ne contient plus une fois le diviseur 6; *donc le quotient est exact à moins d'un millième près.*

135. On remarquera facilement qu'il serait impossible de terminer le calcul ci-dessus, attendu qu'on obtiendrait toujours 40 pour dividende partiel, par conséquent toujours 6 pour quotient, et pour reste 4. — Or,

Les fractions décimales dont les chiffres se reproduisent dans le même ordre et à l'infini, s'appellent fractions décimales périodiques. *La période est la partie qui se répète,* comme le chiffre 6, dans cet exemple.

La fraction périodique est simple, quand la période commence immédiatement après la virgule ; exemple : 0,6363. Elle porte le nom de périodique mixte, dans le cas contraire ; ex. : 0,1666.

136. Les preuves des opérations fondamentales sur les nombres décimaux, se font comme sur les nombres entiers.

Vérifions, par exemple, la division précédente. — Multipliant le diviseur par le quotient, et ajoutant le reste 4 au produit, nous retrouvons 1435ᵘ,000, ou le dividende donné.

Lorsqu'on détermine d'avance le degré d'approximation, on peut aussi opérer comme il suit :

Trouver le quotient de 355,01 par 113, à un dix-millième près.

$$
\begin{array}{r|l}
3\,5\,5,0.1.0.0. & 113 \\
\cline{2-2}
1\,6\,0 & 3,1416 \\
4\,7\,1 & \\
1\,9\,0 & \\
7\,7\,0 & \\
9\,2 & \\
\end{array}
$$

Je convertis le dividende en dix-millièmes, en lui donnant 4 chiffres décimaux, et vu qu'il en a déjà 2, j'écris seulement 2 zéros à sa droite. Maintenant je dis : En faisant la division comme si ces dix-millièmes étaient des entiers, j'aurai un quotient 10.000 fois trop fort ; donc, après l'avoir obtenu, il faudra que je le divise par 10.000, pour le ramener à sa valeur. Effectuant l'opération, je trouve 31416 ; puis je sépare 4 chiffres décimaux vers sa droite, de sorte que le nombre demandé = 3ᵘ,1416 *par défaut*, c'est-à-dire en négligeant le reste.

Remarque. — Dans la pratique, on se borne le plus souvent à deux chiffres décimaux ; mais quand on prévoit que la 3ᵉ décimale doit être plus forte que 5, *on augmente de 1 le chiffre des centièmes* ; le résultat que l'on obtient ainsi, est exact *à moins d'un demi-centième près*. — On pourrait agir de même à l'égard des millièmes, pour tirer le quotient *à un demi-millième près, etc.*

CALCULS TRÈS-EXPÉDITIFS

CONCERNANT LA MULTIPLICATION ET LA DIVISION.

137. Pour multiplier un nombre :

Par 5, on le multiplie par 10
Par 50, on le multiplie par 100 — et l'on prend la moitié
Par 500, on le multiplie par 1000 — du produit.

Par 15, on le multiplie par 10, puis par 5, et l'on ajoute les deux résultats.

Par 20, 200..., on le double ; puis on écrit un 0, deux zéros... à droite.

Par 25, on le multiplie par 100, et l'on prend le quart du produit.

Par 1ᵘ,50, on prend la moitié du nombre, et l'on additionne les deux quantités.

Si l'on avait à multiplier 75 par 120, je suppose, on pourrait doubler un facteur et dédoubler l'autre. Ici, il viendrait 150×60. — Cas analogues.

138. Pour diviser un nombre :

Par 5, on le divise par 10
Par 50, on le divise par 100 — et l'on double le résultat.
Par 500, on le divise par 1000 — sultat.

Par 6, on le divise par 3, puis le quotient par 2 ; car $3 \times 2 = 6$.

Par 8, on le divise par 4, puis le quotient par 2 ; car $4 \times 2 = 8$. Ou bien : par 2, puis le quotient par 2, et le second quotient par 2 ; car $2 \times 2 \times 2 = 8$.

Par 20, 200..., on le divise par 10,100..., et l'on prend la moitié du quotient.

Par 25, on le divise par 100, et l'on multiplie le quotient par 4.

Par 125, on le divise par 1000, et l'on multiplie le quotient par 8.

Par 0ᵘ,1, il suffit de multiplier le dividende par 10.
Par 0ᵘ,2,   =   par 5.
Par 0ᵘ,5,   =   par 2.
Par 0ᵘ,25,   =   par 4.
Par 0ᵘ,125,   =   par 8.

5.

139. Dans une division quelconque, on peut doubler ou dédoubler chaque terme, le multiplier ou le diviser par 3, 4, etc. Ainsi, 685 : 45 = 1370 : 90. Et 150 : 40 = 75 : 20 (85, 4°. et 7°.).

VINGT-HUITIÈME LEÇON.

DES FRACTIONS ORDINAIRES

---

140. Si je partage un gâteau en 6 parties égales, chaque partie sera le *sixième* du gâteau, et si j'en prends 5, j'en aurai les *cinq sixièmes.*

Or, un sixième, cinq sixièmes se nomment *fractions,* ou plutôt *fractions ordinaires.* — Donc,

On appelle fraction ordinaire, une ou plusieurs portions de l'unité divisée en parties arbitraires et égales.

Trois quarts et sept huitièmes, qu'on peut écrire ainsi : $\frac{3}{4}$, $\frac{7}{8}$, sont encore des fractions ordinaires.

La première signifie que l'unité a été *coupée* pour ainsi dire en 4 parties égales, et que l'on a pris 3 de ces parties : 3 se nomme le *numérateur*, et 4, le *dénominateur.* — La seconde signifie que l'unité a été partagée en 8 parties égales, et que l'on a pris 7 de ces parties : 7 est le *numérateur*, et 8, le *dénominateur*, c'est-à-dire qui *dénomme* ou donne le nom.

141. Toute fraction ordinaire se compose de deux termes : le numérateur et le dénominateur. Le dénominateur est le nombre qui indique en combien de parties égales

l'unité est divisée, et le numérateur est le nombre qui indique combien on prend de parties. — Le numérateur et le dénominateur se nomment ensemble les deux termes de la fraction.

142. *On lit une fraction ordinaire, en nommant d'abord le numérateur comme un nombre entier, ensuite le dénominateur, auquel on ajoute la terminaison* ième : $\frac{5}{6}$ et $\frac{9}{11}$ s'énoncent donc *cinq sixièmes, neuf onzièmes.*

On excepte de cette règle générale les fractions qui ont pour dénominateurs les nombres 2, 3, 4. Au lieu de dire deuxième, troisième, etc., on dit *demie, tiers* et *quart :* $\frac{1}{2}$, $\frac{2}{3}$, $\frac{3}{4}$ s'énonceront donc *une demie, deux tiers, trois quarts.*

143. Pour écrire une fraction ordinaire, on pose d'abord le numérateur, sous lequel on tire un petit trait horizontal, et ensuite on écrit le dénominateur sous cette ligne.

Ainsi, cinq sixièmes se figure $\frac{5}{6}$ (5, le numérateur, *nombre* les parties).

Si une fraction a ses termes égaux, elle vaut une unité. Ex. : $\frac{4}{4}$, $\frac{5}{5}$, $\frac{6}{6}$, etc.

144. Lorsque le numérateur est plus grand que le dénominateur, cela s'appelle une *expression fractionnaire. Elle renferme une ou plusieurs unités mises sous forme de fraction.* Ex. : $\frac{34}{6}$. Pour en avoir les entiers, voici le raisonnement que je fais :

Puisqu'une unité = 6 *sixièmes*, autant de fois 6 *sixièmes* seront contenus dans 34 *sixièmes*, autant il y aura d'unités. Or, 34 : 6 donne pour quotient 5 et pour reste 4. L'expression $\frac{34}{6}$ égale donc 5 + $\frac{4}{6}$. — Donc,

Pour extraire les unités contenues dans

une expression fractionnaire, on divise le numérateur par le dénominateur; le quotient représente les entiers, et le reste, s'il y en a un, est le numérateur d'une fraction, qui a pour dénominateur celui de l'expression première.

145. *Un nombre entier accompagné d'une fraction, désigne un nombre fractionnaire.* Or, il est quelquefois avantageux de le convertir ou de le changer de forme.

Soit donc le nombre $5 + \frac{4}{6}$ *à réduire ainsi.*

Je dis : Une unité valant 6 *sixièmes*, 5 unités vaudront 5 fois plus, ou 30 *sixièmes*. Ajoutant 4 *sixièmes* à ce produit, j'aurai 34 *sixièmes*, ou $\frac{34}{6}$, pour le résultat demandé. — Donc,

Pour convertir un nombre fractionnaire en une expression fractionnaire, il faut multiplier les entiers par le dénominateur de la fraction, ajouter au produit le numérateur, et donner au résultat le dénominateur connu.

VINGT-NEUVIÈME LEÇON.

CHANGEMENTS QU'ÉPROUVE UNE FRACTION, QUAND ON FAIT VARIER SES TERMES.

146. Une fraction augmente quand on ajoute à son numérateur seulement.

Ainsi $\frac{3+3}{9}$ ou $\frac{6}{9}$ est une fraction plus forte que $\frac{3}{9}$. Car l'unité est toujours divisée en 9 parties; mais je prends 3 parts de plus, je dois avoir une fraction plus grande.

147. Une fraction augmente encore, quand on diminue son dénominateur seulement.

Ainsi $\frac{5}{9-3}$ ou $\frac{5}{6}$ est une fraction plus forte que $\frac{5}{9}$. Car l'unité est divisée en moins de parties; celles-ci sont donc plus grandes, et comme on en prend toujours 5, il s'en suit que la fraction $\frac{5}{6}$ est plus forte que $\frac{5}{9}$.

148. Une fraction diminue quand on retranche à son numérateur seulement.

Ainsi $\frac{5-2}{9}$ ou $\frac{3}{9}$ est une fraction moins forte que $\frac{5}{9}$. Car l'unité est toujours divisée en 9 parties; mais comme j'en prends 2 de moins, je dois avoir moins.

149. Une fraction diminue encore, quand on augmente son dénominateur seulement.

Ainsi $\frac{5}{6+3}$ ou $\frac{5}{9}$ est une fraction moindre que $\frac{5}{6}$. Car l'unité est coupée en plus de parties; les nouvelles divisions sont donc moins fortes, et comme on en prend toujours 5, $\frac{5}{9}$ est plus faible que $\frac{5}{6}$.

150. Une fraction est multipliée quand on multiplie son numérateur seulement.

Ainsi $\frac{2\times2}{9}$ ou $\frac{4}{9}$ est une fraction 2 fois plus grande que $\frac{2}{9}$. Car l'unité est toujours divisée en 9 parties, et j'en prends 2 fois plus.

151. Une fraction est encore multipliée quand on divise son dénominateur seulement.

Ainsi $\frac{2}{9:3}$ ou $\frac{2}{3}$ est une fraction 3 fois plus forte que $\frac{2}{9}$. Car l'unité est divisée en trois fois moins de parties; celles-ci sont donc 3 fois plus grandes, et l'on prend toujours le même nombre.

152. Une fraction est divisée quand on divise son numérateur seulement.

Ainsi $\frac{6:3}{9}$ ou $\frac{2}{9}$ est une fraction 3 fois moindre que

$\frac{3}{9}$. Car l'unité est toujours divisée en 9 parties, et l'on en prend 3 fois moins.

153. Une fraction est encore divisée, quand on multiplie son dénominateur seulement.

Ainsi $\frac{2}{3\times5}$ ou $\frac{2}{15}$ est une fraction 5 fois plus petite que $\frac{2}{3}$. Car l'unité est divisée en 5 fois plus de parties; les morceaux sont donc 5 fois moins importants.

154. Une fraction ne change pas de valeur quand on multiplie ses deux termes par un même nombre.

Ainsi $\frac{2}{3} = \frac{2\times6}{3\times6}$ ou $\frac{12}{18}$. Car en multipliant le numérateur par 6, j'ai rendu la fraction 6 fois plus grande; mais en multipliant le dénominateur aussi par 6, je l'ai rendue 6 fois moindre; donc enfin j'ai pour ainsi dire repris ce que j'avais donné; donc $\frac{2}{3} = \frac{12}{18}$.

155. Une fraction ne change pas encore de valeur, quand on divise ses deux termes par un même nombre.

Ainsi $\frac{6}{9} = \frac{6:3}{9:3}$ ou $\frac{2}{3}$. Car en divisant le numérateur par 3, j'ai rendu la fraction 3 fois plus faible; mais en divisant le dénominateur aussi par 3, je l'ai rendue 3 fois plus forte; donc c'est comme si je n'y avais pas touché: le second changement a détruit l'effet du 1ᵉʳ; donc $\frac{6}{9} = \frac{2}{3}$.

156. Nous remarquerons encore qu'*une fraction augmente, si l'on joint une même quantité à ses deux termes, et qu'elle diminue lorsqu'on retranche un nombre égal au numérateur et au dénominateur.*

Ainsi $\frac{5+2}{9+2}$ ou $\frac{7}{11}$ est une fraction plus forte que $\frac{5}{9}$; car à $\frac{5}{9}$, il faut ajouter $\frac{4}{9}$ pour faire l'unité; tandis qu'à $\frac{7}{11}$, il ne faut ajouter que $\frac{4}{11}$. Or, $\frac{4}{11} < \frac{4}{9}$.

Au contraire, $\frac{5-2}{9-2}$ ou $\frac{3}{7}$ est une fraction moindre que $\frac{5}{9}$; car pour arriver à 1, il faut ajouter plus à $\frac{3}{7}$ qu'à $\frac{5}{9}$.

TRENTIÈME LEÇON.

157. Quand une fraction ordinaire a de forts nombres, on ne comprend pas aisément la grandeur de cette fraction. Il est donc très-important de savoir la *simplifier*, c'est-à-dire de *la changer en une autre de même valeur, ayant des termes plus petits.*

Or, nous savons (155) qu'on simplifie une telle expression, en divisant son numérateur et son dénominateur par la même quantité. Nous chercherons donc les sous-multiples des deux termes d'une fraction. — Pour cela, voici quelques caractères de divisibilité.

158. *Un nombre est divisible :*

Par 10, 100, 1000, etc., quand il se termine par 1, 2, 3… zéros. Ex. : 50, 600, 7000, etc.

Par 2, quand il a, vers sa droite, un des chiffres pairs 0, 2, 4, 6, 8. Ex. : 246. *On appelle nombres pairs ceux qui peuvent se partager en deux parties égales et entières, et nombres* impairs *ceux qui ne sont pas divisibles par* 2 ; ces derniers sont toujours terminés par 1, 3, 5, 7, ou 9.

Par 5, quand son dernier chiffre est 0 ou 5. Ex. : 640 et 905.

Par 4 ou par 25, quand les deux chiffres qui le terminent sont des zéros, ou forment un nombre divisible par 4 ou par 25. Ex. : 1900 et 1936.

Par 8 ou par 125, quand l'ensemble des trois derniers chiffres, est divisible par 8 ou par 125, ou que ce sont des zéros. Ex. : 21000 et 21648.

Par 9, quand ses chiffres, comptés dans leur valeur absolue, forment un nombre divisible par 9. Ex. : 45216, parce que $4+5+2+1+6=18$, et que le 9ᵉ de 18 est 2.

Par 3, quand la somme de ses chiffres est 3 ou un multiple de 3. Ex. : 111 ; 31281. — Tout nombre divisible par 9 est aussi divisible par 3.

Par 11, quand le total des chiffres de rang pair égale celui des chiffres de rang impair, ou que la différence est divisible par 11. Ex. : 27093 ; car, 1° $3+0+2=5$; 2° $9+7=16$, et $16-5=11$.

Par 6, quand il l'est par 2 et par 3. Ex. : 3720.

Par 12, quand il l'est à la fois par 3 et 4. Ex. : 3720.

Par 15, quand il l'est par 3 et 5. Ex. : 3465.

Par 18, par 36, par 45, quand il l'est par 2, ou 4, ou 5 et par 9 en même temps.

159. Pour savoir si un nombre est *divisible par* 7, il n'y a rien de plus simple que d'essayer la division elle-même. — Cependant, soient 119 et 35602. On dit : le *double* de 9 (dernier chiffre) est 18 ; 11 de 18, reste 7. — Le *double* de 2 est 4 ; 4 de 3560, reste 3556 ; le *double* de 6 est 12 ; 12 de 355, reste 343 ; le *double* de 3 est 6 ; 6 de 34, reste 28, qui $=4 \times 7$; — 119 et 35602 sont des multiples de 7. Ainsi, *on multiplie par* 2 *les unités ; puis on retranche la plus petite partie de l'autre. On continue ainsi, au besoin. S'il reste* 0, 7 *ou un produit de* 7, *la division se fait sans reste.*

160. D'après cela, *soit à simplifier* $\frac{11}{72}$.

Je vois que ses deux termes sont divisibles par 2. Effectuant les divisions, j'obtiens $\frac{6}{36}$.

12	72
6	36
3	18
1	6

Le numérateur et le dénominateur de $\frac{6}{36}$ étant encore pairs, j'en prends la moitié : il vient $\frac{3}{18}$.

6 et 18 ne sont plus l'un et l'autre divisibles par 2, mais ils le sont par 3. Je tire donc le tiers de ces deux nombres, et j'ai $\frac{1}{6}$, fraction dont les parties ensemble ne peuvent plus être divisées en entiers. — De cette explication, nous concluons la règle suivante.

161. Pour simplifier une fraction, on divise ses deux termes par les nombres 2, 3, 5, 7, 11, etc., tant que cela peut se faire.

Remarque. En opérant ainsi, on n'obtient pas toujours une fraction *réduite à sa plus simple expression*. Or, la méthode que nous allons faire connaître, est infaillible pour parvenir à ce but.

MÉTHODE DU PLUS GRAND COMMUN DIVISEUR.

162. Un nombre est dit *commun diviseur* d'autres nombres, lorsqu'il les divise tous sans reste. Le plus fort des diviseurs communs, est nommé *plus grand commun diviseur*. Ainsi, par exemple, 12, pour 12, 24, 48, divisibles par 2, 3, 4, 6, 12. — Donc,

On appelle plus grand commun diviseur de deux nombres, le plus fort nombre qui les divise exactement.

163. Cela posé, disons que *Réduire une fraction à sa plus simple expression, c'est la changer en une autre de même valeur, ayant des termes les plus petits possibles*, — et soit à opérer ainsi sur $\frac{105}{280}$.

Avant tout, je cherche le plus grand commun diviseur de 105 et de 280,

280	2	1	2	
.70	105	70	35,	*P. G. C. D.*
	35	00		

En divisant : 1° 280 (*le plus grand nombre*) par 105 (*le plus petit*) ; 2° 105 par 70 (*le premier reste*);

3°. 70 par 35 (*le second reste*), et comme cette fois l'opération réussit, j'en conclus que 35 *est le plus grand commun diviseur*. — Afin d'abréger, on intervertit les quotients et les diviseurs.

De là cette règle :

164. Pour trouver le plus grand commun diviseur de deux nombres, on divise le plus considérable par le plus petit ; ensuite le plus petit par le premier reste ; puis le premier reste par le second, etc., jusqu'à ce que la division se fasse exactement, et le dernier diviseur employé est le résultat cherché.

REMARQUE. Quand ce dernier diviseur est 1, c'est que les deux nombres n'ont aucun diviseur commun autre que l'unité, et ils sont dits *premiers entre eux* [1].

165. Maintenant, je reviens à la question proposée, qui est de *réduire la fraction* $\frac{105}{280}$ *à sa plus simple expression.*

Le plus grand commun diviseur de ses deux termes étant 35, comme on l'a vu, je les divise chacun par ce nombre, et j'ai pour quotients 3 et 8, de sorte que la fraction $\frac{105}{280}$ réduite $= \frac{3}{8}$.

Soit secondement $\frac{216}{756}$. — Les opérations amènent 108. En divisant, par ce nombre, le numérateur et le dénominateur, il vient finalement $\frac{2}{7}$.

166. RÉSUMÉ. Pour réduire une fraction à sa plus simple expression, on divise ses deux termes par leur plus grand commun diviseur, et les quotients forment la réponse.

---

[1] *On appelle nombre* premier *celui qui n'est divisible que par lui-même et par l'unité :* 3, 5, 7, 11, 13, *etc. sont des nombres* premiers.

Remarque. Lorsque les deux termes d'une fraction sont premiers entre eux, elle est *irréductible,*
parce qu'on ne peut pas la simplifier davantage.
Ainsi, $\frac{3}{5}$, $\frac{11}{15}$ et $\frac{21}{25}$ sont des *fractions irréductibles.*

TRENTE-UNIÈME LEÇON.

RÉDUCTION DES FRACTIONS AU MÊME DÉNOMINATEUR.

167. On ne peut faire l'addition et la soustraction sur les fractions ordinaires, qu'autant qu'elles
ont le même *dénominateur,* ou sont *d'espèce* semblable.

**Réduire des fractions au même dénomi-
nateur, c'est chercher d'autres fractions
égales aux premières, et qui aient toutes
un dénominateur commun.**

On peut avoir à convertir ainsi deux ou plusieurs
fractions.

168. 1° *Soient* $\frac{3}{5}$ *et* $\frac{4}{7}$.

En multipliant les termes 3 et 5 de la première
fraction, par le dénominateur 7 de la seconde,
j'aurai $\frac{3\times7}{5\times7} = \frac{21}{35}$.

En multipliant les quantités 4 et 7 de la seconde, par le dénominateur 5 de la première, j'aurai
$\frac{4\times5}{7\times5} = \frac{20}{35}$.

Or, en agissant de cette façon, je n'ai pas changé
la valeur des fractions, parce que j'ai multiplié
leurs termes successivement, par le même nombre.
En outre, les nouvelles fractions ont un dénominateur commun: car celui-ci est formé du produit

des deux premiers, seulement multipliés dans un ordre différent (72). — On conclut de là que :

Pour réduire deux fractions au même dénominateur, on multiplie les termes de chacune d'elles par le dénominateur de l'autre.

169. 2° *Prenons* $\frac{2}{3}, \frac{3}{4}, \frac{1}{5}, \frac{4}{7}$.

$$\frac{2}{3} = \frac{2 \times (4 \times 5 \times 7)}{3 \times (4 \times 5 \times 7)} = \frac{280}{420}.$$

$$\frac{3}{4} = \frac{3 \times (3 \times 5 \times 7)}{4 \times (3 \times 5 \times 7)} = \frac{315}{420}.$$

$$\frac{1}{5} = \frac{1 \times (3 \times 4 \times 7)}{5 \times (3 \times 4 \times 7)} = \frac{84}{420}.$$

$$\frac{4}{7} = \frac{4 \times (3 \times 4 \times 5)}{7 \times (3 \times 4 \times 5)} = \frac{240}{420}.$$

1°. En multipliant les termes 2 et 3 de la première fraction, par le produit des autres dénominateurs 4, 5, 7, j'obtiens $\frac{280}{420}$.

2°. En multipliant les termes 3 et 4 de la seconde, par le produit des autres dénominateurs 3, 5, 7, il vient $\frac{315}{420}$.

3°. En multipliant les termes 1 et 5 de la troisième, par le produit des autres dénominateurs, 3, 4, 7, j'ai $\frac{84}{420}$.

4°. En multipliant enfin les termes 4 et 7 de la quatrième fraction, par le produit des autres dénominateurs 3, 4, 5, je trouve $\frac{240}{420}$.

Or, en agissant ainsi, je ne modifie pas les fractions, quant à la valeur, parce que je multiplie leurs termes successivement, par les mêmes nombres. En outre, les nouvelles fractions ont un dénominateur commun, formé du produit des premiers, seulement multipliés dans un ordre différent (74). — Donc,

Pour réduire plusieurs fractions au même dénominateur, on multiplie les deux termes de chacune d'elles par le produit des autres dénominateurs.

170. **1re Remarque.** Cette règle est infaillible; mais la réduction peut quelquefois se faire plus simplement.

Par exemple, si l'on a $\frac{1}{2}, \frac{1}{3}, \frac{1}{4}, \frac{1}{8}, \frac{5}{12}$ et $\frac{1}{24}$, on remarquera que le dénominateur 24 est un multiple des autres, et que par conséquent il est divisible par 2, 3, 4, etc.

$$\frac{12}{\frac{1}{2}} \quad \frac{8}{\frac{1}{3}} \quad \frac{6}{\frac{1}{4}} \quad \frac{3}{\frac{1}{8}} \quad \frac{2}{\frac{5}{12}} \quad \frac{1}{\frac{1}{24}}$$
$$\underline{\qquad 12 \qquad 16 \qquad 18 \qquad 12 \qquad 10 \qquad 1 \qquad}$$
$$24$$

Je divise donc 24 par chaque dénominateur, et ensuite je multiplie les quotients par les numérateurs, ce qui me donne les nouvelles fractions $\frac{12}{24}, \frac{16}{24}, \frac{18}{24}, \frac{12}{24}, \frac{10}{24}, \frac{1}{24}$. — Donc,

Lorsque le plus grand dénominateur est multiple de tous les autres, on le divise par ces derniers; puis on multiplie chacun des numérateurs par le quotient écrit au-dessus.

Si le plus fort dénominateur n'est pas divisible exactement par les moindres, on en fait le produit par 2, 3, 4, 5, etc.

171. **2e Remarque.** Quand cela est possible, on commence par simplifier les fractions.

Exemple : *Soient* $\frac{3}{6}, \frac{6}{9}, \frac{9}{12}, \frac{5}{25}$.

Je les change en celles-ci : $\frac{1}{2}, \frac{2}{3}, \frac{3}{4}, \frac{1}{5}$, qui sont plus simples que les premières, plus faciles à comprendre et à réduire au même dénominateur.

TRENTE-DEUXIÈME LEÇON.

ADDITION DES FRACTIONS ORDINAIRES

172. L'**Addition** est une opération par laquelle on réunit, en un seul, plusieurs nombres de même espèce. Le résultat est appelé **SOMME** ou **TOTAL**.

Les fractions à additionner ont le même dénominateur, ou bien elles ne l'ont pas.

1er. CAS. FRACTIONS AYANT LE MÊME DÉNOMINATEUR, comme $\frac{3}{8}, \frac{4}{8}, \frac{7}{8}$. — Je dis :

3 huitièmes, $+$ *4 huitièmes,* $+$ *7 huitièmes,* $= 14$ *huitièmes,* ou $\frac{14}{8} = 1 + \frac{6}{8}$. Or, ici on n'a fait que l'addition des numérateurs, sans toucher aux dénominateurs. — Donc,

Quand les fractions qu'on doit additionner, ont les mêmes chiffres sous le trait, on fait la somme des numérateurs, et l'on donne au total le dénominateur commun.

173. 2e CAS. FRACTIONS N'AYANT PAS LE MÊME DÉNOMINATEUR, comme $\frac{2}{3}, \frac{3}{4}, \frac{4}{5}$.

Je ne puis additionner ces fractions dans l'état où elles se trouvent, parce qu'elles ne sont pas de même espèce. Je les réduis donc au même dénominateur, et j'obtiens $\frac{40}{60}, \frac{45}{60}, \frac{48}{60}$, que j'écris ainsi qu'on le voit.

<table>
<tr><td>40</td><td rowspan="3">60</td></tr>
<tr><td>+ 45</td></tr>
<tr><td>+ 48</td></tr>
<tr><td>=133</td><td></td></tr>
</table>

En opérant d'après la règle précédente, la somme $= \frac{133}{60}$, ou 2 $+ \frac{13}{60}$. — Donc,

Si les fractions qu'on veut additionner, n'ont pas le même

dénominateur, on commence par les y réduire; puis on opère comme au premier cas.

174. Addition des nombres fractionnaires, — tels que 5 $\frac{6}{7}$ et 12 $\frac{4}{7}$.

$$\begin{array}{c} 5 + 6 \\ 12 + 4 \\ \hline = 18 + \frac{3}{7}. \end{array} \bigg| 7$$

Je dis : 6 *septièmes* $+$ 4 *septièmes* $= 10$ *septièmes*, qui font 1 unité $+$ 3 septièmes ; je pose $\frac{3}{7}$ sous les fractions proposées, et je retiens 1 unité, pour la joindre aux entiers, etc. — Ainsi,

Lorsqu'on a des nombres fractionnaires à additionner, on fait d'abord la somme des fractions ; on en extrait les unités, s'il y en a, et l'on ajoute ces dernières aux nombres entiers.

175. L'addition des expressions fractionnaires se fait de même que celle des fractions proprement dites.

$$\begin{array}{c} 30/17 \\ + \ 5/17 \\ +18/17 \\ \hline =53/17 \end{array}$$

Il est parfois bon de substituer une ligne oblique au trait horizontal des fractions. Dans l'addition et la soustraction surtout, cet avantage est incontestable ; car ainsi le calcul devient plus sensible aux yeux. — Exemple ci-contre.

TRENTE-TROISIÈME LEÇON

SOUSTRACTION DES FRACTIONS ORDINAIRES.

176. La Soustraction est une opération par laquelle on retranche un nombre d'un plus grand de la même espèce.

Le résultat s'appelle *reste, excès* ou *différence*.

Les fractions à soustraire ont le même dénominateur, ou bien elles ne l'ont pas.

1er. CAS. FRACTIONS AYANT LE MÊME DÉNOMINATEUR *Supposons qu'il s'agisse de retrancher $\frac{3}{18}$ de $\frac{15}{18}$.*

$$\begin{array}{c|c} 15 & \\ -\ 3 & 18 \\ \hline = 12 & \end{array}$$

3 *dix-huitièmes* ôtés de 15 *dix-huitièmes*, $= 12$ *dix-huitièmes*, ou $\frac{12}{18}$. Or, ce reste fait voir que l'on a seulement ôté le plus petit numérateur du plus grand, sans toucher au dénominateur. — Donc,

Pour soustraire des fractions qui ont le même dénominateur, il suffit de retrancher le plus petit numérateur du plus grand, et de donner au reste le dénominateur commun.

177. 2e CAS. FRACTIONS N'AYANT PAS LE MÊME DÉNOMINATEUR. *Soient $\frac{3}{8}$ et $\frac{5}{7}$.*

Je ne puis faire la soustraction de ces deux fractions dans l'état où elles se trouvent, parce qu'elles ne sont pas de même espèce. Je les réduis donc au même dénominateur, et je trouve $\frac{21}{56}$, $\frac{40}{56}$.

$$\begin{array}{c|c} 40 & \\ -21 & 56 \\ \hline = 19 & \end{array}$$

En opérant d'après la règle précédente, le reste $= \frac{19}{56}$. — Donc,

Quand les fractions que l'on veut soustraire, n'ont pas le même dénominateur, on commence par les y réduire; puis on opère comme au premier cas.

178. SOUSTRACTION DES NOMBRES FRACTIONNAIRES.

1er Exemple : *Proposons-nous d'ôter $3\frac{1}{2}$ de $5\frac{2}{3}$.*

Tout d'abord, je réduis au même dénominateur les deux fractions $\frac{1}{2}$ et $\frac{2}{3}$, ce qui donne $\frac{3}{6}$, $\frac{4}{6}$; de sorte que les nombres proposés équivalent à ceux-ci : $3\frac{3}{6}$, et $5\frac{4}{6}$.

$$\begin{array}{r} 5 + \tfrac{4}{6} \\ 3 + \tfrac{3}{6} \\ \hline = 2 + \tfrac{1}{6} \end{array} \ \Big|\ 6$$

Maintenant, je fais la soustraction, en disant : $\tfrac{3}{6}$ de $\tfrac{4}{6}$, il reste, $\tfrac{1}{6}$ que je pose ; puis 3 ôtés de 5, il reste 2. La différence totale égale donc $2\,\tfrac{1}{6}$.

Second exemple : *Soit à retrancher* $3\,\tfrac{1}{2}$ *de* $5\,\tfrac{1}{3}$.

Les fractions étant réduites au même dénominateur, j'ai $3\,\tfrac{3}{6}$ à retrancher de $5\,\tfrac{2}{6}$.

$$\begin{array}{r} 5 + \tfrac{2}{6} \\ 3 + \tfrac{3}{6} \\ \hline = 1 + \tfrac{5}{6} \end{array} \ \Big|\ 6$$

Après avoir disposé les nombres comme à l'ordinaire, je dis : $\tfrac{3}{6}$ ôtés de $\tfrac{2}{6}$, cela est impossible. J'ajoute une unité ou $\tfrac{6}{6}$ à $\tfrac{2}{6}$, ce qui fait $\tfrac{8}{6}$; $\tfrac{3}{6}$ ôtés de $\tfrac{8}{6}$, il reste $\tfrac{5}{6}$, que je pose. Mais comme j'ai augmenté le nombre supérieur d'une unité, il faut, pour ne pas changer le reste, que je retranche *une unité de plus*, c'est-à-dire 4 au lieu de 3 ; 4 de 5, il reste 1, que j'écris. Je trouve ainsi $1\,\tfrac{5}{6}$, pour le reste demandé.

De ces explications, nous conclurons la règle générale suivante :

179. Pour ôter un nombre fractionnaire d'un autre, on opère d'abord sur les fractions réduites au même dénominateur, puis sur les nombres entiers. Mais quand la fraction du plus petit nombre est plus forte que sa correspondante, on augmente celle-ci [1] d'une unité convertie en $\tfrac{2}{2}$, $\tfrac{3}{3}$, $\tfrac{4}{4}$, $\tfrac{5}{5}$…, suivant l'espèce ; ensuite on ajoute 1 aux entiers du nombre inférieur, pour compenser l'erreur volontaire que l'on a faite.

La Soustraction des expressions fractionnaires se fait comme celle des fractions proprement dites.

TRENTE-QUATRIÈME LEÇON.

MULTIPLICATION DES FRACTIONS ORDINAIRES.

180. La Multiplication est une opération par laquelle on cherche un produit qui se compose avec le multiplicande, comme le multiplicateur se compose avec l'unité.

Donc, si le multiplicateur est la *moitié*, le *tiers*, les *deux-septièmes*... de l'unité, le produit sera aussi la *moitié*, le *tiers*, les *deux-septièmes*... du multiplicande.

La multiplication des fractions ordinaires présente *trois cas*. On peut avoir à multiplier : 1° une fraction par un nombre entier ; 2° un nombre entier par une fraction ; 3° une fraction par une fraction.

181. 1er CAS. *Quel est le produit de $\frac{4}{7}$ par 3 ?*

D'après la définition de la multiplication, le produit se composera de 3 fois $\frac{4}{7}$. Or, prendre 3 fois $\frac{4}{7}$, c'est rendre cette fraction 3 fois plus forte, à quoi j'arriverai en multipliant son numérateur par 3. J'aurai donc $\frac{4 \times 3}{7} = \frac{12}{7}$, réponse cherchée. — Donc,

Pour multiplier une fraction par un nombre entier, il faut faire le produit du numérateur par les unités ; puis donner au résultat le dénominateur de la fraction.

REMARQUE. Si ce dénominateur était multiple du nombre entier, on pourrait aussi diviser le premier par le second. Ainsi $\frac{3}{8} \times 2 = \frac{6}{8}$ ou $\frac{3}{8:2} = \frac{3}{4}$.

182. 2° CAS. *Soit 3 à multiplier par $\frac{4}{7}$.*

D'après la définition de la multiplication, le produit se composera de 4 fois le 7e de 6. Or, le 7e de 3 $= \frac{3}{7}$, et 4 fois $\frac{3}{7} =$ 4 fois plus, ou $\frac{3 \times 4}{7}$. — Donc,

Pour multiplier un nombre entier par une fraction, il faut multiplier ce nombre par le numérateur, et donner au produit le dénominateur.

Le résultat que l'on obtient alors, est plus petit que le multiplicande, attendu que le multiplicateur est moindre que l'unité.

183. 3ᵉ Cas. *Multiplier $\frac{3}{8}$ par $\frac{4}{7}$.*

D'après la définition de la multiplication, le produit cherché se composera de 4 fois le 7e de $\frac{3}{8}$. Or, le 7e. de $\frac{3}{8} = \frac{3}{8 \times 7}$; les $\frac{4}{7}$ donneront une fraction 4 fois plus forte, ou $\frac{3 \times 4}{8 \times 7} = \frac{12}{56}$. — Remarquons ici qu'on a pris les fractions terme à terme, et concluons cette règle :

On multiplie une fraction par une autre, en multipliant les numérateurs entre eux et les dénominateurs aussi : le second produit sert de dénominateur au premier.

184. Autre raisonnement.

Multiplier $\frac{3}{8}$ par $\frac{6}{7}$.

En multipliant $\frac{3}{8}$ par 6 seulement, on a $\frac{3 \times 6}{8}$. Or, ce résultat est 7 fois trop fort, parce que le multiplicateur n'est pas 6, mais le 7e de 6. Le véritable produit sera donc 7 fois moindre, ou $\frac{3 \times 6}{8 \times 7}$.—Donc, etc.

185. Multiplication des expressions fractionnaires. *Elle se fait comme celle des fractions proprement dites.*

Exemple : $\frac{8}{1} \times \frac{6}{8} = \frac{48}{8} = 6 + \frac{1}{8}$.

Multiplication des nombres fractionnaires. *Quand l'un des nombres ou tous les deux sont frac-*

*tionnaires, on les réduit chacun en expression frac-
tionnaire, et l'on opère comme il vient d'être dit.*

Exemple : $6\frac{2}{3} \times 3 = \frac{20}{3} \times 3 = \frac{60}{3}$ ou 20 unités.

TRENTE-CINQUIÈME LEÇON.

DIVISION DES FRACTIONS ORDINAIRES.

186. La Division est une opération par laquelle connaissant un produit nommé dividende, et l'un de ses deux facteurs, appelé diviseur, on cherche l'autre facteur nommé quotient.

Il suit, de cette définition, que le *quotient se compose avec le dividende, comme le diviseur, avec l'unité;* c'est-à-dire que si le diviseur est 2, 3, 4... fois plus *fort* que l'unité, le quotient sera 2, 3, 4... fois *moindre* que le dividende, et réciproquement.

La division des fractions ordinaires présente trois cas. On peut avoir à diviser : 1° une fraction par un nombre entier ; 2° un nombre entier par une fraction ; 3° une fraction par une fraction.

187. 1er Cas. *Soit $\frac{2}{4}$ à diviser par* 2.

Diviser cette fraction par 2, c'est la rendre 2 fois plus petite. Or, on rend une fraction 2 fois moindre, en multipliant son dénominateur par 2. Il viendra ici $\frac{2}{4 \times 2} = \frac{2}{8}$.

Remarque. Si le numérateur était multiple du nombre entier, on pourrait aussi diviser le premier par le second, sans toucher au dénominateur. Ainsi, $\frac{4}{8} : 2 = \frac{4:2}{8} = \frac{2}{8}$ ou $\frac{1}{4}$. — Donc,

Pour diviser une fraction par un nombre entier, on multiplie seulement son dénominateur ; ou bien, quand cela est possible, on divise son numérateur par le nombre entier.

188. 2°. Cas. *Prenons* $2 : \frac{3}{4}$.

D'après la définition de la division, il s'agit de trouver un nombre qui, multiplié par $\frac{3}{4}$, reproduise 2 ; donc $2 =$ les $\frac{3}{4}$ du quotient. Cherchons les $\frac{4}{4}$ de ce quotient ou le quotient entier. Nous dirons : Puisque les $\frac{3}{4}$ du quotient $= 2$, $\frac{1}{4}$ vaudra 3 fois moins ou $\frac{2}{3}$, et les $\frac{4}{4}$ vaudront 4 fois plus, c'est-à-dire $\frac{2\times 4}{3}$ ou $2 \times \frac{4}{3}$. Or, $\frac{4}{3}$ est la fraction diviseur renversée. — Donc,

Pour diviser un nombre entier par une fraction, on multiplie ce nombre par le diviseur renversé.

189. 3° Cas. *Diviser* $\frac{2}{3}$ *par* $\frac{4}{5}$.

D'après la définition de la division, il s'agit de trouver un nombre qui, multiplié par $\frac{4}{5}$, reproduise $\frac{2}{3}$; donc $\frac{2}{3} =$ les $\frac{4}{5}$ du quotient. Cherchons les $\frac{5}{5}$ de ce quotient ou le quotient entier Nous dirons : Puisque les $\frac{4}{5}$ du quotient $= \frac{2}{3}$, $\frac{1}{5}$ vaudra 4 fois moins ou $\frac{2}{3\times 4}$, et les $\frac{5}{5}$ vaudront 5 fois plus, c'est-à-dire $\frac{2\times 5}{3\times 4}$, ou $\frac{2}{3} \times \frac{5}{4}$. Or, $\frac{5}{4}$ est la fraction diviseur renversée. — Donc,

Pour diviser une fraction par une autre, on multiplie le dividende par le diviseur renversé.

190. Autre raisonnement.

Il est question de diviser $\frac{2}{3}$ *par* $\frac{4}{5}$.

En divisant $\frac{2}{3}$ par 4 seulement, on a $\frac{2}{3\times 4}$. Or, ce résultat est 5 fois trop faible, *parce que le diviseur*

6.

n'est pas 4, mais un nombre 5 fois moindre. Le véritable quotient sera donc 5 fois plus fort, ou $\frac{2\times5}{3\times4}$. — Donc, etc.

191. La Division des expressions fractionnaires se fait comme celle des fractions proprement dites.

Exemple : $\frac{15}{3} : 4 = \frac{15}{3\times4} = \frac{15}{12}$ ou $1\frac{1}{4}$.

Division des nombres fractionnaires. — Quand l'un des nombres ou tous les deux sont fractionnaires, on les réduit chacun en une expression fractionnaire, et l'on opère comme il vient d'être dit.

Exemple : $1\frac{1}{4} : 3\frac{2}{3} = \frac{5}{4} : \frac{11}{3} = \frac{5\times3}{4\times11}$ ou $\frac{15}{44}$.

Les preuves des opérations fondamentales sur les fractions ordinaires se font comme celles des nombres entiers.

TRENTE-SIXIÈME LEÇON.

FRACTIONS DE FRACTIONS.

192. Si l'on partage la fraction $\frac{4}{5}$ en 7 parties égales, chaque partie vaudra $\frac{1}{7}$ de $\frac{4}{5}$, et 3 d'entre elles formeront $\frac{3}{7}$ de $\frac{4}{5}$. Or, $\frac{1}{7}$ de $\frac{4}{5}$, et $\frac{3}{7}$ de $\frac{4}{5}$ sont des *fractions de fraction. On nomme* donc ainsi *une ou plusieurs parties de fraction divisée en portions égales.*

193. Pour avoir les $\frac{3}{7}$ de $\frac{4}{5}$, on dit : $\frac{1}{7}$ de $\frac{4}{5} = \frac{4}{5\times7}$, et 3 fois ce $7^e = \frac{4\times3}{5\times7}$. — Maintenant, si l'on veut connaître le produit des $\frac{2}{3}$ des $\frac{8}{7}$ de $\frac{4}{5}$, il faut chercher les $\frac{2}{3}$ de $\left(\frac{8}{7}\text{ de }\frac{4}{5}\right)$ ou les $\frac{2}{3}$ de $\frac{8\times4}{7\times5}$, ce qui donne $\frac{2\times8\times4}{3\times7\times5}$, fraction obtenue en multipliant entre eux tous les

chiffres supérieurs, ainsi que tous les chiffres inférieurs.

Ce raisonnement pouvant s'appliquer à tout autre
exemple, on en conclut que :

**Pour évaluer des fractions de fraction, on
doit multiplier les numérateurs entre eux,
et les dénominateurs aussi entre eux ; le
second produit sert de dénominateur au
premier.**

194. REMARQUE. S'il y avait un nombre entier
parmi les fractions, on pourrait lui donner l'unité
ou 1 pour dénominateur.

Exemple : *Prendre les $\frac{2}{3}$ des $\frac{3}{4}$ des $\frac{4}{5}$ des $\frac{5}{6}$ de 12.*
($12 = \frac{12}{1}$. Prononcez 12 sur 1).

Opération :

$$\frac{2 \times 3 \times 4 \times 5 \times 12}{3 \times 4 \times 5 \times 6 \times 1}$$

Puisqu'on divise les deux termes d'une fraction
par un même nombre, sans en changer la valeur,
*je supprime 3, 4, 5, au numérateur et au dénomina-
teur*, et il me reste

$$\frac{2 \times \cancel{3} \times \cancel{4} \times \cancel{5} \times 12}{\cancel{3} \times \cancel{4} \times \cancel{5} \times 6 \times 1} , \text{expression}$$

qui égale $\frac{24}{6}$ ou 4 unités.

CONVERSION DES FRACTIONS ORDINAIRES.

195. *Soit la fraction $\frac{3}{4}$.* — Elle exprime 3 fois le
quart d'une unité, ou *le quart de 3 unités*, c'est-à-dire
3 *divisé par* 4. Donc *toute fraction ordinaire peut être
considérée comme le reste d'une division*, dont le
numérateur est le dividende, et le dénominateur,
le diviseur. Il s'en suit qu'on la change facile-

ment en une fraction décimale de même valeur, ou approchée autant qu'on le désire. On opère comme nous l'avons dit aux quotients évalués en décimales (133).

196. Exemple : *Reprenons la fraction ci-dessus.*

$$\begin{array}{r|l} 30 & 4 \\ \underline{20} & \overline{0{,}75} \\ 0 & \end{array}$$

3 étant moindre que 4, je mets au quotient un zéro et une virgule tenant lieu des entiers ; puis je convertis les 3 unités du dividende en *dixièmes*, en les multipliant par 10. J'ai 30 dixièmes, qui, divisés par 4, donnent pour quotient 7 dixièmes. Je réduis ensuite le reste 2 dixièmes en *centièmes*, en écrivant un zéro à sa droite. Faisant la division, j'obtiens 5 centièmes, que je pose à la suite des dixièmes. L'opération ne donnant aucun reste, je conclus que *la fraction décimale* 0,75 *a la même valeur que la fraction ordinaire* $\frac{3}{4}$.

De là cette règle :

197. Pour convertir une fraction ordinaire en fraction décimale, on dispose les deux termes comme à une division, et l'on écrit au quotient un zéro suivi d'une virgule; après, on divise le numérateur par le dénominateur, en réduisant successivement les restes en dixièmes, centièmes, millièmes, etc. On s'arrête quand l'opération se fait exactement, ou quand on a obtenu une approximation suffisante.

On trouve, par ce moyen, que $\frac{2}{3} = 0,6$ à un dixième près, $= 0,66$ à un centième près, et que $\frac{5}{6} = 0,833$ à moins d'un millième près, etc.

REMARQUE. On pourrait aussi placer, à la droite du numérateur-dividende, autant de

zéros qu'on veut avoir de décimales ; puis séparer celles-ci au quotient.

CONVERSION DES FRACTIONS DÉCIMALES.

198. Toute fraction décimale peut être changée en une fraction ordinaire de même valeur.

En conséquence, *choisissons 0 u. 75 centièmes, fraction à laquelle il s'agit de substituer une fraction ordinaire.*

Voici comment je raisonne : Si je supprime la virgule dans la quantité proposée, j'aurai 75 unités, nombre 100 fois trop fort ; mais en lui donnant 100 pour dénominateur, je détruirai l'effet de l'augmentation ou du premier changement, et j'obtiendrai ainsi $\frac{75}{100}$. C'est la réponse demandée. — Donc,

Quand on veut remplacer une fraction décimale par une fraction ordinaire, on prend pour numérateur la partie à droite de la virgule, et on lui donne pour dénominateur, l'unité suivie d'autant de zéros qu'il y a de chiffres décimaux dans l'expression proposée.

TRENTE-SEPTIÈME LEÇON.

SYSTÈME MÉTRIQUE

OU SYSTÈME LÉGAL DES POIDS ET MESURES.

---

199. Une mesure est une grandeur qui sert à comparer ou à mesurer d'autres grandeurs de même espèce, plus grandes ou plus petites.

On distingue les mesures *effectives* ou réelles, et les mesures *de compte*. Celles-ci n'existent que dans la pensée, et l'on n'en fait usage que pour faciliter les calculs.

Or, on peut avoir à mesurer :

1°. Des *longueurs*, comme la distance d'un arbre à un autre ; 2°. Des *surfaces*, ce qui a longueur et largeur : un tableau ; 3°. Des *volumes*, ce qui a longueur, largeur et épaisseur ou hauteur : un bloc de pierre ; 4°. Des *capacités*, ce qui peut contenir une autre chose : un seau ; 5°. Des *objets quelconques* : une brique de savon ; 6°. Des *monnaies*, pour l'appréciation.

200. Il y a donc 6 espèces de mesures. Ce sont : Les mesures de *longueur*, — de *surface*, — de *volume*, — de *capacité*, — de *poids*, — et les *mesures monétaires*.

Leurs unités respectives sont : *le mètre*, pour les longueurs ; *le mètre carré et l'are*, pour les surfaces ; *le mètre cube et le stère*, pour les volumes ; *le litre*, pour les capacités ; *le gramme*, pour les poids, et *le franc*, pour les monnaies.

La réunion des nouveaux poids, mesures et monnaies, usités en France, depuis le 1ᵉʳ janvier 1840, *forme le système métrique*. On le nomme ainsi, parce qu'il a pour base le MÈTRE, qui est la dix-millionième partie du quart du méridien terrestre.

---

1 Le méridien terrestre est un grand cercle qu'on suppose faire le tour de la terre, en passant par les pôles. — MM. Méchain et Delambre ont mesuré, avec la *toise*, la distance de *Dunkerque* à *Barcelone* (en suivant le méridien de Paris); puis MM. Biot et Arago, celle de *Barcelone* (Espagne) à l'île de *Formentera*, l'une des Baléares, dans la Méditerranée.

Ce système est encore appelé système *légal*, vu qu'il est aujourd'hui le seul autorisé par la loi.

201. Quand on veut avoir des mesures plus grandes que chaque unité du système, on fait précéder celle-ci des mots :

Déca, qui signifie *dix* ;
Hecto, — *cent* ;
Kilo, — *mille* ;
Myria, — *dix mille*.

Ainsi, un *décamètre* c'est *dix mètres* ;
Un *hectomètre*, — *cent mètres* ;
Un *kilomètre*, — *mille mètres* ;
Et un *myriamètre*, — *dix mille mètres*.

De même un *décalitre* c'est *dix litres* ;
Un *hectolitre*, — *cent litres* ;
Un *kilolitre*, — *mille litres*.

202. Et quand on veut avoir des mesures plus petites que chaque *unité*, on met devant elle un des mots :

Déci, qui signifie *dixième* ;
Centi, — *centième* ;
Milli, — *millième*.

Ainsi, un *décigramme*, c'est la *dixième partie du gramme* ; — Un *centigramme*, la *centième partie du gramme*, — Et un *milligramme*, la *millième partie du gramme*.

De même, un *décistère*, c'est la *dixième partie du stère*, — Et un *centiare*, la *centième partie de l'are*.

203. Les 4 mots *déca, hecto, kilo, myria*, servant à désigner des quantités de dix en dix fois plus grandes, sont nommés *mots multiples*, et les 3 mots *déci, centi, milli*, servant à désigner des quantités de dix en dix fois plus petites, sont nommés *mots sous-multiples.*

Il y a cependant des unités devant lesquelles on ne peut pas placer tous ces termes.

Quoi qu'il en soit, la disposition ou nomenclature du système métrique n'est composée que de 7 *mots.* En les combinant avec les noms des 6 unités principales (*mètre, are, stère, litre, gramme, franc*), on a en tout 13 *mots nouveaux,* pour connaître les mesures légales.

TRENTE-HUITIÈME LEÇON.

1° MESURES LINÉAIRES OU DE LONGUEUR.

204. Les mesures de longueur sont celles au moyen desquelles on évalue les distances.

Le mètre, qui en est l'unité, sert également à mesurer la largeur, la hauteur, l'épaisseur, la circonférence. Il admet avant lui tous les mots multiples et sous-multiples. — Les multiples du mètre sont donc : le *décamètre,* qui vaut 10 mètres ; l'*hectomètre,* qui vaut 100 mètres ; le *kilomètre,* qui vaut 1000 mètres, et le *myriamètre,* qui vaut 10000 mètres.— L'*hectomètre,* le *kilomètre* et le *myriamètre* sont appelés *mesures itinéraires,* c'est-à-dire pour les chemins ou les grands intervalles géographiques.

Un kilomètre peut se parcourir à pied en 10 minutes. — 4 kilom. = l'ancienne *lieue.*

205. Les sous-multiples du mètre sont : le *décimètre,* qui est la dixième partie du mètre ; le *centimètre,* centième partie du mètre, et le *millimètre,* millième partie du mètre. Cette dernière unité vaut donc 10 décimètres, 100 centimètres, 1000 millimètres ; le décimètre, 10 centimètres ; le centimètre, 10 millimètres, etc.

Il y a maintenant beaucoup de cannes d'un *mètre* de long. Il faut forcer la grandeur de l'enjambée ordinaire, pour qu'elle vaille autant ; car on fait 6 *pas* par 5 mètres, et d'un hectomètre à un autre, on compte 120 pas. La largeur de la main égale environ 1 *décimètre*, et celle de l'ongle du petit doigt, 1 *centimètre.*

206. *Toute mesure devant être proportionnée à l'objet à mesurer, afin de simplifier le nombre,* l'unité pour les routes sera le *kilomètre;* pour les longueurs ordinaires, le *mètre,* et pour les plus petites, le *décimètre,* le *centimètre,* ou même le *millimètre.* — Le décamètre, ou la *chaîne métrique,* est employé par les arpenteurs pour la mesure des champs, des prés, des bois, etc.

On ne dit jamais un décamètre, un hectomètre... de drap, de toile...; mais 10 *mètres,* 100 *mètres,* etc.

207. Quelques mesures réelles de longueur ont *leur double et leur moitié,* à cause de leur fréquent usage. Voici celles qui sont autorisées par la loi :

Le *décimètre* (0^m,1), le *double décimètre* (0^m,2), le *demi-mètre* (0^m,5), le *mètre* (1^m), le *double mètre* (2^m), le *demi-décamètre* (5^m), le *décamètre* (10^m), le *double décamètre* (20^m).

208. Les *myriamètres, kilomètres, hectomètres, décamètres, mètres, décimètres, centimètres, millimètres,* se représentent en abrégé par M, K, H, D, m, d, c, mm. Au moyen de cette convention, il est facile de faire bien des applications importantes.

1° *Exprimer le nombre de mètres contenus dans* 15 *kilomètres et* 6 *décamètres.*

K H D m
45 0 6 0

J'écris d'abord, dans l'ordre naturel, les lettres K H D m ; puis je pose, à leur rang, les kilomètres et les décamètres dictés ; enfin je remplace, par des zéros, les hectomètres et les mètres non exprimés, et je trouve que 45 *kilomètres* 6 *décamètres valent* 45060 *mètres.*

2° *Décomposer le nombre* 653248 *décimètres, en mètres, décamètres, hectomètres, kilom. et myriam.*

M K H D m d
6 5 3 2 4 8

Je pose premièrement le nombre donné, et ensuite, au-dessus de chacun des chiffres, les lettres d, m, D, H, K, M, pour représenter les décimètres, les mètres, les décamètres, etc. Je vois ainsi que dans 653248 décimètres, il y a 6 *myriamètres* + 5 *kilomètres* + 3 *hectomètres* + 2 *décamètres* + 4 *mètres* + 8 *décimètres.* Par conséquent, si l'on prend le mètre pour unité, le nombre donné s'écrira 65324 mètres, 8 ; — il s'écrirait 65 k. 3248, si l'on prenait pour unité le kilomètre. — On voit par là *que la numération des nouvelles mesures est absolument la même que celle des nombres décimaux,* soit pour la lecture, soit pour la représentation des nombres.

3° *Quelle est la somme des quantités suivantes :* 5 *kilomètres,* 9 *décamètres,* 4 *mètres,* + 18 *myriam.* 7 *hectomètres,* + 154 *mètres* 15 *millimètres ?*

M K H D m,d c mm
  0 5 0 9 4 0 0 0
+ 1 8 0 7 0 0 0 0 0
+ 0 0 1 5 4 0 1 5
= 1 8 5 9 4 8ᵐ 0 1 5

Suivez la marche habituelle, et en opérant, remplacez, par des zéros, les unités manquantes.

La somme obtenue pourrait, à la rigueur, se lire : 18 myriamètres, 5 kilomètres, 9 hectomètres, 4 décamètres, etc. ; mais il faut éviter, autant que possible, d'employer plusieurs noms de mesures à la fois. Le nombre ci-dessus s'énoncera donc : 185948 *mètres* 15 *millimètres.*

Ce troisième exemple nous fait voir *que l'addition des mesures légales, françaises, se fait comme celle des nombres décimaux. — Il en est de même pour la soustraction, la multiplication et la division.*

TRENTE-NEUVIÈME LEÇON.

2° MESURES DE SURFACE OU DE SUPERFICIE.

209. Les mesures de surface sont celles qui servent à mesurer l'extérieur des corps, c'est-à-dire l'étendue des objets en longueur et en largeur. Elles se divisent en deux classes :

1° Les mesures de surface proprement dites;
2° Les mesures agraires.

210. L'unité des surfaces proprement dites est *le mètre carré, c'est-à-dire un carré qui a 1 mètre de long et 1 mètre de large* [1].

Le mètre carré a pour multiples : le *décamètre carré,* qui a 10 mètres de chaque côté ; l'*hectomètre carré,* qui en a 100 ; le *kilomètre carré,* qui en a 1000, et le *myriamètre carré,* qui en a 10000. (*L'hectomètre carré, le kilomètre carré et le myriamètre carré servent à mesurer de grandes surfaces,* comme celles d'une commune, d'un canton, d'un

---

[1] ☐ Un *carré* est une figure qui a quatre côtés égaux et quatre angles droits ou d'équerre.

département, etc., et sont nommés, pour cette raison, *mesures topographiques*.)

Les sous-multiples du mètre carré sont :

Le *décimètre carré*, qui a un décimètre de chaque côté ; — le *centimètre carré*, qui a un centimètre de chaque côté ; — le *millimètre carré*, qui a un millimètre de chaque côté.

211. Puisque le mètre vaut 10 décimètres, le mètre carré vaut $10 \times 10 = 100$ *décimètres carrés* [1]; de même, le décimètre carré vaut 100 *centimètres carrés*, et le centimètre carré, 100 *millimètres carrés*. D'où il suit que *les décimètres carrés occupent deux rangs après la virgule ; les centimètres carrés, deux rangs après les décimètres carrés, et qu'enfin les deux chiffres suivants (le 5ᵉ. et le 6ᵉ.), expriment des millimètres carrés.*

Alors le nombre $34^{mq},5476$ se lira 34 mètres carrés, 54 décimètres carrés, 76 centimètres carrés. — Quand la dernière tranche à droite n'a pas deux chiffres, on écrit ou l'on suppose un 0 à sa suite.

Pour représenter 5 mètres carrés 5 décimètres carrés, on mettra : $5^{mq},05$; — et $5^{mq},0005$, — si l'on veut des centimètres carrés. — Car,

212. On écrit les mesures de surface avec deux fois plus de chiffres que les mesures de longueur.

En d'autres termes, il faut :

2 *chiffres*, pour des décimètres carrés ;

4 *chiffres*, pour des centimètres carrés ;

6 *chiffres*, pour des millimètres carrés.

---

1 Le Maître pourra aussi démontrer cette vérité, au moyen du carré géométrique, *d'un mètre* en tous sens, divisé en 100 petits carrés *d'un décimètre* de côté.

Il ne faut donc pas confondre le *décimètre carré* avec le *dixième de mètre carré*, qui vaut 10 fois plus; ni le *centimètre carré* avec le *centième de mètre carré*, etc.

Le *mètre carré* est d'un fréquent usage : il sert à évaluer les surfaces des travaux de maçonnerie, de menuiserie, de peinture, etc.; les subdivisions sont employées quand il s'agit de petites superficies, comme celles des glaces, des carreaux de vitre, etc.

213. On appelle mesures agraires celles qui servent à mesurer les terrains, et qui ont l'are pour unité.

L'are est le décamètre carré, c'est-à-dire est un carré d'un décamètre de chaque côté, ou bien de 100 mètres carrés en surface ; car $10 \times 10 = 100$.

Il a pour multiple l'*hectare*, qui vaut 100 ares, et pour sous-multiple le *centiare*, qui est la centième partie de l'are.

La numération des mesures agraires est la même que celle des mesures de longueur.

Quatre hectares vingt-cinq ares six centiares s'énonceront et s'écriront donc : 425ᵃ 06ᶜ, en prenant l'*are* pour unité.

Dans 33 hectares 8 ares 75 centiares, on trouve qu'il y a 330875 centiares, comme on le voit par l'indication ci-dessous.

H. D. a. d. c.

3 3 0 8 7 5 centiares.

H veut dire *hectare*.

D	—	*décare* (inusité).
a	—	*are*.
d	—	*déciare* (inusité).
c	—	*centiare*.

QUARANTIÈME LEÇON.

3°. Mesures de Volume ou de Solidité.

214. Les mesures de volume servent à mesurer la portion de l'espace occupée par un corps.

L'unité de ces mesures est le *mètre cube*, c'est-à-dire *un cube qui a* 1^m *de long*, 1^m *de large et* 1^m *de haut* [1]. Le mètre étant égal à dix décimètres, son cube vaut $10 \times 10 \times 10 = 1000$ *décimètres cubes* [2]; de même le décimètre cube vaut 1000 *centimètres cubes*, et le centimètre cube, 1000 *millimètres cubes*. Dans les nombres, *les décimètres cubes occupent donc 3 rangs après la virgule; les centimètres cubes, 3 rangs après les décimètres cubes; et les millimètres cubes, 3 rangs après les centimètres cubes.*

Donc le nombre 0^{mc}, 500430062 se lira :

0 mètre cube, 500 décimètres cubes, 430 centimètres cubes, 62 millimètres cubes.

Quand la dernière tranche à droite ne renferme pas 3 chiffres, on suppose à sa suite un ou deux zéros.

Pour représenter 15 décimètres cubes, on mettra : 0^{mc},015; — et 0^{mc}, 000015, — si l'on veut des centimètres cubes ; — Car,

---

1 Un *cube* est un corps qui a six faces carrées et égales, comme un dé à jouer.

2 Le Maître pourra aussi démontrer cette vérité, en supposant une caisse carrée *d'un mètre* en tous sens, dans laquelle on pourrait mettre juste 1000 petits solides ou cubes en bois *d'un décimètre* de côté.

215. *On écrit les mesures de volume avec trois fois plus de chiffres que les mesures de longueur.*

Il faut donc, après la virgule :

3 *chiffres*, pour des décimètres cubes ;
6 *chiffres*, pour des centimètres cubes ;
9 *chiffres*, pour des millimètres cubes.

Remarquons ici qu'il y a une grande différence entre le *décimètre cube* et le *dixième de mètre cube*, qui vaut 100 fois plus, ou 100 décimètres cubes. Il faut établir aussi une différence entre le *centimètre cube* et le *centième de mètre cube*, etc.

On fait usage du *mètre cube* pour chercher le volume des tas de cailloux, des travaux de maçonnerie et de terrassement, etc. Ses sous-multiples servent d'unités pour les solides de moindres dimensions.

216. Quand le *mètre cube* sert à mesurer les bois à brûler, il prend le nom de *stère*. Celui-ci a pour multiple le *décastère*, qui vaut 10 stères ou mètres cubes, et pour sous-multiple le *décistère*, qui vaut un dixième de stère, ou 100 décimètres cubes.

Les mesures effectives reconnues sont : le *stère*, le *double stère* et le *demi-décastère*. — Elles sont représentées par des *membrures* ou châssis, dans lesquels on place les bûches, jusqu'à ce que les instruments soient remplis. — Voici les dimensions de ces mesures, en supposant d'un *mètre* le chauffage livré.

	Hauteur des montants.	Longueur de la sole.
1° Pour le *stère* :	1 mètre ;	1 mètre ;
2° — le *double stère* :	1 mètre ;	2 mètres ;
3° — le *demi-décastère* :	1 m.667 ;	5 mètres.

217. Si les bûches avaient plus ou moins d'un

mètre, on saurait où il faut placer la traverse supérieure mobile, s'élevant et s'abaissant sur les montants gradués, en divisant 1 (ou 1, 667 pour 3°) par la longueur desdites bûches. — Car les trois dimensions : *longueur, largeur, hauteur*, multipliées l'une par l'autre, donneraient toujours 1 mètre cube, ou 2 mètres cubes, ou 5 *mètres cubes*. — On trouve ainsi qu'avec des rondins, bâtons, etc. de 1 mètre 20, la hauteur des montants du stère ne doit être que de 84 *centimètres*, par excès. — Le plus souvent l'accord entre les parties se fait en vue du mesurage ordinaire, fixe.

Le *mètre cube* de bois est un volume plein, serré, tout de bois ; le *stère*, au contraire, a plus ou moins de vides, selon la forme et l'arrangement des bûches. D'où il résulte que ce dernier perd environ 33 *centièmes* ou 1/3, comparé à l'autre.

QUARANTE-UNIÈME LEÇON.

4° MESURES DE CONTENANCE OU DE CAPACITÉ.

218. *On nomme mesures de capacité celles qui servent à mesurer les liquides,* comme l'eau, le vin, *et les matières sèches,* telles que le blé, l'avoine, le sel, les haricots, le charbon, etc.

L'unité principale est le *litre*, qui *est la contenance d'un décimètre cube,* c'est-à-dire d'une boîte cubique, ayant un décimètre de côté. — Toutefois, au lieu de lui donner cette forme, on lui en donne une cylindrique ou ronde, beaucoup plus commode pour le commerce.

Le litre usuel est donc un cylindre d'un

décimètre cube de capacité. — Ses multiples
sont:

Le *décalitre*, qui vaut 10 litres ;

L'*hectolitre*, qui vaut 100 litres ;

Et le *kilolitre*, qui vaut 1000 litres. Ce dernier
est une mesure de compte.

Le litre a pour sous-multiples ou divisions :

Le *décilitre*, qui est le dixième du litre.

Et le *centilitre*, qui est le centième du litre.

219. La plupart des mesures de capacité ont
leur double et leur moitié. La loi autorise : le *centilitre*, le *double centilitre*, le *demi-décilitre* ou 5 centilitres, le *décilitre*, le *double décilitre*, le *demi-litre*
ou 5 décilitres, le *litre*, le *double litre*, le *demi-décalitre* ou 5 litres, le *décalitre*, le *double décalitre*, le
demi-hectolitre ou 50 litres, l'*hectolitre* et le *double-
hectolitre.* — Toutes des 14 peuvent être en fer-
blanc, selon leur destination.

Le *litre* est employé pour la vente en détail des
liqueurs, de la farine et des légumes ; le *décalitre*
et son double, pour celle du froment, de l'orge,
etc., également en détail ; l'*hectolitre*, pour le commerce en gros des vins, des liqueurs et des grains,
ainsi que pour les charbons de terre ; le *décilitre*
sert aux épiciers, aux débitants et aux marchands
de graines propres à l'horticulture. — Les céréales,
la farine, les légumes.... se vendent aussi au poids.

220. Les mesures pour les LIQUIDES, *en cuivre*,
en tôle ou *en fonte*, et étamées, comprennent le
demi-décalitre jusqu'au double hectolitre ; celles
en étain, le centilitre jusqu'au double litre ; celles
en *fer-blanc*, pour le lait, vont du demi-décilitre au
double litre ; pour l'huile, il faut cette dernière
contenance et toutes les autres au-dessous.

7.

Les mesures pour les MATIÈRES SÈCHES sont au nombre de 12 : du double hectolitre au demi-décilitre inclusivement ; elles sont souvent faites *en bois de chêne*, et garnies, dans leur partie supérieure, d'une bordure de tôle rabattue, pour en conserver les dimensions. Leur diamètre intérieur est égal à leur hauteur ou profondeur, comme celles qui sont construites en cuivre, en tôle, en fonte ou en fer-blanc ; mais les mesures pour les liquides, en étain, ont une hauteur double de leur diamètre.

On suit, pour les applications, la méthode déjà indiquée. Ainsi, on trouve que 872 litres et 75 centilitres, sont la même chose que 8 *hectolitres* + 7 *décalitres* + 2 *litres* + 7 *décilitres* + 5 *centilitres*,

$$H\ D\ L,\ d.\ c.$$
$$8\ 7\ 2,\ 7\ 5.$$

Soit le même nombre, 87275 centilitres. — On l'écrira, en *décilitres* : 8727 décilitres, 5 ; — en *décalitres* : 87 décalitres, 275 ; — en *hectolitres* : 8 hectolitres, 7275.

DIMENSIONS DES MESURES.

Pour les *liquides.* (En étain)	D.	H.	Pour les *matières sèches.*	D. et H.
Double litre.	108ᵐᵐ	217	Double hectol.	634ᵐᵐ
Litre	86	172	Hectolitre	503
Demi-litre	68	137	Demi-hectol.	399
Double décilitre	50	101	Double décal	294
Décilitre	40	80	Décalitre	234
Demi-décilitre	32	64	Demi-décal	185
Double centilitre	23	47	Double litre.	137
Centilitre	19	37	Litre	108
			Demi-litre.	86
			Double décil	63
			Décilitre	50
			Demi-décil	40

QUARANTE-DEUXIÈME LEÇON.

5° MESURES DE PESANTEUR OU DE POIDS.

221. Les mesures de poids servent à peser. Le *gramme*, unité principale, est le poids d'un centimètre cube d'eau distillée, prise à la température de 4 degrés au-dessus de zéro, du thermomètre centigrade[1].

Les multiples du gramme sont :

Le *décagramme*, qui vaut 10 grammes ;

L'*hectogramme*, 100 grammes ;

Le *kilogramme*, 1000 grammes ;

Et le *myriagramme*, 10000 grammes.

Le gramme admet aussi tous les mots sous-multiples. Ainsi, il a pour subdivisions :

Le *décigramme*, qui est le dixième du gramme ;

Le *centigramme*, centième du gramme ;

Le *milligramme*, millième du gramme. — Le milligramme n'est guère usité que chez les pharmaciens et les orfèvres, qui ont besoin d'une très-grande précision.

222. La numération des mesures de poids est la même que celle des mesures de longueur.

Dans 86 kilogrammes et 9 décigrammes, on

---

[1] C'est-à-dire au *maximum de densité.* De plus, on a fait l'opération dans le *vide.* Sans toutes ces conditions, on n'aurait pas toujours eu le même résultat. — L'*eau distillée* est celle qui est dégagée des corps étrangers qu'elle contenait, et qui la rendaient plus pesante sous le même volume.

trouve qu'il y a 86000 *grammes*, 90 *centigrammes*, comme on le voit par l'indication ci-dessous.

K.H.D.G, d.c.

8 6 0 0 0, 9 0.

Il est facile de déterminer quels sont les *poids* usuels à employer pour peser, quand on sait que *ceux de la marque* 1, 10, 100... *ont leur double et leur moitié; qu'il y en a de* 5 *myriagrammes ou* 50 kilogr. *pour les fortes pesées; qu'il n'en existe pas de plus faible que le milligramme*, et qu'enfin, dans les trois séries, *il est bon d'avoir* 2 *fois les unités, les multiples, les sous-multiples et leurs doubles*.

Résumé : *Les rapports des poids sont :* 1, 2, 5.

223. *En conséquence, peser* 360 *grammes*.

Raisonnement : 360 grammes se décomposent en 3 hectogrammes + 6 décagrammes. — Je dis d'abord: Pour 3 hectogrammes, il faut un double hectogramme, plus 1 hectogramme. Il me reste encore 6 décagrammes ; je prends donc le demi-hectogramme et le décagramme. Ces quatre poids suffisent pour les 360 grammes de marchandises, comme on peut le voir par ce qui suit :

	un *double hectogr.*, valant	200 grammes.
H.D.G.	un *hectogramme*	100
3 6 0	un *demi-hectogr.* (5 décagr.)	50
	un *décagramme*	10
	Total.	360 grammes.

Chacun sait que pour peser, on se sert généralement de la *balance*. Avec celle à bras égaux, on met l'objet ou les objets dans l'un des plateaux, et dans l'autre, les poids nécessaires pour qu'il y ait équilibre.

224. Il est facile de connaître le volume d'eau

pure auquel correspondent 1, 2, 3... grammes, décagrammes, hectogrammes, etc. Prenons pour exemple le kilogramme. Nous dirons : Puisqu'il vaut 1000 grammes, il égale le poids de 1000 centimètres cubes d'eau distillée ; mais comme 1000 centimètres cubes = 1 décimètre cube, il s'en suit que le volume du kilogramme = 0 m. c. 001 *décimètre cube.* — Ensuite on sait que le décimètre cube n'est autre chose que le litre ; donc le poids et le volume en question équivalent à 1 *litre d'eau distillée.*

225. Il y a trois classes de poids :

Les gros, au-dessus du kilogramme ; *les moyens,* du gramme au kilogramme, et *les petits,* inférieurs au gramme.

Le kilogramme sert d'unité dans le commerce ; mais, pour les charges considérables, on fait usage du *quintal métrique* (cent kilogrammes) et *du millier* ou *tonneau de mer* (mille kilogrammes.)

Les poids usités sont faits en *fonte de fer* ou en *cuivre jaune.* Les premiers commencent au demi-hectogramme, et finissent à 50 kilogrammes. Ils sont garnis d'un anneau qui sert à les soulever. — Les seconds comprennent les poids *cylindriques,* les poids à *godets* et les poids à *lames.* Les *cylindriques,* qui vont depuis le gramme jusqu'à 20 kilogrammes, sont surmontés d'un bouton pour la commodité ; ceux à *godets* sont creux et s'emboîtent les uns dans les autres ; enfin les derniers sont des *lames* minces à peu près carrées, servant à peser les choses précieuses, comme les matières d'or et d'argent, les perles, les diamants, etc.

---

¹ Quant au volume seul, on pourrait dire : à 1 *litre* d'eau, de vin, d'huile, etc.

QUARANTE-TROISIÈME LEÇON.

6°. MESURES MONÉTAIRES OU D'APPRÉCIATION.

226. On appelle mesures monétaires, ou simplement monnaies, celles qui servent à déterminer le prix des choses.

Le franc, pris pour unité, est une pièce qui pèse 5 grammes, et qui contient 835 millièmes, en poids, d'argent pur et 165 millièmes de cuivre.

Naguère, la proportion était de 9 parties contre *une*.

Le dernier métal rend la pièce plus dure que si elle était faite entièrement en argent. De plus, la moindre valeur du cuivre paie à peu près les frais de fabrication.

Les multiples du franc n'ont point reçu de noms particuliers. Ainsi, l'on ne dit pas : décafranc, hectofranc, kilofranc.... mais 10 francs, 100 francs, 1000 francs....

227. Les pièces de monnaie au-dessus du franc sont : celles de 2 francs et de 5 francs, *en argent* ; celles de 5 francs, de 10 francs, de 20 francs, de 50 francs et de 100 francs, *en or*.

Les subdivisions du franc sont :

Le *décime*, qui est la dixième partie du franc,

Et le *centime*, qui en est la centième partie.

Dans les monnaies d'or et d'argent, il y a généralement un dixième de leur poids de cuivre, ou d'*alliage*, c'est-à-dire 9 fois moins que de métal fin. (V. n° suivant.)

228. Le *titre* (quantité d'or ou d'argent pur qui entre dans les pièces), est dit de $\frac{9}{10}$, ou mieux de $\frac{900}{1000}$ (900 parties sur 1000). Toutefois les pièces de un franc, de 50 et de 20 *centimes* sont au titre de $\frac{835}{1000}$. — Dans l'orfèvrerie et la bijouterie, les 3 titres de l'*or* sont $\frac{920}{1000}$, $\frac{840}{1000}$, $\frac{750}{1000}$. Il y a donc $\frac{80}{1000}$, $\frac{160}{1000}$, $\frac{250}{1000}$ d'alliage. Les 2 titres de l'*argent* étant $\frac{950}{1000}$ et $\frac{800}{1000}$, l'alliage est de $\frac{50}{1000}$ et $\frac{200}{1000}$.

Mais la loi accorde une *tolérance* sur tous les titres. Elle est de 2 millièmes en plus ou en moins, pour les monnaies d'or et d'argent, excepté sur les pièces de 20 et de 50 centimes, qui peuvent avoir 3 millièmes d'erreur permise. — Pour la *tolérance* de poids, V. *problème* 933.

229. Le *Bronze* de la monnaie française est un alliage qui renferme 95 centièmes de *cuivre*, 4 centièmes d'*étain* et 1 centième de *zinc*. — Celui avec lequel on fait les canons et les bouches à feu, a 89 kilogrammes de cuivre et 11 d'étain, sur 100 kilogrammes. Les combinaisons de marchandises ou de métaux qui pourraient nuire à la santé, ne sont point permises.

POIDS DES PIÈCES DE MONNAIE.

1° En or :

230. La pièce de   5 francs pèse **1** gramme, 613 ;
   — de   10 francs, —   **3** grammes, 226 ;
   — de   20 francs, —   **6** grammes, 452 ;
   — de   50 francs, — **16** grammes, 130 ;
   — de 100 francs, — **32** grammes, 260.

2° En argent :

Le franc pèse **5** grammes ;
La pièce de 2 francs, le double, ou **10** grammes ;
La pièce de 5 francs, 5 fois autant, ou **25** grammes ;
Le demi-franc (50 centimes), **2** gr. **50** centigr. ;

Et le cinquième de franc (20 centimes), 1 gramme.

3° **En bronze :**

Le décime (10 *centimes*) pèse 10 grammes ;
Le demi-décime (5 *centimes*), 5 grammes ;
Le double centime (2 *centimes*), 2 grammes ;
Et le centime, 1 gramme

Réciproquement, 1 gramme de bronze monnayé = 1 *centime*; par suite, 1 gramme d'argent vaut 20 fois plus, ou 20 *centimes*, et 1 gramme d'or, 15 fois 1/2 plus que le gramme d'argent, = 3 *francs* 10 *centimes* (Le kilogramme vaut 10 francs, — 200 francs, — 3100 francs). On a le poids d'*un kilogramme* par 200 pièces de 5 centimes, ou 100 pièces de 10 centimes, ou 40 pièces de 5 francs en argent, etc.

DIAMÈTRE DES PIÈCES DE MONNAIE.

231. La pièce de 100 fr., en *or*, a 35 millim. de diam.

—	50 fr.,	—	28 » »
—	20 fr.,	—	21 » »
—	10 fr.,	—	19 » »
—	5 fr.,	—	17 » »
La pièce de 5 fr., en *argent*, a	37	»	»
—	2 fr.,	—	27 » »
—	1 fr.,	—	23 » »
Le demi-franc,		18	» »
Le cinquième de franc,		15	» »
Le décime, en *bronze*,		30	» »
Le demi-décime,		25	» »
Le double centime,		20	» »
Le centime lui-même,		15	» »

Donc, on peut obtenir la longueur du mètre, en mettant à la suite l'une de l'autre, bord à bord, sur une même ligne droite :

1°. 19 pièces de 5 francs (en argent) et 11 pièces

de 2 francs (car 37 millimètres $\times$ 19 $+$ 27 millimètres $\times$ 11 $=$ 1 *mètre*) ;

2°. 20 pièces de 2 francs et 20 pièces de 1 franc (car 27 millimètres $\times$ 20 $+$ 23 millimètres $\times$ 20 $=$ 1 mètre) ;

3°. 40 pièces de 5 centimes (car 25 millimètres $\times$ 40 $=$ 1 mètre).

Il y a encore d'autres combinaisons : par exemple, 25 pièces de 20 francs et 25 de 10 francs, etc. — 27 pièces de 5 francs (en argent) $=$ 999 millimètres, c'est-à-dire 1 mètre moins 1 millimètre.

Un *décimètre* se trouve avec 2 pièces de 2 francs et 2 pièces de 1 franc, ou avec 4 pièces de 5 centimes, etc.

RAPPORT DES MESURES MÉTRIQUES AVEC LE MÈTRE.

232. Toutes les nouvelles mesures dérivent du mètre. — Ainsi,

1° L'*are*, puisque c'est un carré de 10 *mètres* de côté ; — 2° Le *stère* ; car ce n'est autre chose que le *mètre* cube ; — 3° Le *litre*, parce que c'est la contenance d'un *décimètre* cube ; — 4° Le *gramme*, égal au poids d'un *centimètre* cube d'eau distillée ; — 5° Le *franc*. Celui-ci se rattache au mètre par le poids et par les dimensions ; car c'est une pièce ronde pesant 5 grammes, de 23 *millimètres* de diamètre.

On pourrait établir les mêmes rapports avec les différents poids, mesures et monnaies.

AVANTAGES DU SYSTÈME MÉTRIQUE.

233. Le système métrique a de grands avantages. Voici les principaux :

1°. Il est *fixe et invariable*, comme le mètre qui en est la base ou l'unité fondamentale. (Cette base, ayant été prise dans la nature, pourrait toujours être retrouvée, si elle venait à se perdre ou à s'altérer);

2°. Il est *uniforme et simple*, parce que ses unités, multiples et sous-multiples, en bien petit nombre, sont assujettis aux lois de notre système de numération décimale, et les calculs se font avec facilité;

3°. *Il a mis fin aux abus de l'usage des anciennes mesures, partout différentes* [1], et qui avaient tant de subdivisions arbitraires, que l'étude et les conversions en étaient fort compliquées, très-pénibles.

QUARANTE-QUATRIÈME LEÇON.

RÈGLE DE TROIS.

Autrefois Règle d'or.

234. Une règle de trois est une opération par laquelle trois termes connus servent à en faire découvrir un quatrième.

On distingue deux sortes de règles de trois : la *règle de trois simple* et la *règle de trois composée*.

La règle de trois est *simple*, quand son énoncé ne renferme que trois quantités connues; elle est *composée* dans le cas contraire. On pourrait ramener à trois seulement toutes les quantités dont elle est formée.

RÈGLE DE TROIS SIMPLE.

235. 1ᵉʳ PROBLÈME. *Combien coûteront 86 mètres*

<hr>

[1] Ce qui amenait souvent des contestations.

de toile, lorsque pour 234 francs, on en a eu 52 mètres ?

SOLUTION : Remarquons que dans ce problème, comme dans tout autre, il y a deux parties à considérer : *la donnée et la question.* La donnée est ici : *Pour 234 francs, on a eu 52 mètres de toile* ; et la question, qui comprend toujours le nombre inconnu [1], forme le reste de l'énoncé : *Combien coûteront 86 mètres ?*

DISPOSITION DES CHOSES ET DU CALCUL.

$$\left.\begin{array}{ll} \text{Donnée : } 234^f & 52^m \\ \text{Question : } x & 86^m \end{array}\right\} \; \dfrac{234 \times 86}{52}$$

Pour résoudre ces sortes de règles, *il faut d'abord raisonner sur la donnée, en nommant le premier le nombre qui est de même espèce que celui de la question.* Au problème ci-dessus, nous dirons donc :

52 mètres coûtent 234 fr. ; 1 mètre coûte 52 *fois moins,* ou $\frac{234}{52}$; 86 mètres coûteront 86 *fois plus,* ou $\frac{234 \times 86}{52} = 387$ *francs.*

2e PROBLÈME. *Quelqu'un a acheté 45 litres de vin pour 36 fr. Il voudrait maintenant dépenser 54 fr. pour un autre achat du même vin. Combien en aura-t-il de litres ?*

Donnée : 45 litres de vin ont coûté 36 fr.
Question : Combien de litres aura-t-on pour 54 fr. ?

$$\left.\begin{array}{ll} 45^l & 36^f \\ x & 54^f \end{array}\right\} \; \dfrac{45 \times 54}{36}$$

SOLUTION : En supposant que le prix n'ait pas changé, je dis : Puisque pour 36 fr., on a eu 45 litres de vin, pour 1 fr., on en aurait eu 36 *fois moins,*

---

[1] Lequel se représente par *x.*

ou $\frac{45}{36}$, et pour 54 fr., on en aura 54 *fois plus*, ou $\frac{45\times54}{36} = 67$ *litres* 50 *centilitres*.

236. Remarque. On peut encore raisonner de la manière suivante : 45 litres coûtant 36 fr., 1 litre vaut évidemment 45 *fois moins*, ou $\frac{36f}{45} = 0^f 80^c$. Or, autant de fois $0^f 80$ seront contenus dans 54 fr., autant on aura de litres de vin. Divisant donc 54 par 0,80 c., on trouve 67 *litres* 50 *centilitres*, comme plus haut.

3e Problème. *22 ouvriers ont creusé un chemin en 45 jours. Combien 30 ouvriers de même force auraient-ils mis de temps pour exécuter ce travail ?*

$$\left. \begin{array}{lll} \text{Donnée :} & 22^{\text{ouv.}} & 45^{\text{jours.}} \\ \text{Question :} & 30 & x \end{array} \right\} \frac{45 \times 22}{30}$$

Solution : 22 ouvriers ont fait l'ouvrage en 45 jours ; 1 seul, *dans les mêmes conditions ou circonstances*, aurait mis 22 *fois plus de temps*, ou 45 jours $\times$ 22. Mais 30 ouvriers ensemble, pour percer le chemin, eussent employé 30 *fois moins* de jours qu'un seul homme,

$$\text{c'est-à-dire } \frac{45\times22}{30} = 33 \text{ } jours.$$

QUARANTE-CINQUIÈME LEÇON.

RÈGLE DE TROIS COMPOSÉE.

237. La règle de trois composée est celle qui renferme dans son énoncé plus de 3 quantités connues.

1er Problème. *Un voyageur, marchant 10 heures par jour, a fait 240 kilomètres en 6 jours. Combien en ferait-il en 10 jours, s'il marchait 8 heures par jour, avec la même vitesse?*

Donnée : Un voyageur, marchant 10 heures par jour, a fait 240 kilomètres en 6 jours.

Question : Combien en ferait-il en 10 jours, s'il marchait 8 heures par jour ?

SOLUTION : Je pose, sur une même ligne horizontale, les nombres de la donnée, et plus bas, ceux de la question, en mettant les quantités de même espèce les unes sous les autres, et x, sous le nombre connu correspondant.

$$10 \text{ heures} \quad 240 \text{ kilom.} \quad 6 \text{ jours.}$$
$$8 \quad - \quad x \quad - \quad 10 \quad -$$

Tableau des calculs : $\frac{240 \times 8 \times 10}{10 \times 6} = 320 \text{ kilomètres.}$

Puis voici le raisonnement que je fais, en supposant, pour un moment, que tous les nombres soient les mêmes, à l'exception des *heures* de travail :

En marchant 10 heures par jour, un voyageur a fait 240 kilomètres (*Je pose 240.*)

En marchant une heure par jour, il en ferait 10 fois *moins* (*Je divise 240 par 10.*)

En marchant 8 heures par jour, il en fera 8 fois *plus* (*Je multiplie par 8.*)

Maintenant, pour tenir compte du nombre de jours, je dis :

En 1 jour (au lieu de 6), le voyageur fera 6 fois *moins* de kilomètres (*Je divise par 6.*)

Mais en 10 jours, il en fera 10 fois *plus* (*Je multiplie par 10*).

J'obtiens ainsi : $\frac{240 \times 8 \times 10}{10 \times 6}$.

En faisant disparaître les facteurs communs au numérateur et au dénominateur, il reste $40 \times 8 = 320 \text{ kilomètres.}$ C'est le résultat cherché.

238. 2ᵉ Problème. 25 *ouvriers, travaillant 8 heures par jour, ont fait 500 mètres d'ouvrage en 40 jours. Combien 15 ouvriers, travaillant 10 heures par jour, mettront-ils de temps pour faire 650 mètres du même ouvrage ?*

Donnée : 25 ouvriers, travaillant 8 heures par jour, ont fait 500 mètres d'ouvrage en 40 jours.

Question : Combien 15 ouvr., travaillant 10 h. par jour, mettront-ils de temps pour faire 650 mètres ?

Solution : Je dispose ainsi les nombres.

25 *ouvriers*   8 *heures*   500 *mètres*   40 *jours.*
15   —   10   —   650   —   *x*   —

Tableau des calculs : $\frac{40 \times 25 \times 8 \times 650}{15 \times 10 \times 500} = 69$ jours $\frac{1}{3}$.

Puis voici le raisonnement que je fais, en considérant, les uns après les autres, les nombres d'ouvriers, d'heures et de mètres :

1° 25 ouvriers emploient 40 jours pour faire leur travail (*Je pose 40.*)

A un ouvrier, il faudrait 25 fois *plus* de jours (*Je multiplie 40 par 25.*)

Mais à 15 ouvriers, il faudra 15 fois *moins* de temps (*Je divise par 15.*)

2°. En travaillant 1 heure (au lieu de 8), les hommes mettront 8 fois *plus* de jours (*Je multiplie par 8.*)

Et en travaillant 10 heures, ils en mettront 10 fois *moins* (*Je divise par 10.*)

3°. Pour faire 1 mètre d'ouvrage, on passera 500 fois *moins* de temps (*Je divise par 500.*)

Et pour faire 650 mètres, on en passera 650 fois *plus* (*Je multiplie par 650.*)

J'obtiens ainsi : $\frac{40 \times 25 \times 8 \times 650}{15 \times 10 \times 500}$.

Faisant disparaître les facteurs communs au numérateur et au dénominateur, il reste :

$\frac{2 \times 8 \times 65}{15} = 69 \ jours \ \frac{5}{15}$ ou $\frac{1}{3}$. C'est le résultat cherché.

(Pour ce qui est relatif à l'élimination ou suppression des facteurs communs, il faut revoir de temps en temps les caractères de divisibilité, que nous avons indiqués au nº **158**, en traitant des fractions ordinaires).

QUARANTE-SIXIÈME LEÇON.

RÈGLE D'INTÉRÊT.

---

239. La règle d'intérêt, dans son objet le plus important, consiste à déterminer la rétribution due, pour de l'argent fourni sous conditions.

On appelle donc *intérêt* le bénéfice que l'on retire d'une somme prêtée à quelqu'un. Cette somme prêtée se nomme *capital* ou *principal*, et le *taux* est ce que 100 francs donnent de profit dans un temps déterminé, mais principalement en un an. Ainsi, lorsque 100 francs rapportent 4 francs par an, on dit que le taux de l'argent est à 4 p. % (4 *p*. % ou 4 % *signifie* 4 *pour* 100.)

D'après la loi, le taux est de 5 p. % pour les particuliers, et de 6 p. % pour les négociants. — Il est permis de demander moins, jamais plus; car *l'usure* est défendue et punie.

240. On distingue deux sortes d'intérêts : l'intérêt simple et l'intérêt composé.

L'intérêt est *simple*, quand le capital reste toujours le même pendant tout le temps qu'il est prêté; — l'intérêt est *composé*, si l'intérêt simple s'ajoute au capital, pour produire à son tour.

Le bénéfice a lieu par rapport à la *somme* et au *temps*. En effet, 200 fr., pendant 2, 3.... ans, procurent plus que 100 fr. au même taux, en 1 an.

Il y a quatre choses à considérer dans les règles d'intérêt :

1º L'intérêt du capital placé;

2º Le capital lui-même;

3º Le taux de l'argent ;

4º Le temps pendant lequel la somme est prêtée.

D'où résultent quatre cas différents.

RÈGLE D'INTÉRÊT SIMPLE.

241. 1ᵉʳ CAS. INTÉRÊT INCONNU. 1ᵉʳ PROBLÈME.

On demande l'intérêt de 1250 fr. placés pendant un an, au taux de 5 p. %.

SOLUTION : Puisque 100 francs font gagner 5 fr. d'intérêt par an, 1 fr., au bout du même temps, fait gagner 100 fois *moins*, ou $\frac{5}{100}$ ou même 0 fr. 05;

Et 1250 fr. feront gagner 1250 fois *plus*, ou $\frac{5 \times 1250}{100}$, ou même 0 fr. 05 × 1250 = 62 *francs* 50 *centimes*.

2º PROBLÈME. *Un homme a gardé, durant 9 mois, la somme de 2360 francs qu'il avait prise à 6 p. % par an. Qu'a-t-il rendu en tout ?*

SOLUTION : Puisque 100 fr. rapportent 6 fr. d'intérêt en 1 an ou 12 mois, 1 fr., dans le même temps, rapportera 100 fois *moins*, ou $\frac{6}{100}$;

1 fr., en 1 *mois*, rapportera 12 fois *moins* encore, ou $\frac{6}{100 \times 12}$, et en 9 mois, 9 fois *plus*, ou $\frac{6 \times 9}{100 \times 12}$,

Enfin, 2360 fr., en 9 *mois*, rapporteront $\frac{6\times9\times2360}{100\times12}$ $= 106$ *francs* 20 *centimes*.

Cet homme a rendu en tout 2360 fr $+$ 106,20° $= 2466$ *francs* 20 *centimes*.

242. 2° Cas. Capital inconnu. 1ᵉʳ Problème. *Quel est le capital qui, prêté à 5 p. °/₀ par an, a produit 200 francs dans l'année ?*

Solution : Pour avoir 5 fr. d'intérêt, il faut placer 100 francs ;

Pour avoir 1 fr., il faut 5 fois moins, ou $\frac{100}{5}$;

Et pour avoir 200 fr., il faut un capital 200 fois plus fort,

$$\text{ou } \frac{100\times200}{5} = 4000 \text{ francs.}$$

2° Problème. *On a déposé à 6 p. °/₀ par an, pour 8 mois 17 jours, un capital qui a produit 86 francs 45 centimes d'intérêt. Dites quel est ce capital.* (8 mois 17 jours $=$ 257 jours.)

Solution : Pour avoir 6 fr. d'intérêt en 1 an ou 360 *jours*, il faut placer 100 francs ;

Pour avoir 1 fr. (*au lieu de* 6) dans le même temps, il faut un capital 6 *fois moindre*, ou $\frac{100^f}{6}$;

Pour avoir 1 fr. d'intérêt en 1 *jour*, il faut verser 360 *fois plus* de fonds, ou $\frac{100\times360}{6}$;

Pour avoir 1 fr., en 257 *jours* (*au lieu de* 1), il suffit d'un prêt 257 *fois moindre*, ou $\frac{100\times360}{6\times257}$;

Enfin pour avoir 86ᶠ 45ᶜ d'intérêt dans le même temps, il faut un capital 86, 45 *fois plus fort*,

$$\text{ou } \frac{100^f\times360\times86.45}{6\times257} = 2018 \text{ francs } 30 \text{ centimes.}$$

QUARANTE-SEPTIÈME LEÇON.

SUITE DE LA RÈGLE D'INTÉRÊT SIMPLE.

243. 3e CAS. TAUX INCONNU. 1er PROBLÈME. —
*A quel taux faut-il livrer la somme de 4000 francs,
pour retirer, au bout de l'année, 4200 francs, tant en
capital qu'en intérêts ?*

SOLUTION : L'intérêt du capital = 4200 fr. —
4000 = 200 fr. Or, pour connaître le taux demandé,
il suffit de chercher ce que 100 fr. rapportent de
produit annuel.

Voici donc le raisonnement que l'on fait :

4000 fr. donnent 200 fr. de bénéfice par an ;
1 fr. donnera 4000 fois moins, ou $\frac{200}{4000}$,
Et 100 francs donneront 100 fois plus,

$$\text{ou } \frac{200 \times 100}{4000} = \frac{20}{4} = 5 \text{ francs,}$$

Il faut que l'argent soit placé à 5 p. %.

2e PROBLÈME. *M. P* a prêté, à intérêts simples,
un capital de 500 francs, qui lui a procuré 90 fr.
en 3 ans. Faites connaître le taux du placement.*

SOLUTION : 500 fr. produisent 90 fr. de bénéfice
en 3 ans ;
1 fr., en 3 ans, produira 500 fois moins, ou $\frac{90}{500}$;
1 fr., en un an, 3 fois moins encore, ou $\frac{90}{500 \times 3}$;
Et 100 fr., dans le même temps, 100 fois plus, ou
$\frac{90 \times 100}{500 \times 3} = 6$ francs, taux demandé.

3e PROBLÈME. — *Étant connues les quantités suivantes : Capital 700 francs ; intérêt 21 francs 90 centimes ; temps 8 mois 10 jours ou 250 jours ; taux x,
— déterminer ce taux.*

Solut. : 700 fr., en 250 jours, donnent 21 f. 90 c. ;

1 fr., en 250 jours, donne $\frac{21,90}{700}$;

1 fr., en 1 jour, donne $\frac{21,90}{700\times250}$;

1 fr., en 360 jours, donne $\frac{21,90\times360}{700\times250}$;

100 fr., en 360 jours, donnent $\frac{21,90\times360\times100}{700\times250} = $ 4 fr. 50 *centimes.*

244. 4° Cas. Temps inconnu. 1ᵉʳ Problème. *Une personne revenant d'un long voyage, reçoit 2400 fr., pour les intérêts de 12000 fr., qu'elle avait placés à 4 p. °/₀ avant de partir. Chercher combien a duré son absence.*

Solution : (1ʳᵉ *manière d'opérer.*) Je cherche l'intérêt du capital 12000 fr. pour un an, et j'obtiens 480 fr. Puis je dis : autant de fois 480 fr. seront contenus dans l'intérêt total 2400 fr., autant d'années l'argent sera resté placé. Divisant alors 2400 par 480, *il vient 5 ans.*

2ᵉ Problème. *Combien de temps a dû être à intérêt le capital 6800 fr., pour augmenter de 306 fr., à raison de 6 p. °/₀ par an ?*

Solution : (2ᵉ *manière d'opérer*). Si 100 francs, pour rapporter 6 fr., restent placés pendant un an ou 360 jours.

1 fr., pour rapporter 6 fr., exigera 100 fois plus de temps, ou 360 jours $\times$ 100 ;

1 fr., pour rapporter 1 fr., demandera 6 fois moins, ou $\frac{360\times100}{6}$;

6800 fr., pour rapporter 1 franc, seront laissés 6800 fois moins encore, ou $\frac{360\times100}{6\times6800}$;

Enfin 6800 fr., pour rapporter 306 fr., devront être 306 fois plus de temps,

$$\text{ou } \frac{360\times100\times306}{6\times6800} = 270 \text{ jours.}$$

Ou bien :

Pour que 100 fr. rapportent 6 fr., il faut 360 jours;

Pour que 1 fr. rapporte 6 fr., il faut 360 j. × 100;

Pour que 1 fr. rapporte 1 fr., il faut $\dfrac{360 \times 100}{6}$,

Pour que 6800 fr. rapportent 1 fr., il faut $\dfrac{360 \times 100}{6 \times 6800}$;

Pour que 6800 fr. rapportent 306 fr., il faut $\dfrac{360 \times 100 \times 306}{6 \times 6800} = 270$ *jours*.

245. Toutes les règles *d'intérêt simple*, *d'escompte*, *d'assurances*, *de rentes…* peuvent aussi se résoudre d'après la méthode des *règles de trois*. — *Exemples* (pour l'intérêt):

N° 241.
- 1er P.: On a 100^f 5^f / 1250 x — et $\dfrac{5 \times 1250}{100} = 62^f 50$.
- 2e P.: — 100^f 6^f 12^m / 2360 x 9 — et $\dfrac{6 \times 2360 \times 9}{100 \times 12} = 106^f 20$.

N° 242.
- 1er P.: — 100^f 5^f / x 200 — et $\dfrac{100 \times 200}{5} = 4000^f$.
- 2e P.: — 100^f 6^f 360^j / x 86,67 260 — et $\dfrac{100 \times 86,67 \times 360}{6 \times 260} = 2000^f$.

N° 243.
- 2e P.: — 100^f x^f 1 an. / 500 90 3 ans.
- Ou *mieux*: 500^f 90^f 3 ans. / 100 x 1 an. — et $\dfrac{90 \times 100}{500 \times 3} = 6$ *francs*.

N° 244.
- 2e P.: — x^{an} 6800^f 306^f / 1 100 6
- Ou *mieux*: 1^{an} 100^f 6^f / x 6800 306 — et $\dfrac{1 \times 100 \times 306}{6800 \times 6} = 0$ *an*,

270 *jours*. — Ici, au lieu de 1 an, on aurait pu mettre 360 jours.

246. Enfin, on peut employer cette formule invariable : *Cent est à l'intérêt pour cent multiplié par le temps, comme le capital est à la rente ou l'intérêt total*, — formule qui se représente en abrégé ainsi qu'il suit :

$$100 : i \times t :: c : r.$$

Mais comme cette méthode suppose la connaissance des proportions, nous nous bornerons à la question suivante :

Un homme a prêté, à 4 fr. 50 p. %, un capital qui lui a donné 252 francs d'intérêt au bout de 6 mois. Dites quel était ce capital. (6 mois = $\frac{6}{12}$ d'année.)

Solution : $100 : 4,50 \times \frac{6}{12} :: x : 252.$

Opération indiquée : $\frac{100 \times 252 \times 12}{4,50 \times 6} = 11200$ *francs*, capital cherché. — (v. nº 299.)

QUARANTE-HUITIÈME LEÇON.

RÈGLE D'INTÉRÊT COMPOSÉ.

247. 1er **PROBLÈME.** *Une personne place la somme de 4000 francs, à 4 1/2 p. % par an, et chaque année elle joindra les intérêts au capital. Que lui reviendra-t-il au bout de 3 ans ?*

SOLUTION : Je cherche d'abord l'intérêt de 4000 fr. pour la 1re année ; il est de 180 *francs*. Comme on ne le paiera pas, le capital de la 2e année sera de 4180 francs. Cherchant l'intérêt pour un an, de 4180 francs, je trouve 188 fr. 10 c., qu'on ne soldera pas alors. Donc le capital de la troisième année sera de 4180 fr. + 188, 10 = 4368 fr. 10. L'intérêt annuel de cette nouvelle somme étant 196 fr. 55 c., il s'ensuit que l'emprunteur devra rendre, à la fin de la 3e année, 4368 fr. 10 + 196 fr. 55 = 4564 *francs* 65 *centimes*. — Donc, en 3 ans, 4000 fr. à intérêt composé ont procuré 564 fr. 65 c. de bénéfice, tandis qu'à intérêt simple, ils n'auraient produit que 540 fr. On conclut de là qu'il est avantageux de prêter à intérêt composé.

248. 2e PROBLÈME. *Quelle somme recevrait-on, tant en principal qu'en intérêt, au bout de 2 ans*

5 mois, pour un capital de 5000 *fr.* à intérêt composé 5 p. °/₀ ?

SOLUTION : L'intérêt de 5000 fr., pour la 1ʳᵉ année, est de 250 fr.; cet intérêt, joint à 5000 fr., donne 5250 fr. pour le capital de la 2ᵉ. année. L'intérêt de ce nouveau capital, pour un an, est de 262 *francs* 50 *centimes*. Le capital vaut donc, à la fin de la seconde année, 5250 fr. + 262 fr. 50 c. = 5512 fr. 50 centimes.

Reste à chercher l'intérêt de cette dernière somme pendant 5 mois. On trouve 114 fr. 85 c. Donc on recevrait en tout 5512 fr. 50 + 114,85 = 5627 *francs* 35 *centimes*.

249. *La méthode suivante,* pour calculer les intérêts composés, *conduit plus promptement au résultat.*

Avant de l'exposer, voyons ce que devient 1 fr. prêté ainsi pendant un certain temps. A 5 p. °/₀, il donne par an 5 centimes de profit, et vaut par conséquent 1 fr. 05. Ce capital 1ᶠ05, placé la 2ᵉ. année, vaut à la fin, avec ses intérêts, $1^f 05 \times 1,05$. La nouvelle somme, au bout de la 3ᵉ. année, égale $1^f 05 \times 1,05 \times 1,05$, et ainsi de suite; de sorte que, *quelle que soit l'année où l'on s'arrête, le résultat est un produit formé de 1ᶠ05, pris autant de fois facteur qu'il y a d'années écoulées.* Donc, pour savoir à quel chiffre se monte un capital quelconque après 3, 4, 5, 6... ans, *il suffit de multiplier la valeur de 1 fr. au bout de cette durée, par le capital.*

250. Exemple : *Que produira, en 4 ans 9 mois, un principal de 800 fr. à intérêts composés 6 p. °/₀?*

SOLUTION : Je dis : 1 fr., argent comptant, = au bout de 4 ans, $1^f 06 \times 1,06 \times 1,06 \times 1,06$, ou

1^f 06^4 (*élevé à la 4e puissance*). Reste à faire le calcul pour 9 mois. Alors voici comment je raisonne : Puisque pour un an ou 12 mois, l'intérêt de 1 fr. est 0^f 06; pour un *mois*, il sera 12 *fois moindre*, ou $\frac{0,06}{12}$, et pour 9 *mois*, $\frac{0,06 \times 9}{12}$ = 0^f 045. Donc 1 fr., au bout de 4 ans 9 mois, vaut 1^f 06^4 × 1,045 = 1^f 31929. Donc, le principal 800 fr. vaut 800 fois 1,31929 = 1055 *francs* 43 *centimes.*

On peut aussi opérer comme il suit : L'intérêt et le capital, pour 4 ans entiers = 1,06^4 ou 1, 262477 × 800 = 1009^f 98. L'intérêt de cette somme pour 9 mois = 45^f 45. Or, 1009,98 + 45, 45 = 1055 *francs* 43 *centimes*, comme plus haut.

251. Exemple réciproque ; *Quel est le capital que devrait placer, à 5 p. °/₀, une personne, pour retirer 12000 fr. en 8 ans ? En d'autres termes, combien ladite somme, payable dans 8 ans, vaut-elle argent comptant ?*

Solution: 1 fr., en 8 années, = 1,05^8 = 1^{f}477455. Or, autant de fois cette valeur sera contenue dans 12000 fr., autant il faudra placer d'argent.

Divisant donc 12000 par 1,477455, on obtient 8122 *francs.*

252. Lorsqu'il s'agit d'un nombre un peu considérable d'années, il y a pourtant encore des calculs fort laborieux. Afin de les rendre faciles, nous donnons une table indiquant les valeurs progressives de 1 fr., *depuis 1 an jusqu'à 20.* Elle sert pour le calcul des spéculations quelconques, où se présente l'intérêt composé.

253. Table donnant la valeur de 1 fr. à intérêts composés.

ANNÉES.	3 p %.	3 ½ p. %.	3,75 p. %.	4 p. %.	4 ½ p. %.	5 p. %.	5 ½ p. %.	6 p. %.
1	1,03	1,035	1,0375	1,04	1,045	1,05	1,055	1,06
2	1,0609	1,071225	1,076406	1,0816	1,092025	1,1025	1,113025	1,1236
3	1,092727	1,108718	1,116771	1,124864	1,141166	1,157625	1,174241	1,191016
4	1,125509	1,147523	1,158650	1,169859	1,192519	1,215506	1,238825	1,262477
5	1,159274	1,187686	1,202099	1,216653	1,246182	1,276281	1,306960	1,338226
6	1,194052	1,229255	1,247178	1,265319	1,302260	1,340096	1,378843	1,418519
7	1,229874	1,272279	1,293947	1,315932	1,360862	1,407100	1,454679	1,503630
8	1,266770	1,316809	1,342476	1,368569	1,422101	1,477455	1,534687	1,593848
9	1,304773	1,362897	1,392813	1,423312	1,486095	1,551328	1,619095	1,689479
10	1,343916	1,410598	1,445044	1,480244	1,552969	1,628895	1,708145	1,790848
11	1,384233	1,459969	1,499233	1,539454	1,622853	1,710339	1,802093	1,898298
12	1,425760	1,511068	1,555454	1,601032	1,695881	1,795856	1,901208	2,012195
13	1,468533	1,563955	1,613784	1,665073	1,772196	1,883649	2,005774	2,132926
14	1,512589	1,618694	1,674301	1,731676	1,851945	1,979932	2,116092	2,260901
15	1,557967	1,675348	1,737087	1,800943	1,935282	2,078928	2,232477	2,396555
16	1,604706	1,733985	1,802228	1,872981	2,022370	2,182875	2,355263	2,540348
17	1,652847	1,794675	1,869812	1,947900	2,113377	2,292018	2,484803	2,692768
18	1,702432	1,857489	1,939930	2,025817	2,208479	2,406619	2,621467	2,854334
19	1,753505	1,922501	2,012677	2,106849	2,307860	2,526950	2,765647	3,025594
20	1,806110	1,989789	2,088152	2,191123	2,411714	2,653298	2,917758	3,207120

254. *Pour calculer, au moyen de cette table, le produit d'une somme placée à intérêts composés pendant 3, 4, 5, 6... ans, il suffit de multiplier, par cette somme, la valeur correspondante de 1 fr.*, écrite vis-à-vis du nombre d'années auquel on s'arrête.

1er Exemple : *Veut-on la valeur de 700 fr. au bout de 12 ans, intérêts composés 5 p. °/₀?* On multipliera 1,795856 (*nombre placé en face de 12 ans, dans la colonne du 5 p. °/₀*), par le capital donné 700 fr. et l'on trouvera 1257 *francs* 10 *centimes*.

2e Exemple : *Trois mille fr. à 6 p. °/₀ sont dus depuis 32 ans. Combien valent-ils actuellement ?*

Solution : La table donne 3f,207129 pour la valeur de 1 fr. à 20 ans. Voyons maintenant ce que vaut la même somme de 1 fr., à la fin de la 12e année. Nous trouverons 2f,012195. Or, 2,012195 × 3,207129 = 6f,453359. Donc, en multipliant ce nombre par 3000, nous aurons le résultat demandé : 19360 *francs*.

255. Remarque. L'inspection seule du tableau fait voir que tout capital est *doublé* en 18 ans au 4 p. °/₀, et en moins de 15, si le taux est à 5. — Dans ce dernier cas, après 23 ans, la somme est *triplée*; après 28, *quadruplée*; après 33, *quintuplée,* etc. Si l'on poussait plus loin les calculs, on trouverait qu'en moins de 300 ans, 1 *seul franc* produirait l'énorme somme de 2 *millions !*...

QUARANTE-NEUVIÈME LEÇON.

RÈGLE D'ESCOMPTE.

256. La règle d'escompte a principalement pour but de déterminer la valeur à laquelle se réduit une facture ou un effet, dont on anticipe le terme du paiement.

On nomme *escompte* la diminution faite sur une somme touchée au comptant, ou avant son échéance. Ce n'est autre chose que l'intérêt de l'argent payé d'avance. Cet intérêt, *qui se prend à tant pour cent,* est du reste fort légitime; car le numéraire que l'on donne peut profiter au possesseur.

Exemple : *On me demande présentement des fonds pour un billet de 500 fr., qui n'est payable que dans 4 mois.* — Il est évident que je ne dois donner au créancier que 500 fr., *moins les intérêts* de cette somme pour 4 mois, parce que, en lui faisant mon versement, c'est comme si je lui prêtais le capital 500 francs pour ce temps. La valeur actuelle du papier en question, est donc inférieure à 500 fr.

257. Il y a *deux* sortes d'escompte : *l'escompte en dedans et l'escompte en dehors.* — *L'escompte en dedans est l'intérêt de la somme payée, et l'escompte en dehors, celui de toute la somme énoncée dans le billet.* Par exemple, l'escompte est *en dedans,* lorsque pour 100 fr. qu'on prête actuellement à 5 p. %, je suppose, on fait une obligation de 105 fr. payable dans un an, ou qu'on réduit 105 à 100.

L'escompte étant à 4 p. %, est *en dehors*, lorsqu'on prélève, sur la somme, son intérêt annuel, c'est-à-dire, ici, quand on ôte 4 fr. sur 100 fr., ou qu'on réduit 100 fr. à 96.

Il résulte de là que *l'escompte en dehors est plus fort et moins juste que l'escompte en dedans ;* car par celui-là, on prend l'intérêt du capital et de plus l'intérêt de la retenue ou l'intérêt des intérêts. En effet, l'intérêt gardé profite lui-même en le plaçant. Il y a donc perte pour le propriétaire ; ce qui ne devrait pas être, rigoureusement parlant.

258. La différence qu'il y a entre *l'intérêt* et *l'escompte*, c'est que le 1er s'ajoute au principal, tandis que le second s'en retranche. Cela se comprend : l'intérêt dépend d'un emprunt rendu *après* un certain temps, et l'escompte, de fonds livrés *avant* le jour indiqué par l'effet. — La somme à *escompter* se dit du tout qu'elle comporte, et la somme *escomptée*, de la valeur donnée ou reçue. — Les négociants font leur escompte ou remise à 2, 3,... p. % sur le montant des factures, sans autre considération. Ainsi, l'escompte 2 p. % de 175 fr. $= 3 francs\ 50\ centimes$.

259. ESCOMPTE EN DEHORS, seul en usage en France, parce qu'il est plus expéditif, plus facile pour les calculs et plus avantageux au payeur.

1er EXEMPLE. *Un marchand porte un effet de 1200 francs, payable dans un an. On consent à l'escompter à 6 %. Combien recevra le possesseur ?*

SOLUTION : Sur 100 fr., on prélève 6 fr.; sur 1 fr., on prélève 100 fois moins, ou $\frac{6}{100}$, ou même 0 fr. 06 c. ; et sur 1200 fr., on prélèvera 1200 fois plus, ou $\frac{6 \times 1200}{100}$, ou même 0 f. 06 c. $\times$ 1200 $= 72\ fr.$ — On ne remettra donc que 1200 fr. — 72 $= 1128\ fr.$

2e EXEMPLE. *Une personne présente un billet de 8000 francs, 9 mois avant son échéance. Combien le* banquier *doit-il verser sur-le-champ, en acceptant à 5 p. %?*

SOLUTION : 100 fr., pour un an ou 12 mois, procurent 5 fr. d'escompte ;

1 franc, pour 12 mois, procure 100 fois moins, ou $\frac{5^f}{100}$;

1 fr., pour 1 mois, 12 fois moins encore, ou $\frac{5}{100 \times 12}$,

Et 1 fr., pour 9 mois, 9 fois plus, ou $\frac{5 \times 9}{100 \times 12}$,

Enfin 8000 fr., pour le même temps, procurent 8000 fois plus, ou $\frac{5 \times 9 \times 8000}{100 \times 12} = 300$ *francs.*

Le banquier donnera donc au porteur 8000 fr. — 300 fr. = 7700 *francs.*

260. Il est facile de voir par là que l'escompte en dehors se calcule absolument comme l'intérêt de l'argent.

REMARQUE. En sus de cette diminution, on retient encore parfois, sur la valeur du billet, des frais de commission et un *change* de place variable, pris aussi à tant p. %.

261. ESCOMPTE EN DEDANS. — C'est celui des nations étrangères. Nous nous bornerons donc à l'exemple suivant : *Dire ce qu'on toucherait aujourd'hui, au lieu de 700 fr. dans 9 mois, si l'on traitait à 4 p. % l'an.*

SOLUTION : Pour 12 mois, la retenue est de 4 fr.; pour un mois, elle est de $\frac{4}{12}$, et pour 9 mois, de $\frac{4 \times 9}{12} = 3$ fr. Je dis donc : 103 fr. subissent 3 fr. d'escompte ; 1 fr., $\frac{3}{103}$, et 700 fr., $\frac{3 \times 700}{103} = 20^f 40$ (par excès). On recevrait 700 fr. — 20,40 = 679 *francs 60 centimes.*

Autre manière : 103 fr. se réduisent à 100 fr.; 1 fr., à $\frac{100}{103}$, et 700 fr., à $\frac{100 \times 700}{103} = 679$ *francs 60 centimes.*

(Voir n° 304 bis.)

CINQUANTIÈME LEÇON.

RÈGLE DE SOCIÉTÉ

ou de répartition proportionnelle, de compagnie, de partage ou des quotes-parts.

262. Cette règle est une opération qui a pour but de partager une quantité proportionnellement à des nombres donnés. — On l'a nommée ainsi, parce qu'on l'emploie souvent dans le négoce, pour répartir entre plusieurs associés le bénéfice ou la perte qui résulte de leur association.

En termes de commerce, on appelle *capital* ou *fonds social* le total des apports, et *action*, la mise particulière de chacun. On nomme *dividende* la somme à partager, et *quotient*, celle qui revient à tel ou tel associé.

263. On distingue deux sortes de règles de société : l'une simple et l'autre composée.

La règle de société est *simple*, lorsque les nombres proportionnels sont énoncés immédiatement dans la question ; elle est *composée*, dans le cas contraire.

PRINCIPES : 1° Plus *la mise* est grande, le temps étant le même, plus la perte ou le bénéfice doit être grand aussi ; 2° Plus la mise est restée *de temps* dans la société, plus le déficit ou le boni doit être considérable. — En d'autres termes, la part de chaque personne est proportionnelle : 1° à sa *mise*, quand les temps sont égaux ; 2° au *temps*, quand les mises sont égales ; 3° au *produit* des mises par les temps, si ces choses sont différentes.

9

1ᵉʳ PROBLÈME. *L., J. et P. se sont réunis pour faire le commerce. L, a déposé 3000 fr. dans la société, J. 5000 fr., et P. 4000 fr. Le bénéfice total ayant été de 30000 fr., dites quel doit être l'actif individuel.*

SOLUTION : Pour résoudre cette question, je fais d'abord l'addition des valeurs apportées, = 12000 fr.

3000	Maintenant je dis : Si les
+ 5000	trois mises ou 12000 francs
+ 4000	ont produit 30000 fr., 1 fr. a
	produit 12000 fois moins, ou
Total 12000	$\frac{30000}{12000}$ = 2 fr. 50 c.

Or, L. a mis 3000 fr. ; il devra avoir 3000 fois plus, c'est-à-dire.... 2,50 × 3000 = 7500 fr.

J. a mis 5000 fr. ; il aura 2,50 × 5000 = 12500 fr.

P. a mis 4000 fr. ; il aura 2,50 × 4000 = 10000 fr.

Preuve : les 3 toucheront. . . . . 30000 fr.

En effet, il est évident qu'en réunissant les 3 parts prises dans le bénéfice, on doit retrouver le gain total.

264. REMARQUE. En opérant ainsi, on n'obtient pas toujours un quotient exact ; alors, pour qu'il n'y ait pas d'erreur sensible, il faut avoir soin de pousser la division jusqu'aux *cent-millièmes*, et même jusqu'aux *millionièmes*, etc.

2ᵉ PROBLÈME. *Trois industriels ont fait un bénéfice de 4800 fr. Le 1ᵉʳ a mis dans l'entreprise 3500 fr. pendant 6 mois ; le 2ᵉ, 3000 fr. pendant 5 mois, et le 3ᵉ, 7000 fr. pendant 4 mois. Faites connaître le gain de chaque associé.*

SOLUTION : Son bénéfice ne dépend pas seulement, ici, de la somme qu'il a mise ; mais encore du temps pendant lequel elle est restée dans la société.

Je dirai donc : 3500 fr., placés pendant 6 mois, représentent 6 fois 3500 fr., ou 21000 fr. placés pendant un mois.

De même 3000 francs prêtés 5 mois, procurent autant que 5 fois 3000 francs, ou 15000 francs prêtés un mois.

Et 7000 francs pendant 4 mois, équivalent à 4 fois 7000 francs, ou 28000 francs portant intérêt 1 mois.

Par ce moyen, les nouvelles mises sont censées correspondre à des durées égales ; donc la question est ramenée à cette règle de société simple :

Trois associés ont fait un boni de 4800 francs. On suppose qu'ils ont mis : le premier 21000 francs ; le second 15000 francs, et le troisième 28000 francs. Quelle est la part de chacun en sus des fonds versés ?

$$\begin{array}{r} 21000 \\ + \ 15000 \\ + \ 28000 \\ \hline = \ 64000 \end{array}$$

Je dis : Puisque 64000 francs ont donné 4800 francs de bénéfice, 1 franc a donné $\frac{4800}{64000} = 0^f,075.$ — Par conséquent,

Le 1er aura 0,075 × 21000 = 1575 *francs.*
Le 2e. . . . 0,075 × 15000 = 1125 *francs.*
Le 3e. . . . 0,075 × 28000 = 2100 *francs.*

Preuve : Les 3 auront. . . 4800 *francs.*

3e PROBLÈME. *C. et D. ont consenti à faire un transport de marchandises, pour le prix de 318 fr. C. a mené 650 kilogrammes pesant, l'espace de 130 kilomètres ; D., 700 kilogrammes à 112 kilomètres. Cela posé, dites ce que ces voituriers doivent recevoir séparément.*

SOLUTION : C. a transporté 650 kilogrammes à 130 kilomètres ; c'est comme s'il en avait eu 130 fois plus, ou 650 × 130 = 84500 kilogrammes l'espace d'un kilomètre. — D. a transporté 700 kilogrammes à 112 kilomètres ; c'est comme s'il en avait eu 112 fois plus, ou 700 × 112 = 78400 kilogrammes pour une distance d'un kilomètre.

Maintenant la question est ramenée à celle-ci: *C. et D. ont entrepris le transport de marchandises moyennant 318 francs. En supposant qu'ils aient conduit, d'un même lieu à un autre, l'un 84500 kilogrammes, et l'autre 78400, combien revient-il à chacun?*

Je dis : 84500 + 78400 = 162900 kilogrammes de charge, qui rapportent 318 fr. ;

1 kilogramme rapporte $\frac{318}{162900}$ = 0 ,00195.
C. aura donc 0^f,00195 × 84500 = 164,77
Et D. . . . . . 0^f,00195 × 78400 = 152,88

Preuve : 317,65

265. Ici, en ajoutant les deux parts, je trouve 0 franc 35 centimes pour différence. Cela vient de ce que je n'ai pas poussé la division jusqu'aux millionièmes.

Mais il est facile de répartir cet *excédant* sans erreur sensible. En augmentant, par exemple, de 18 centimes la somme du premier, et de 17 centimes celle du second, on obtiendra exactement :

Avoir rectifié de l'un. 164,95
Avoir rectifié de l'autre 153,05

Total. . . 318,00

CINQUANTE-UNIÈME LEÇON.

RÈGLE DE TROC OU D'ÉCHANGE

266. La règle de troc est une opération qui a pour objet l'échange des marchandises. Quand on fait une telle affaire, c'est toujours au moyen de l'argent que l'on connaît la valeur relative des choses échangées.

1ᵉʳ PROBLÈME. *Un marchand désire troquer du drap à 20 francs le mètre, contre une sorte de 25 fr. Combien devra-t-il en donner du sien, pour avoir 300 mètres de l'autre prix ?*

SOLUTION : Les 300 mètres de drap, à 25 francs, valent 300 fois 25 francs, ou $25 \times 300 = 7500$ fr. Le marchand devra donc livrer autant de mètres de son drap, que 20 francs sont contenus de fois dans 7500 francs. Divisant alors 7500 par 20, on obtient 375 *mètres* pour quotient.

SECOND PROBLÈME. *Deux commerçants font un échange. Le 1ᵉʳ a du satin qu'il vend 15 francs le mètre ; mais il l'évalue 18 francs en troc. Le second a du vin de 50 francs l'hectolitre. A quel prix doit-il le coter, en raison de l'augmentation du satin ?*

SOLUTION : Si 15 francs s'estiment 18 francs en troc, 1 franc s'estimera 15 fois moins, ou $\frac{18}{15}$; mais 50 francs s'estimeront 50 fois plus, ou $\frac{18 \times 50}{15} = 60$ fr.

Ainsi, le second marchand doit coter son vin à 60 francs l'hectolitre, en échange.

RÈGLE DE MÉLANGE ET D'ALLIAGE

267. *Mélange* et *alliage* ne signifient point la même chose. Le mot *alliage* s'applique aux métaux fondus ensemble, et le mot *mélange*, aux grains et aux liquides. Cependant dans l'usage ordinaire de la vie, on confond souvent ces expressions.

Il y a deux espèces de règles de mélange. La première est une opération qui a pour but de trouver le prix moyen de plusieurs choses de valeur différente mêlées ensemble.

RÈGLE DE MÉLANGE DE 1re ESPÈCE.

1er PROBLÈME. *Un fermier possède du blé de 3 francs 50 centimes, de 4 francs et de 4 francs 20 centimes le décalitre. S'il mélangeait ces différentes qualités, à combien lui reviendrait le décalitre ?*

SOLUTION : Il prendrait 1 décalitre à 3,50

$$\begin{array}{lll} 1 & \text{id.} & \text{à } 4,00 \\ 1 & \text{id.} & \text{à } 4,20 \\ \hline \end{array}$$

On 3 décal. pour 11,70

Les 3 décalitres valent 11 fr. 70 cent. ; un décalitre mélangé vaut donc $\frac{11,70}{3} = 3$ *fr.* 90 *centimes*.

268. REMARQUE. On suit la même méthode pour chercher *la moyenne*, ou un terme moyen entre plusieurs résultats. Exemple : *On a mesuré trois fois de suite une pièce de terre. La 1e fois, on a obtenu 104 ares 60 centiares ; la 2e fois, 105 ares 21 centiares ; la 3e fois, 104 ares 80 centiares. Quelle est la surface probable du champ ?* — J'additionne les 3 résultats, ce qui donne 314 ares 61 centiares. Prenant ensuite le tiers de ce total, j'obtiens 104 *ares* 87 *centiares, pour la surface moyenne,* qui doit être fort près de la véritable.

SECOND PROBLÈME. *Un orfèvre a fondu 15 kilo-*

grammes d'étain, à 5 fr. 20 cent., avec 100 kilogrammes de cuivre, à 2 fr. 50. Dites quel est le prix d'un
kilogramme de cet alliage.

SOLUTION. Les 15 kilogrammes d'étain, à 5 fr. 20 c.
coûtent. . . . . $5^f,20 \times 15 = 78 fr.$

Les 100 kilogrammes de cuivre,
à 2 fr. 50 c., font. . . . . $2^f,50 \times 100 = 250 fr.$

Les 115 kilogr. d'alliage reviennent donc à 328 fr.

Un kilogramme vaut 115 fois moins, ou $\frac{328}{115} =$
2 fr. 85 centimes.

CINQUANTE-DEUXIÈME LEÇON.

RÈGLE DE MÉLANGE ET D'ALLIAGE
DE SECONDE ESPÈCE.

269. La règle d'alliage de la seconde espèce est une opération par laquelle étant
donnés le prix moyen d'un mélange et celui
de chaque sorte de marchandises, on détermine ce qu'il faut prendre de parties de
chacune d'elles.

1er PROBLÈME. *On a du vin à $0^f,50$ cent. et à
$0^f,80$ le litre. On veut en faire un mélange qui vaille
75 centimes, sans perte ni profit. Quel est le moyen
d'y parvenir?*

SOLUTION. Remarquons d'abord que, parmi les
choses qui doivent composer un mélange, il y en a
d'une estimation supérieure, et d'autres d'une valeur inférieure à celle du mélange. On perd sur les

premières (à prix plus fort), et l'on gagne sur les secondes (à prix moins élevé). L'opération que l'on fait, consiste à rendre le gain égal à la perte.

Dans l'exemple ci-dessus, il y aurait bénéfice, si l'on prenait une égale portion de chaque qualité ; car sur le vin à meilleur marché, on gagne 25 centimes ; tandis que l'on ne perd que 5 centimes sur le plus cher. — Donc,

270. 1° Il faut prendre d'autant plus d'une marchandise, qu'elle se rapproche plus du prix moyen;

2° Il faut en prendre d'autant moins qu'elle s'en éloigne davantage.

Cela posé, pour résoudre le problème, je dispose l'opération comme il suit :

Prix inférieur.	50		5, perte.
		75	
Prix supérieur.	80		25, gain.
			30 litres.

Puis je dis : 1° La différence de 50 à 75 est 25 (*que j'écris vis-à-vis de* 80); 2° La différence de 80 à 75 est 5 (*que j'écris vis-à-vis de* 50), et j'ai pour réponse *qu'il faut prendre 5 litres de vin à 50 centimes et 25 litres à 80 centimes.* — La somme 30 indique qu'il entrera 30 litres dans le mélange en question.

Mais, comme tous les nombres qui sont dans le même rapport que 5 et 25, conviennent aussi au problème, on en conclut qu'il est susceptible de plusieurs solutions.

Ainsi, par exemple, en réduisant les quantités $\frac{5}{30}$ et $\frac{25}{30}$ à leur plus simple expression, on sait qu'il faut aussi $\frac{1}{6}$ du premier vin et $\frac{5}{6}$ du second, c'est-à-dire que sur 6 litres, on en prendrait 1 litre à 50 centimes, et 5 à 80 centimes.

Je prouve l'exactitude des résultats. — En effet, 30 litres de mélange donnent un gain égal à 5 fois 25 centimes = 125 *centimes*, et une perte de 25 fois 5 centimes = 125 *centimes*; donc il y a compensation (le gain est égal à la perte).

2° **Problème.** *Avec des vins à 2 fr. 50, à 2 fr. 60 et à 3 fr. 20 le litre, M*ᵐᵉ *V. désire obtenir une mixtion qui revienne à 2 fr. 80 centimes. Dites ce qu'il faut des différentes sortes de vins.*

OPÉRATION :

250		40
260		40
	280	
320		30 + 20

Total. . . . 130 litres.

Solution : Je compare les 3 prix avec le terme moyen, et comme il n'y a qu'un prix supérieur, je l'emploie chaque fois. De cette manière, je vois qu'il faut 40 *litres* de vin à 2 *fr.* 50, *autant à 2 fr.* 60, *et* 30 + 20 = 50 *litres à 3 fr.* 20 *cent.* — La somme 130 fait connaître qu'il entrera 130 litres dans le mélange.

Mais 40 + 40 + 50, sur 130, = $\frac{40}{130} + \frac{40}{130} + \frac{50}{130}$ du mélange total. Donc, en divisant chaque nombre par 10, je trouve qu'on peut mettre seulement 4 litres de chacun des 2 premiers prix, et 5 litres du troisième, sur 13 litres de mélange.

Preuve : 40 litres à 2 fr. 50 = 100 francs.
40 — à 2 fr. 60 = 104 —
50 — à 3 fr. 20 = 160 —

130 litres valent. . . . . 364 francs;
un litre vaut donc $\frac{364}{130}$ = 2 *fr.* 80 *centimes.* C'est effectivement le prix moyen indiqué.

3° P. *Un boulanger a de la farine à 50 cent., à 45, à 30 et à 25 c. le kilogramme. Il se propose d'en mêler*

9.

100 *kilogrammes, qu'il puisse vendre 40 c. Combien en mettra-t-il de chaque espèce ?*

50		15	SOLUTION : Je fais l'opé-
45		10	ration comme à l'ordinaire.
	40		— Sur 40 kilogrammes de
30		5	mélange, il en faut 15 à 50
25		10	cent. ; 10 à 45 cent. ; 5 à
		40 kilogr.	30 cent., et 10 à 25 cent.

Ou $\frac{15}{40}$ de la 1ᵉ sorte, $\frac{10}{40}$ de la 2ᵉ, $\frac{5}{40}$ de la 3ᵉ, et $\frac{10}{40}$ de la 4ᵉ.

Donc, pour composer 100 kilogrammes, on prendra successivement les $\frac{15}{40}$, les $\frac{10}{40}$, les $\frac{5}{40}$, et les $\frac{10}{40}$ de 100 ; ce qui donne :

Farine 1ʳᵉ espèce . . 100 kilogr. $\times \frac{15}{40} = 37^{k}50$

— 2ᵉ espèce . . 100 — $\times \frac{10}{40} = 25,00$

— 3ᵉ espèce . . 100 — $\times \frac{5}{40} = 12,50$

— 4ᵉ espèce . . 100 — $\times \frac{10}{40} = 25,00$

Total . . . . . . 100 k.

271. AUTRE MÉTHODE. 4ᵉ. P. : *On a 2 tas de froment qui valent : l'un 40 fr. et l'autre 35 fr. le sac. On veut fournir 50 sacs à 38 fr. Comment faire ?*

40		30 sacs.	SOLUTION : 50 sacs à 38 fr., prix
	38		moyen = 1900 fr. ; à 40 fr. =
35		20 sacs.	2000 fr. Par la seconde opération,
Total . .		50 sacs.	il y a donc 100 fr. d'excédant, qui
			proviennent de ce que l'on a compté

trop de froment de la première sorte. — Or, si l'on *substitue* un sac de 35 fr. à 1 de 40, le volume restera le même, et la différence sera *diminuée* de 5 fr. Donc, autant de fois 5 fr. seront contenus dans 100 fr., autant il faudra substituer de sacs de moindre prix à ceux du coût le plus élevé, = 20.

— Ainsi, au lieu de 50 sacs à 40 fr., il n'en faudra prendre que 50 — 20 = 30 *sacs* ; le reste, à 35 fr., = 20 *sacs*.

REMARQUE. On pourrait dire aussi : 50 sacs à 38 fr. =

1900 fr.; à 35 fr. = 1750 fr.; 1900 — 1750 = 150 ; 150 :
5 = 30 *sacs de 40 fr.*, à substituer à ceux de 35.

5e P. : Supposons maintenant 3 prix différents. Par exemple,
40 *fr.*, 35 *fr.*, 31 *fr.*, et un terme intermédiaire 32 fr.,
les autres conditions étant les mêmes.

40			3,85
35			3,85
	32		
31			42,30
Total. . .			50,00

SOLUTION : Pour rendre cette question analogue à la précédente, voici comment on raisonne et calcule : — La moyenne des prix supérieurs (40 fr. et 35) = 37f50. — 50 sacs à 32 fr. = 1600 fr. ; à 37f50 = 1875 fr., valeur trop forte de 275 fr. Or, en *remplaçant* 1 sac à 37f50 par 1 sac à 31 fr., il y aura une *diminution* de 6 fr. 50. Donc, autant de fois 6,50 seront contenus dans 275 fr., autant il faudra de sacs à 31 fr. = 42f30. Il reste 7f70, pour les 2 prix supérieurs = 3 *sacs* 85 *centièmes à* 40 *fr.*, et autant à 35 fr.

REMARQUE. On pourrait dire aussi : 50 sacs à 31 fr. = 1550 fr., valeur trop faible de 1600 fr. — 1550 = 50 fr. Or, en *remplaçant* 1 sac à 31 fr., par 1 sac à 37f50, il y aura une *augmentation* de 6 fr. 50. Donc, autant de fois 6f50 seront contenus dans 50 fr., autant il faudra de sacs des prix supérieurs = 7,70, dont la moitié = 3,85 *à* 40 *fr.* et *autant à* 35 *fr.*

MIXTIONS D'EAU-DE-VIE.

6e PROBLÈME : *Avec de l'eau-de-vie à 51 degrés, à 59 degrés et du trois-six à 90 degrés, on veut faire 650 litres à 45 degrés. Combien prendra-t-on de litres de chaque sorte ?* — L'eau a 0 degré.

51		45
59		45
90		45
	45	
0		6 + 14 + 45
Sur 200 litres.		

$$\frac{45 \times 650}{200} = 146^{l},25 \text{ à 51 degrés.}$$
$$— = 146,25 \text{ à 59 } —$$
$$— = 146,25 \text{ à 90 } —$$
$$\frac{65 \times 650}{200} = 211,25 \text{ d'eau à o.}$$

Total : 650^{l},00 de mélange.

7e PROBLÈME : Dans les conditions ci-dessus, *on veut employer* 200 *litres à* 51 *degrés et* 100 *litres à* 59 *degrés.* — *Que faudra-t-il de trois-six et d'eau ?*

Sol.: 200 ¹ à 51 ᵈ = 51 × 200 = 10200 ᵈ (on le suppose).
100 ¹ à 59 ᵈ = 59 × 100 = 5900 —

Total 16100 —

650 ¹ à 45 ᵈ = 45 × 650 = 29250 —

Or, 29250 — 16100 déjà employés = 13150 degrés pour le trois-six et l'eau.

Le *trois-six* a 90 degrés ; donc autant de fois 90 seront contenus dans 13150, autant il en faudra de litres, = 146 ¹, 1 *décil*. Le reste sera de l'*eau*, = 203 *litres*, 9.

NOTIONS SUPPLÉMENTAIRES

272. *La règle du Cent et du Mille* étant une opération ordinaire, nous nous dispenserons d'en traiter en particulier. Il en sera de même de *la règle des Moyennes,* dont nous avons déjà parlé (n° 268). Au reste, il faut savoir que *la moyenne de plusieurs résultats s'obtient en divisant, par leur nombre, la somme de toutes les quantités données.*

RÈGLE DE CHANGE
ASSURANCE, COMMISSION, ETC.

273. La règle de change est une opération par laquelle on détermine ce qu'on doit donner à un banquier, pour qu'il fasse toucher une certaine somme dans un autre endroit.

Le change n'est donc absolument qu'un intérêt qui se prend à *tant* p. %, mais qui varie suivant les circonstances.

1er Exemple. *Un négociant de Paris, allant à Londres, voudrait payer 20000 fr. dans cette dernière ville. Que devra-t-il remettre à son banquier, le change étant à 3 p. %?*

Solution. Je dis : Pour avoir 100 fr. à Londres, il faut compter 103 fr. à Paris ;

Pour avoir 1 fr., il faut compter $\frac{103}{100}$;

Et pour avoir 20000 fr., il faut compter $\frac{103 \times 20000}{100} =$ 20600 *francs.*

2e Exemple : *E. porte 1230 fr. chez un changeur de Strasbourg, qui lui demande 2 ½ p. %. Quelle* sera la valeur qu'il recevra à *Marseille*, contre sa lettre de change ?

Solution : Sur 100 fr., on demande 2^{f}50 de change ; sur 1 fr., on demande $\frac{2,50}{100}$, et sur 1230 fr., on demandera $\frac{2,50 \times 1230}{100} = 30$ fr. 75 c. — E. recevra 1230 fr. — 30,75^c = 1199 *fr.* 25 *cent.*

274. REMARQUE. Les règles de commission, courtage, assurance, grosse aventure, tare ou avarie, se font absolument de même.

1er Exemple : *Un commissionnaire a vendu un bois pour 30000 fr. Combien doit-il recevoir du propriétaire, si celui-ci paie la commission à* 2 *p.* °/. ?

Formule : $\frac{2 \times 30000}{100}$.

2° Exemple : *Mon courtier m'a fait écouler pour 800 fr. de marchandises. Faites connaître le montant de son courtage, à raison de* 4 *fr. par* °°/°° (4 fr. *par* 10000).

Formule : $\frac{4 \times 800}{10000}$.

3° Exemple : *On paie 30 fr. pour l'assurance d'une valeur de 60000 fr. Quel est le taux de la prime ?*

Formule : $\frac{30 \times 100}{60000}$.

4° Exemple : *Un marchand a reçu 675 fr., pour bénéfice de grosse aventure donnée à* 25 *p.* °/°, *sur un navire allant en Chine. Dire, d'après cela, ce qu'il avait versé de fonds.*

Formule : $\frac{100 \times 675}{25}$.

5° Exemple : *Une caisse de sucre pèse brut 230 kilogrammes ; la tare étant de 8 kilogrammes sur* 100, *on demande combien coûte cette caisse, au prix de* 1 *fr.* 70 *c. le kilogramme, poids net.*

Opération : $\frac{8 \times 230}{100} = 18^k,40$; $230 - 18,40 = 211^k,60$; $1^f,70 \times 211,60 = 359$ *fr.* 72 *cent.*

RENTES OU FONDS PUBLICS

275. On appelle **fonds publics** ou **rentes sur l'État** des capitaux prêtés au gouvernement, dont les propriétaires ne peuvent exiger le remboursement, mais pour lesquels ils touchent des intérêts de 3 mois en 3 mois ou de 6 mois en 6 mois [1].

Si l'on veut recouvrer ses fonds, on vend à un autre capitaliste le papier ou *coupon* de rentes qu'on a reçu. Ce second acheteur peut le vendre à son tour à un troisième, et ainsi de suite. Chaque individu devient donc *rentier* de l'État, au lieu du premier prêteur, de sorte qu'on ne reconnaît de créancier que le propriétaire du coupon, à l'époque du paiement des intérêts.

276. La vente des titres de rentes se fait à Paris, sous la surveillance du gouvernement, dans un établissement qu'on nomme la Bourse.

Le taux de la rente ne subit jamais d'altération ; mais, pour plusieurs causes, les fonds publics n'ont pas toujours la même valeur. Ils sont plus chers, lorsque beaucoup de personnes en achètent, ou que la prospérité du pays paraît assurée : alors *il y a hausse.* Ils sont moins élevés, au contraire, quand il y en a beaucoup à vendre, ou qu'on a moins de confiance : dans ce cas, on dit qu'ils *sont en baisse,* et c'est à ces époques que l'achat des rentes est le plus profitable ou avantageux.

---

[1] Le 1er *janvier*, le 1er *avril*, le 1er *juillet* et le 1er *octobre*, de chaque année, pour les rentes 3 p. % ; le 22 *mars* et le 22 *septembre*, pour les autres rentes.

277. Les principaux emprunts, en France, sont maintenant :

Le 3 p. %, le 4 ½, et le 5 %.

Le *cours* de la rente est la somme qu'il faut donner, pour acheter 100 francs de capital.

Ce cours est *au pair*, s'il faut donner précisément 100 fr., et au-dessus ou au-dessous du pair, s'il faut débourser plus ou moins que cette somme.

Les espèces inférieures de fonds publics sont ordinairement du dernier cas, c'est-à-dire se vendent au-dessous de 100 fr. pour 100 fr. — Le *courtage* augmente le prix d'achat ou de vente au comptant, de ⅛ (12 centimes 1/2 p. % de *capital*, au profit du *courtier* (commissionnaire) ou *agent de change*, autorisé.

1ᵉʳ Problème. *Combien d'intérêt ou de rente 4 p. % aura-t-on pour 7000 fr. au cours de 106ᶠ50?*

Solution : 106ᶠ50 procurent 4 fr. de bénéfice ; 1 fr. procure $\frac{4}{106,50}$, et 7000 fr. $\frac{4 \times 7000}{106,50} = 262$ *fr.* 91 *c.* — On paierait, pour le courtage, ⅛ de 70 fr. = 8ᶠ75ᶜ ; plus le timbre : ici 50ᶜ ; car la somme n'est pas supérieure à 10.000 fr.

2ᵉ Problème. *Le 4 ½ p. % étant à 102, que faudra-t-il verser pour avoir un titre ou coupon de 1000 fr. de rentes ?*

Solution : Pour acheter 4 fr. ½, il faut donner 102 fr. ; pour 1 fr., on donnera $\frac{102}{4,50}$, et pour 1000 fr., $\frac{102 \times 1000}{4,50} = 22666$ᶠ 66ᶜ de capital. — *Pour tenir compte du courtage*, on prendrait le ⅛ de 226ᶠ 66, et l'on trouverait 28ᶠ 34ᶜ. Total à dépenser : 22695 *francs*, plus le timbre : ici, 1 fr. 50.

3ᵉ Problème. *Un homme achète du 3 % au cours de 66. A quel taux place-t-il son argent ?*

SOLUTION : Quand on dit que le 3 p. °/₀ est au cours de 66, on entend que pour 66 fr., on peut acheter un titre de 100 fr. de capital, qui procure 3 fr. de bénéfice par an; et comme il s'agit ici de trouver l'intérêt annuel de 100 fr., je dis : 66 fr. rapportent 3 fr.; 1 fr. rapporte $\frac{3}{66}$, et 100 fr., $\frac{3 \times 100}{66}$ = 4 *francs* 55 *centimes*, par *excès*, c'est-à-dire en forçant.

Le courtage, à ce cours, est de 0,66 : 8 = 0,0825. La rente 3 p. °/₀, dans de telles conditions, revient donc à 66ᶠ 0825. Par suite, le taux se trouve un peu diminué.

4° PROBLÈME. *Quelqu'un a vendu, au cours de 70 fr., une rente de 900 fr. 3 p. °/₀, qu'il avait achetée 67ᶠ 50. Quel bénéfice a-t-il eu ?*

1ʳᵉ SOLUTION : Pour avoir 3 fr., il faut 70 fr.; pour avoir 1 fr., il faut $\frac{70}{3}$, et pour avoir 900 fr., il faut $\frac{70 \times 900}{3}$ = 21000 fr., *prix de vente* de la rente totale. — Même raisonnement pour $\frac{67,50 \times 900}{3}$ = 20250 fr., *prix d'achat*. — Le bénéfice = 750 *francs*.

2° SOLUTION : On a gagné 70 fr. — 67,50 = 2ᶠ50 sur 3 fr. de rente; sur 1 fr., on a gagné $\frac{2,50}{3}$, et sur 900 fr., $\frac{2,50 \times 900}{3}$ = 750 *fr.*, comme plus haut. — La déduction à faire sur le bénéfice, à cause du courtage, est de ¹/₈ de 210 fr., puisqu'au cours de 70, et pour avoir 900 fr. de rente, le capital à verser serait de 21000 fr. (V. 2° *problème*).

RÉSUMÉ : Les rentes diffèrent de l'intérêt, en ce que leur *cours* est variable, et leur *taux*, invariable.

ACTIONS ET OBLIGATIONS.

278. En termes commerciaux, on appelle *Actions et Obligations des titres de sommes fournies à des Compagnies, pour de grandes entreprises ou des travaux considérables.*

Les *Actions* sont émises à leur valeur réelle ; elles donnent droit : 1° aux intérêts stipulés d'avance ; 2° à une part proportionnelle dans le *dividende* (bénéfice de l'année) ; 3° à une autre part dans l'*actif*, lors de la dissolution de la société.

Les *Obligations* procurent un intérêt fixe et annuel, souvent à 3 p. %, de 15^f, 25^f ou 50^f, sur la somme *nominale* qu'énonce le titre. On dit *nominale*, parce qu'elle est généralement supérieure à celle que l'on prête. — A des époques convenues, les obligations sont tirées au sort et remboursées au prix qu'elles expriment ; de sorte que, dans un temps déterminé, tous les *actionnaires* (souscripteurs) ont reçu ce qu'ils devaient toucher. Il y a libération complète envers eux.

1er Problème : *Combien aura-t-on de rente pour* 1000 *fr. de capital :* 1° *en* obligations de 500 *fr.*, *portant* 15 *fr. d'intérêt* 3 p. %, *au cours de* 310 *fr. ?* 2° *en* actions, *au cours de* 764 *fr.*, *avec dividende approximatif de* 5 p. %, *toutes choses égales d'ailleurs ?*—(500 fr. est la valeur *nominale*, inscrite sur le titre de l'obligation, et 310 fr., la valeur réelle, au cours de la Bourse.)

Solution : *Pour l'obligation :* 310 francs donnent 15 fr. de rente ; 1 fr. donne $\frac{15}{310}$, et 1000 fr., $\frac{15\times1000}{310} =$ 48 francs 38 centimes. — *Pour l'action, il y a,* en sus de l'intérêt, un dividende de 25 fr. On aura donc ici 15 fr. + 25 = 40, et par suite, $\frac{40 \times 1000}{764}$ = 52 francs 35 centimes.

2ᵉ PROBLÈME. *Quelle somme faut-il verser, pour acheter 180 fr. de rente : 1° en obligations de 500 fr., portant 20 fr. d'intérêt 4 p. °/₀, au cours de 402 fr. 50 ; 2° en actions, au cours de 850 fr., avec dividende calculé à 4 ¹/₂ p. °/₀ ?*

SOLUTION : 1° Pour avoir 20 fr. d'intérêt, il faut 402 fr. 50 ; pour obtenir 1 fr., il faut $\frac{402,50}{20}$, et pour 180 fr., $\frac{402,50 \times 180}{20}$ = 3622 *francs* 50 *centimes*, équivalant à 9 *obligations* ; car 3622, 50 : 402, 50 = 9. — 2° 20 fr. + 22,50 de dividende probable = 42,50. Calcul : $\frac{850 \times 180}{42,50}$ = 3600 *francs*, équivalant à 4 *actions* + 200 fr. ; car 3600 : 850 = 4, avec un reste 200. Il est donc impossible, de cette façon, de se créer une rente de 180 fr., puisque les seules 4 actions qu'on puisse prendre à ce prix, et qui = 3400 fr., ne fournissent que 170 fr. de rente.

3ᵉ PROBLÈME : *A quel taux place-t-on son argent, en achetant : 1° une obligation de 500 fr., portant 25 fr. d'intérêt 5 p. °/₀, au cours de 535 fr. ? 2° une action de 1000 fr., au dividende présumé de 3 p.°/₀ (ou de 30 fr. par action), au cours de 910 fr., toutes choses égales d'ailleurs ?*

SOLUTION : 1° 535 fr. rapportent 25 fr. de rente ; 1 fr. rapporte $\frac{25}{535}$, et 100 fr., $\frac{25 \times 100}{535}$ = 4 *francs* 67 *centimes* (par défaut). — 2° 25 fr. d'intérêt + 30 fr. de dividende = 55 fr. Calcul : $\frac{55 \times 100}{910}$ = 6 *francs* et un peu plus.

D'autres placements ont des statuts particuliers qui font connaître les conditions des souscriptions.

CAISSES D'ÉPARGNE ET DE PRÉVOYANCE

279. Les Caisses d'Épargne sont des établissements destinés à recevoir et à faire fructifier les économies du pauvre.

Ces caisses sont autorisées par le gouvernement et surveillées avec soin, de manière qu'il leur est impossible de faire banqueroute. Chacun peut y déposer depuis 1 fr. jusqu'à 300 fr. à la fois. On inscrit, sur un registre, le nom du déposant et la somme par lui versée ; on lui donne en même temps, sur un *livret,* le reçu de son versement.

Le taux de l'intérêt varie de 3ᶠ 50 à 4 p. °/₀. On peut retirer une partie de ses fonds, ou même le tout à volonté ; mais, dans ce dernier cas, il faut prévenir une semaine d'avance. L'intérêt compte le dimanche qui suit le dépôt, et cesse le dimanche qui doit précéder le remboursement ; il est calculé par le nombre de *semaines,* pour chaque somme séparément [1].

280. Au 31 décembre de chaque année, les intérêts sont ajoutés au principal, pour en former un nouveau, qui produit dès le lendemain.

Les caisses d'épargne sont de la plus grande utilité, mais malheureusement trop peu connues ou mal appréciées. Cependant plus d'un journalier, plus d'un domestique sont devenus maîtres par ce moyen, et se sont assuré, ainsi qu'à leurs enfants,

---

[1] Dans certaines caisses, les économies ne portent *intérêt* que quand elles sont arrivées à une somme ronde de 10 fr., et cet intérêt ne court ensuite qu'à partir du premier du mois.

une honnête aisance et une vieillesse exempte de soucis. Cela ne doit point étonner ; car une somme placée à intérêts composés prend un rapide accroissement.

EXEMPLE : *Depuis 15 ans, un jeune homme a déposé, tous les 6 mois, 50 fr. à la caisse d'épargne ; aujourd'hui il a besoin de retirer ses fonds. Quelle somme recevra-t-il, l'intérêt composé étant à 4 p. %. ?*

SOLUTION : Faisant un calcul semblable à celui du n° 247, on trouverait pour résultat 2069 *francs 45 centimes.* Mais parlons du procédé particulier.

281. Pour les comptes courants des Caisses d'épargne, on considère toute somme comme pouvant être déposée jusqu'à la fin de l'année, et l'on en porte immédiatement le profit (souvent à 3 $\frac{1}{2}$ p. %), dans la dernière colonne du Registre. Quand le propriétaire veut un paiement, on inscrit ce montant *et son intérêt* du jour de la demande au 31 décembre ; puis on fait la soustraction. La différence des intérêts exprime le véritable bénéfice du créancier.

Au taux de 3 1/2 p. %, l'intérêt de 100 fr.,			Au 3,75 :
Pour	1 semaine, est de	0f067307.	0f072115.
Pour	2 semaines, —	0.184615.	0,144231.
Pour	3 — —	0,201922.	0,216346.
Pour	4 — —	0,269230.	0,288461.
Pour	5 — —	0,336538.	0,360577.
Pour	6 — —	0,403845.	0,432692.
Pour	7 — —	0,471152.	0,504807.
Pour	8 — —	0,538460.	0,576923.
Pour	9 — —	0,605768.	0,649038.
Pour	10 — —	0,673076.	0,721153.

282. — Manière d'opérer dans les Caisses d'épargne.

B* a versé 100 fr. le 13 janvier 1861 ; 100 fr. le 10 mars ; 200 fr. le 26 mai. Il a retiré 50 fr. le 7 juillet de la même année, et tous ses fonds le 26 octobre 1862. Combien a-t-il touché en dernier lieu ?

Dates des dépôts et des remboursements.			Indication de l'espèce des opérations.	Sommes déposées ou remboursées.		Ans, Mois, Jours, à partir desquels l'intérêt est compté.			Durée en semaines	Intérêts 3 1/2 p. 0/0 jusqu'au 31 décembre.	
Ans.	Mois.	Jours		FR.	C.					FR.	C.
1861	Janvier	13	Dépôt.........	100	»	1861	Janvier	20	49 s.	3	30
id.	Mars	10	Dépôt.........	100	»	id.	Mars	17	42	2	83
id.	Mai	26	Dépôt.........	200	»	id.	Juin	2	31	4	17
			CAPITAL........	400	»					10	30 (1)
id.	Juillet	7	*Remboursem*ᵗ	50	»	id.	Juin	30	26	0	87
	Reste, Capital.........			350	»		Reste, Int...........			9	43. (2)
	Intérêt au 31 décembre.......			9	43						
1862	Janvier	1ᵉʳ	SITUATION......	359	43	1862	Janvier	1ᵉʳ	52	12	58
id.	Octobre	26	*Remb*ᵗ de	359	43	id.	Octobre	19	10	2	41 (3)
✝	*Remb.*	des	intérêts.......	10	17		Reste, Int...........			10	17
	SOLDE........			369	60						

En dernier lieu, B* a donc touché **369 francs 60 centimes.**

(1) On a fait la somme des capitaux et des intérêts 7 jours avant le 7 juillet, à cause du remboursement demandé.
(2) On a totalisé le capital et les bénéfices, parce qu'une nouvelle année commençait.
(3) Les 359 francs 43 centimes ont cessé de produire du jour où l'on a sollicité l'acquittement.

ANNUITÉS ET AMORTISSEMENTS.

283. On appelle annuité une somme toujours égale que l'on ajoute chaque année aux capitaux existants, ou que l'on rembourse de même, pour éteindre un principal et ses intérêts, au bout d'un temps déterminé. Dans ce dernier cas, les annuités devraient être nommées amortissements.

La table des intérêts composés nous fournit un moyen simple et facile de faire ces calculs.

1er EXEMPLE : *Un ouvrier remet annuellement 70 fr. à la caisse d'épargne. Dire ce qu'est devenu le total de ses placements, au bout de 18 ans, le taux étant à 4. p. °/₀ par an.*

SOLUTION : On résoudra ce problème, en cherchant ce que deviennent 70 fr. à intérêts composés pendant 18 ans, 17 ans, 16 ans, 15 ans... et 1 an ; car il est de fait que les 1ers 70 fr. sont restés placés 18 ans ; 70 autres, 17 ans, et ainsi de suite, jusqu'au dernier dépôt de 70 fr., dont l'intérêt n'a couru qu'un an. Or, les valeurs successives de 1 fr. après 1 an, 2 ans... 18 ans, sont les 18 premiers nombres contenus dans la colonne (du 4 p. °/₀), et dont la somme est de 26ᶠ 671228. Multipliant donc ce résultat par 70, il vient 1867 *francs,* pour la solution du problème.

Les versements ou dépôts de l'ouvrier n'étant réellement que de 18 fois 70 fr., ou 1260 fr., la caisse d'épargne lui a rapporté 607 *fr.* de bénéfice.

2ᵉ EXEMPLE : *Combien doit-on placer chaque année,*

à intérêts composés 5 p. °/₀, *pour retirer* 9998 *fr.* 85 *centimes au bout de* 6 *ans* ?

SOLUTION : Je cherche ce que l'on recevrait, à l'expiration des 6 ans, si l'on prêtait, d'année à autre, 1 fr. à 5 p. °/₀. Pour cela, j'additionne les 6 premiers nombres de la colonne correspondante au taux énoncé. Le total = 7ᶠ,142008. Puis je dis : Pour recevoir 9998ᶠ85ᶜ, il faut fournir ou procurer, tous les ans, autant d'argent que 7ᶠ,142008 sont contenus de fois dans 9998ᶠ,85ᶜ. Effectuant la division, je trouve 1400 *francs.*

3ᵉ EXEMPLE : *Une personne emprunte* 8000 *fr., remboursables par annuités. Que devra-t-elle payer, aux termes convenus, pour se libérer de sa dette en* 9 *ans, le taux étant à* 4 ¹/₂ *p.* °/₀ ?

SOLUTION : Si la personne ne donnait rien pendant les 9 ans, elle devrait 8000 fois 1ᶠ,486095 (*correspondant à* 9, *colonne* 4 ¹/₂ *p.* °/₀) = 11888 fr. 76 c. L'annuité doit donc être telle que, si on la plaçait à intérêts composés, on eût à retirer de quoi rembourser 11888 fr. 76 c. après 9 ans. — Or, dans cette durée et avec 1 franc par an, on obtiendrait 11ᶠ,288210. Par suite, autant de fois 11ᶠ288210 sont contenus dans 11888ᶠ76ᶜ, autant la personne paiera annuellement, = $\frac{11888,76}{11,288210}$ ou 11888,76 : 11,288210 = 1053 *francs* 20 *centimes.* — C'est la réponse demandée.

4ᵉ EXEMPLE : *Quelqu'un doit* 2250 *fr. Pour éteindre cette dette, il donne* 730 *fr. tous les ans. On veut savoir, d'après cela, dans quel temps il sera quitte, payant l'intérêt des intérêts au* 3 *p.* °/₀.

SOLUTION : Nous indiquerons les opérations avec tous leurs détails.

1ʳᵉ. *année*, capital à payer	2250ᶠ
╋ intérêt à 3 p. %	67,50
Total à la fin de l'année	2317,50
A déduire, *somme payée*	— 730,00
2ᵉ. *année*, capital dû	1587,50
╋ intérêt à 3 p. %.	47,62
Total. .	1635,12
A déduire, *somme payée*	— 730,00
3ᵉ. *année*, capital.	905,12
╋ intérêt à 3 p. %.	27,15
Total. .	932,27
A déduire, *somme payée*	— 730,00
Reste à verser. .	202ᶠ27ᶜ

REMARQUE. Si les paiements étaient inégaux, on opèrerait de la même manière. Il en serait encore ainsi dans le cas inverse, en ajoutant chaque année une somme quelconque au capital existant, lequel devrait conséquemment être augmenté par l'addition.

RÈGLE DU TEMPS POUR LES PAIEMENTS

NOMMÉE AUSSI CALCUL DE TERMES

OU RÉDUCTION A L'ÉCHÉANCE COMMUNE

---

284. On appelle règle du temps pour les paiements, une opération par laquelle on calcule les conditions réciproques des commerçants, quand ils vendent ou achètent à crédit.

1ᵉʳ. Cas : *Un négociant doit 25000 fr. payables : la ½ comptant, le ⅕ dans 6 mois, et le reste fin décembre. Combien donnera-t-il chaque fois, sans intérêt ?*

Solution : Je prends *la moitié* de 25000 fr. ; il vient 12500 fr. pour le 1ᵉʳ paiement ; — Puis *le cinquième* de 25000, et je trouve 5000 fr. *pour le* 2ᵉ *paiement*

La somme étant 17500ᶠ, le 3ᵉ et dernier paiement sera égal à 25000 fr. — 17500 = 7500 *francs*.

Quand il y a des intérêts, on les ajoute aux à-compte.

2ᵉ. Cas : *F. est débiteur de 480 fr., et il doit payer 80 fr. dans 2 mois, 160 fr. dans 5 mois, et les 240 fr. restants dans 9 mois. Cependant il convient avec son créancier de solder tout en une fois. A quelle époque le fera-t-il, pour qu'il y ait compensation de temps ?*

Sommes.	Échéances.	Produits.
80 fr.	× 2 =	160 fr.
160	× 5 =	800
240	× 9 =	2160
480 fr.		3120 fr.

3120 : 480 = 6 mois 15 jours.

Solut. : 80ᶠ, placés pendant 2 mois, rapporteraient le même intérêt que 2 fois 80ᶠ ou 160 *fr.* pendant un mois. De même 160ᶠ, en 5 mois, produiraient autant que 5 fois 160 fr., ou 800 *fr.* en un mois. Enfin 240 fr., après 9 mois, équivalent à 9 fois 240 fr., ou 2160 *fr.* après 1 mois. Or, s'il faut 1 mois à 3120 fr. pour donner un certain bénéfice, il faudra, à 480 fr., autant de mois qu'ils seront contenus de fois dans 3120. Effectuant la division, on trouve 6 mois 15 *jours.*

3ᵉ Cas : *Un homme a emprunté 24000 fr. pour 8 mois ; mais au bout de 60 jours, il paie 4000 fr., et 3 mois après, 8000 fr. Quand donnera-t-il le reste, afin d'être dédommagé des avances qu'il a faites ?*

Sommes.	Échéances.		Produits.
4000 fr.	× 2	=	8000 fr.
8000 »	× 5	=	40000 »
12000 fr.			48000 fr.

Sommes.	Échéances.		Produits.
24000 fr.	× 8	=	192000 fr.
—12000 »			— 48000 »
12000 fr.			144000 fr.

$$144000 : 12000 = 12 \text{ mois ou } 1 \text{ an.}$$

Solution : Les 12000 fr. de reliquat doivent être gardés, par le débiteur, un temps tel qu'ils équivalent à 144000 fr. portant intérêt pendant 1 mois. On est donc conduit à diviser 144000 fr. par 12000, et le quotient 12 indique que le dernier versement doit être fait au bout de 12 *mois*, c'est-à-dire un an après l'emprunt.

4° Cas : G*** *devait 48620 fr., à acquitter dans 10 mois; cependant il a donné une partie de la somme 6 mois après la date de l'acte, et n'a remis l'autre partie qu'à 16 mois révolus. Cela posé, dire combien il a compté chaque fois.*

Solution : J'opère comme au second cas des règles de mélange, en remplaçant le prix des marchandises par le temps des paiements.

6 m		6
16 m	10	4
		10

Je vois alors qu'il faut prendre : 1° les $\frac{6}{10}$ et 2° les $\frac{4}{10}$ de la somme à payer.

Or, $\dfrac{48620^f \times 6}{10} = 29172^f$, rendus la 1re fois;

Et $\dfrac{48620^f \times 4}{10} = 19448^f$, rendus la 8de fois.

Preuve : Total. 48620 *francs.*

5º QUESTION : *Un marchand a 4 billets de la même personne : le 1ᵉʳ, de 300 fr., payable au 25 juin ; le 2ᵉ, de 820 fr., au 30 juillet ; le 3ᵉ, de 1000 fr., au 14 août, et le 4ᵉ, de 1200 fr., au 20 septembre. Il propose, le 1ᵉʳ avril, d'échanger ces 4 effets contre un seul de 3320 fr. A quelle époque ce dernier devra-t-il être remboursé ?*

Disposition du calcul :

Sommes.		Échéances.		Produits.
300 fr.	×	85ⁱ	=	25500 fr.
820	×	120	=	98400
1000	×	135	=	135000
1200	×	172	=	206400
3320 fr.				465300 fr.

465300 fr. : 3320 = 140 jours. Le billet unique sera donc payable 140 jours après le 1ᵉʳ avril, c'est-à-dire le 18 *août*.

NOMBRES COMPLEXES.

285. On appelle *nombres complexes* ceux dont les multiples et les sous-multiples ne sont pas assujettis au système décimal. Les seules unités complexes autorisées, sont celles du temps et de la circonférence, ou *l'an* et *le degré*.

Pour le calcul de ces nombres, on compte l'année de 365 jours ou de 12 mois ; le mois, de 30 jours ; le jour, de 24 heures ; l'heure, de 60 minutes ; la minute, de 60 secondes. (Tous les 4 ans, l'année est *bissextile*, ou de 366 jours.) — La circonférence, quelle qu'elle soit, se divise en 360 degrés ; le dégré, en 60 minutes, etc. Le degré se marque par °; la minute, par '; la seconde, par ''; la tierce, par '''. Ainsi, 48 degrés 35 minutes 17 secondes, s'écrivent en abrégé : 48° 35' 17''.

286. ADDITION. *Un marin a fait 3 voyages de long cours. Le 1ᵉʳ a duré 2 ans 8 mois 16 jours ; le 2ᵉ, 4 ans 6 mois 27 jours, et le 3ᵉ, 9 mois. On demande quel temps ont exigé ces 3 voyages.*

2 ans 8 mois 16 jours.		
4 — 6 — 27 —		
0 — 9 — 00 —		
8 ans 0 mois 13 jours.		

SOLUTION : On le connaîtra en faisant l'addition de toutes les quantités. — Le total des jours = 43. Or, 43 jours valent 1 mois + 13 jours. On pose 13 jours, et l'on retient 1 mois pour l'ajouter aux mois. La somme de ceux-ci est 24, ou 2 ans juste ; on écrit 0 sous les mois, et l'on retient 2 ans. Enfin l'addition des ans donnant 8, on conclut que les 3 voyages ont duré 8 *ans* 13 *jours*.

287. SOUSTRACTION. *Une personne, née le 20 avril 1816, est morte le 13 juin 1848. Combien a-t-elle vécu ?*

1847 ans 5 mois 12 jours.		
1815 — 3 — 19 —		
32 ans 1 mois 23 jours.		

SOLUT. : En n'écrivant, de la date, que ce qui est révolu, je trouve qu'à l'époque du décès de la personne, il s'était écoulé 1847 ans 5 mois 12 jours, et à celle de sa naissance, 1815 ans 3 mois 19 jours.

Ne pouvant ôter 19 jours de 12, j'ajoute 1 mois ou 30 jours à 12, ce qui fait 42 ; puis je dis : 19 de 42, reste 23, que j'écris sous les jours. Mais, pour compenser l'erreur, j'augmente de 1 mois le nombre inférieur, etc., et je trouve que la personne avait 32 *ans* 1 *mois* 23 *jours* à sa mort.

288. MULTIPLICATION. *Pour faire 1 kilomètre, un*

train de chemin de fer met 2 minutes 45 secondes 36 tierces. Combien mettra-t-il donc de temps pour parcourir 267 kilomètres 780 mètres ?

Solution : 45 secondes $= \frac{45}{60}$ de minute $= 0^m$, 75^c, et 36 tierces $= \frac{36}{3600} = 0^m,01$; 2 minutes 45 secondes 36 tierces font donc 2^{min},76. Alors je dis : Pour faire 1 kilomètre, il faut 2^m, 76^c; pour en faire 267, 780^m, il faudra 2^m,76 $\times$ 267, 780 $= 739^{min}$,0728 ou 12 *heures* 19 *minutes* 4 *secondes* 22 *tierces* [1].

Comme on le voit, par cet exemple, les nombres complexes se convertissent facilement en nombres décimaux, et le calcul ne présente pas de difficulté. Il est pourtant des cas où l'opération peut se faire plus simplement. — Exemple :

4 charrues semblables, fonctionnant 12 heures par jour et en même temps, ont labouré une pièce de terre en 1 jour 8 heures 55 minutes. Combien une seule de ces charrues aurait-elle mis de temps ?

1 jour 8 heures 55 minutes.	Solut. : Il est mani-
4	feste qu'une seule char-
6 jours 11 heures 40 minutes.	rue aurait mis 4 fois plus

de temps, et qu'ainsi je dois multiplier, par 4, 1 jour 8 heures 55 minutes.

Je commence par les dernières unités, en disant : 4 fois 55 minutes $= 220$ minutes, ou 3 heures 40 minutes ; j'écris celles-ci, et je retiens 3 heures. Puis : 4 fois 8 $= 32$, $+ 3 = 35$ heures, ou 2 jours 11 heures ; je pose 11 heures, et je retiens 2 jours. Enfin : 4 fois 1 $= 4$, $+ 2 = 6$ jours. Le résultat demandé est donc 6 *jours* 11 *heures* 40 *minutes*.

---

[1] 739^{min}, 0728 : 60 $= 12$ *heures*; reste 19 *minutes*, 0728; 0^m,0728 $\times$ 60 $= 4$ *secondes*, 3680; 0^{sec}, 3680 $\times$ 60 $= 22$ *tierces*, etc.

289. Division. *Un jeune homme demandait à un vieillard quel âge il avait. Celui-ci voulant l'embarrasser, lui répondit : « J'ai autant d'années que 6 ans 7 mois 28 jours sont contenus de fois dans 503 ans 2 mois 9 jours. Cherchez vous-même quel est mon âge. »*

Solution : 6 ans 7 mois 28 jours $= 6$ ans $+ \frac{7}{12} + \frac{28}{360} = 6$ ans, 661.

503 ans 2 mois 9 jours $= 503$ ans $+ \frac{2}{12} + \frac{9}{360} = 503$ ans, 191 millièmes.

Divisant 503, 191 par 6,661, il vient 75 ans, 5428, ou 75 *ans 6 mois 15 jours.*

290. Remarque. Pour trouver les mois et les jours contenus dans la fraction décimale 5428 dix-millièmes d'année, il suffit de la multiplier par 12, puisqu'un an $= 12$ mois, et de multiplier ensuite, par 30 jours, les chiffres qui se trouvent à la droite de 6 mois.

Dans certains cas, le calcul est plus facile encore. — Exemple :

Douze angles font ensemble 268° 45' 30". Quelle est la valeur moyenne de chacun ?

Solution : Elle est évidemment 12 fois moindre que celle de tous les angles. — Je prends d'abord le 12e de 268 ; il vient 22 degrés avec un reste 4. Je réduis ces 4°. en *minutes,* en les multipliant par 60, et j'ajoute au produit les 45 du dividende. J'ai 285', que je divise par 12 ; j'obtiens au quotient 23 minutes et 9' pour reste. Ces 9' multipliées par 60 *secondes,* donnent 570, y compris les 30" du dividende. Divisant 570 par 12, je trouve 47 secondes. Le nouveau reste 6, réduit en *tierces,* devient 360'". Divisé par 12, il donne juste 30 au quotient. Le résultat moyen est donc 22 *degrés* 23 *minutes* 47 *secondes* 30 *tierces.*

Les preuves des opérations fondamentales sur les nombres complexes, se font comme celles des nombres entiers ou des nombres décimaux.

PROBLÈMES DIVERS

AVEC LEURS SOLUTIONS

---

291. 1ᵉʳ PROBLÈME : *Un terrain de forme carrée doit être planté d'arbres placés à égale distance. Combien y en aura-t-il sur chaque face, pour que la propriété en contienne 74530 en totalité ?*

7.4 5.3 0	273
3 4.5	
. 1 6 3.0	47 × 7
. . . . 1	543 × 3

SOLUTION : On voit clairement qu'il s'agit ici d'extraire la racine carrée de 74530 (V. n° 64). Pour y parvenir, formons le carré des 9 premiers nombres. Nous aurons:

Pour les Racines : 1 2 3 4 5 6 7 8 9.
Pour les Carrés : 1 4 9 16 25 36 49 64 81.

Au moyen de cela, la chose devient aisée.

1° On dispose l'opération comme une division, réservant la place du diviseur pour la racine; 2° on partage le nombre en tranches de deux chiffres, à partir de la droite; 3° en commençant par la gauche, on dit : Quel est le plus grand carré contenu dans 7 ? Le tableau donne 4, nombre dont la racine est 2; 4° on pose 2, et l'on retranche le carré 4 de 7, il reste 3; 5° on abaisse la tranche suivante 45, dont on sépare le dernier chiffre par un point; de cette manière on a le dividende; 6° pour former le diviseur, on double la racine, on obtient 4 ; 7°, on divise 34 par 4, il vient 7 (*à cause des retenues*); 8° on pose 7 à la racine et au diviseur; puis on multiplie 47 par 7 ; 9° on retranche le produit de 345, c'est-à-dire du dividende 34, suivi du 5 séparé; 10° après l'excédant 16, on abaisse 30, la tranche suivante, et l'on continue comme auparavant, jusqu'à ce que tous les chiffres soient épuisés. On trouve 273 *arbres*, qu'il faut mettre à chaque côté.

Pour faire la preuve, on élèverait la racine au carré ; on y ajouterait le reste, et l'on retrouverait 74530 au produit. — Un reste n'est pas trop fort, dès qu'il ne vaut pas le double de la racine, plus 1.

292. 2° **Problème** : *On veut qu'une citerne cubique contienne 34*mc*,012224 d'eau. Quelles doivent en être les dimensions ?* (V. n° 64.)

Solution : Pour *extraire* la racine cubique, il est nécessaire de connaître les cubes suivants :

Racines :	1	2	3	4	5	6	7	8	9.
Cubes :	1	8	27	64	125	216	343	512	729.

Opération.

3 4.0 1 2.2 2 4	3,24
2 7	
	$3^2 \times 3 = 27$, *diviseur triple carré de la racine* 3.
Dividende 7 0.1 2	
3 4 0 1 2	$32^3 = 32768$, *cube de* 32.
3 2 7 6 8	$32^2 \times 3 = 3072$, *diviseur, triple carré de* 32.
Dividende . 1 2 4 4 2.2 4	$324^3 = 34012224$, *cube de* 324.
3 4 0 1 2 2 2 4	
3 4 0 1 2 2 2 4	Un petit 2 au haut d'un nombre, indique le carré à former; le cube se marque par
0 0 0 0 0 0 0 0	un 3 de la même manière.

1° Je partage la quantité en tranches de 3 chiffres, à partir de la droite; 2° en commençant par la gauche, je dis : Le plus grand cube contenu dans 34 est 27, nombre dont la racine $= 3$; 3° j'écris 3, et je retranche le cube 27 de 34, il reste 7; 4° à côté, j'abaisse 012, la tranche suivante, et je sépare les 2 derniers chiffres par un point, pour avoir un dividende; 5° j'obtiens le diviseur, en faisant le triple carré de la racine; 6° je divise 70 par 27; il vient 2, que je pose à la droite de 3; 7° j'élève au cube cette racine; 8° je retranche le produit 32768 de 34012, c'est-à-dire des 2 classes les plus élevées du nombre; 9° après le reste, j'écris la tranche suivante, et je continue comme auparavant, jusqu'à ce que tous les chiffres soient épuisés. Je trouve $3^m,24^c$ pour les dimensions de la citerne. — La racine cubique n'a que 2 décimales, parce que le nombre proposé n'en contient que 2 tranches.

On vérifie cette opération en cubant le résultat; s'il y a un excédant, on l'ajoute au produit : le total doit égaler la 1re grandeur. — Un chiffre écrit à la racine est trop faible, quand le reste contient encore trois fois le carré de la racine obtenue, plus trois fois cette même racine, plus 1.

293. Une *Progression* est une suite de nombres qui ont entre eux le même rapport. Elle est dite *arithmétique* ou *par différence*, quand chaque nombre surpasse celui qui le précède, ou en est surpassé d'une quantité égale; et *géométrique* ou *par quotient*, lorsque tous les termes divisés par celui de gauche donnent toujours le même résultat. Dans l'une et l'autre espèce, le nombre constant s'appelle *raison* de la progression.

294. 3° P. **Progression arithmétique.** — *Dans*

l'intervalle d'un an, on a acquitté une dette, en donnant 20 fr. le 1er mois, 25 le 2e, 30 le 3e (en augmentant de 5 fr. par mois). On veut savoir, d'après cet exposé, quel a été le dernier paiement, et à combien se montait la dette.

SOLUTION : Le 1er paiement ayant été de 20 fr., le 12e ou dernier a dû être de 20 fr. $+$ 11 fois 5 fr. $=$ 75 *francs*, puisque 11 termes ont augmenté successivement de 5 fr. Or, 1 mois à 20 fr. $+$ 1 mois à 75 fr. $=$ les 2 mois extrêmes, pour 95 fr.; 1 mois, en moyenne, a donc absorbé 95 fr.: 2 $=$ 47f 50. Comme il y a eu 12 paiements de faits, il s'ensuit que la dette était de 47f 50 $\times$ 12 $=$ 570 *francs*.

295. 4e PROBLÈME: Progression géométrique. *Sessa, inventeur du jeu des échecs, demanda 1 grain de blé pour la 1re case de l'échiquier, 2 pour la 2e, 4 pour la 3e, et ainsi de suite, en doublant jusqu'à la 64e case. Le roi des Indes pouvait-il lui accorder cette récompense ?*

SOLUTION : Je multiplie le nombre à gauche de la progression, par la raison 2 élevée à la 64e puissance ; car il y a 64 termes. Du produit, j'ôte la 1re quantité, c'est-à-dire le 1er terme, et je divise le reste par la raison diminuée de 1. Cela revient ici à chercher la 64e puissance de 2. — Mais au lieu de prendre 2 soixante-quatre fois facteur, je puis, pour abréger, en faire d'abord la 8e puissance, ce qui donne 256 ; puis la 8e puissance de ce résultat. Je trouve ainsi 18.446.744.073.709.551.616 grains de blé, près de 10 *trillions d'hectolitres !...* en admettant qu'il y ait par hectolitre 1.860.000 grains. La demande de Sessa était donc impossible à réaliser : aussi Sirham, qui en avait d'abord été scandalisé, récompensa-t-il autrement le savant par la suite.

296. 5° PROBLÈME. *Quelqu'un a acheté 4 espèces de drap : 3ᵐ de la 1ʳᵉ espèce en valent 5 de la seconde; 9 de la seconde en valent 6 de la 3°, et 2 de celle-ci, 7 de la 4°. Combien 20ᵐ de la 1ʳᵉ. espèce en valent-ils de la dernière ?*

SOLUTION : 1ᵐ de la 1ʳᵉ espèce $= \frac{5}{3}$ de m. de la 2°;
1ᵐ de la 2° — $= \frac{6}{9}$ de m. de la 3°;
1ᵐ de la 3° — $= \frac{7}{2}$ de m. de la 4°;
donc 1ᵐ de la 1ʳᵉ espèce $=$ les $\frac{5}{3}$ des $\frac{6}{9}$ des $\frac{7}{2}$ de la 4°, et 20ᵐ valent 20 fois plus, ou $\frac{5 \times 6 \times 7 \times 20}{3 \times 9 \times 2} =$ 77 *mètres* 77 *centimètres* de la 4° espèce.

On voit que, conduite de cette manière, l'opération n'est qu'un cas particulier des fractions de fractions. — Mêmes calculs pour les mesures et les monnaies étrangères, et en général pour la *Règle conjointe* ou *d'arbitrage*.

EXEMPLE : *Que valent* 600ᶠʳ *en roubles de Russie? On sait que* 48ᶠʳ *font* 40 *schellings;* 10 *sch.,* 4 *cruzades;* 20 *cruz.,* 3 *pistoles d'Italie, et* 15 *pist.,* 75 *roubles.*

SOLUTION. En appelant x l'inconnue, on a :

x roubles $=$ 600 fr.   ⎫   Or, le produit des termes de gauche
48 fr. $=$ 40 sch.   ⎪ est égal à celui des termes de droite.
10 sch. $=$ 4 cruz.   ⎬ — Donc, $x \times 48 \times 10 \times 20 \times 15 =$
20 cruz. $=$ 3 pist.   ⎪ $600 \times 40 \times 4 \times 3 \times 75$. Ou, en sim-
15 pist. $=$ 75 roubles. ⎭ plifiant et en effectuant les calculs :

$$x = \frac{600 \times 40 \times 4 \times 3 \times 75}{48 \times 10 \times 20 \times 15} = 450 \; roubles.$$

297. 6° PR. *H. donne tout son bien à trois neveux; savoir: le $\frac{1}{3}$ au 1ᵉʳ, les $\frac{2}{5}$ au 2°, et 3200 fr. qui restent au 3°. Quelle était donc la fortune du testateur? Et combien les deux 1ᵉʳˢ héritiers eurent-ils pour leur part?*

SOLUTION · $\frac{1}{3} + \frac{2}{5} = \frac{11}{15}$. Les 3200 fr. restants égalent donc $\frac{15}{15} - \frac{11}{15} = \frac{4}{15}$ de l'héritage.

Le $\frac{1}{15}$ valait $\frac{3200ᶠ}{4}$, et les $\frac{15}{15}$ ou le tout, $\frac{3200 \times 15}{4} =$ 12000 *francs.*

Le 1er neveu a eu le $\frac{1}{3}$ de cette somme, c'est-à-dire 12000 fr. : 3 = 4000 *francs.*

Le 2e en a eu les $\frac{2}{5}$, c'est-à-dire $\frac{12000 \times 2}{5}$ = 4800 *fr.*

298. 7e PROBLÈME. *Un maître de pension, interrogé sur le nombre de ses élèves, répondit : « Si j'en avais encore autant, la moitié, le tiers et le quart d'autant, plus un, j'en aurais 112. » Combien en avait-il donc ?*

SOLUTION : En représentant par $\frac{1}{1}$ ceux qu'il avait, nous aurons : $\frac{1}{1} + \frac{1}{1} + \frac{1}{2} + \frac{1}{3} + \frac{1}{4} + 1 = 112$. Or, les fractions, réduites au même dénominateur, donnent en *somme* $\frac{37}{12}$. Ces $\frac{37}{12}$ égalent 112 − 1, ou 111 ; $\frac{1}{12}$ vaut donc $\frac{111}{37}$, et les $\frac{12}{12}$ ou le tout, = $\frac{111 \times 12}{37}$ = 36 *pensionnaires.*

Cette méthode remplace celle des *fausses suppositions.*

299. 8e PROBLÈME. *On appelle* proportion *l'assemblage de deux rapports égaux, tels que* 8 : 4 :: 32 : 16, *qu'on lit :* 8 est à 4, comme 32 est à 16. *Sachant que* dans toute proportion, le produit des *extrêmes* [1] est égal au produit des *moyens* [2], *on propose de chercher le* 4e *terme de la proportion suivante :* $100 : x \times \frac{90}{360} :: 1000 : 10.$

SOLUTION : Si le *nombre inconnu* était un extrême, je ferais le produit des moyens, et je diviserais par l'extrême connu ; mais comme x est ici un moyen, je fais le produit des extrêmes, et je divise par le moyen connu. J'obtiens donc $\frac{100 \times 10 \times 360}{1000 \times 90}$ = 4. — (*Le dénominateur d'une* fraction *multiplie toujours le terme ou les termes de nom différent.*) (*V.* no 246).

---

[1] 1er et 4e nombre ; — [2] 2e et 3e nombre, ou quantités du milieu.

Questions et explications relatives au Commerce et à la Banque.

300. 9ᵉ P. : Prenons un compte quelconque à 6 p. %, taux commercial. Par exemple, *chercher l'intérêt de 7000 fr., pendant 3 mois ou 90 jours* (car tous les mois entiers non spécifiés, sont censés de 30 jours). — La méthode ordinaire conduit à cette expression : $\frac{6 \times 90 \times 7000}{100 \times 360}$. Mais en divisant 6 et 360 par 6, le premier nombre s'élimine, et le second donne 60 pour quotient. L'opération se simplifie donc ainsi : $\frac{90 \times 7000}{100 \times 60}$. Or, les chiffres du dénominateur produisent 6000. CONCLUSION : En pareil cas, *on multiplie le capital par les jours, et on divise le tout par 6000*, c'est-à-dire par 1000 et le résultat par 6. Pour le problème ci-dessus, la réponse est 105 *fr.* [1]

301. 10ᵉ P. : *J'ai prêté, à un négociant, 1500 fr. pendant 2 mois ; 830 fr. durant 40 jours, et 4000 fr. 110 jours. Que dois-je toucher d'intérêts ?*

1ᵉ *Manière :* La 1ᵉ somme produit 15,00 ⎫
       La 2ᵉ   —   5,53 ⎬ Int. total : *fr.* 93,86.
       La 3ᵉ   —   73,33 ⎭

Seconde manière : On ne fait qu'une division. Le dividende provient de l'addition des *capitaux multipliés par le temps*, et qu'on appelle capitaux *fictifs* ou *nombres*. — Ici, l'on aurait donc :

$$
\begin{array}{rcl}
1500 \times 60 &=& 90000 \\
830 \times 40 &=& 33200 \\
4000 \times 110 &=& 440000
\end{array}
$$

Et par suite 563,20 : 6 = 93ᶠ86 *centimes,* comme plus haut.

Total. 563200

302. 11ᵉ P. : *Un banquier a avancé à un fabri-*

---

[1] (Voir le nº 304 bis).

cant : 2000 *fr.* le 3 décembre dernier ; 650 *fr.* le 17 févrie présente année ; 1400 *fr.* le 2 avril, et 960 *fr.* le 7 mai. *On veut connaître, au 3 juin, le compte courant du fabricant.*

SOLUTION :

1° Du 3 décembre au 30 juin, il faut compter 209 jours ;
2° du 17 février   —   133 —
3° du 2 avril   =   89 —
4° du 7 mai   —   54 —

Or, 2000 fr. × 209 = 418000   Le 6° de 680,89
    650   × 133 = 86450   = 113f48 *centimes*
  1400   × 89 = 124600   d'intérêts. — Le
   960   × 54 = 51840   compte courant

Total. 680890   comprend donc les

différents emprunts, plus ces intérêts = 5123 *fr.* 48 centimes.

303. 12° P. : *Dites la situation, au 18 décembre, de 2 maisons qui ont fait les affaires suivantes : la 1re a prêté à la seconde 570 fr. le 24 juillet, et 1125 fr. le 8 septembre; la seconde a prêté à la 1re 690 fr. le 6 août; 107f30 le 12 octobre, et 752 fr. le 24 novembre.*

SOLUTION : De chaque époque au 18 décembre, comptez : 1° 147 jours ; — 2° 101 ; — 3° 134 ; — 4° 67 ; — 5° 24.

Or, 570 fr. × 147 = 83790   Le 6° de 197,41 =
  1125   × 101 = 113625   32f90c, intérêt que la
                    seconde maison doit
Total. 197415   à la première.

690 fr. × 134 = 92460 — »   Le 6° de 117,70
107,30 × 67 = 7189, 10   = 19f62 *cent.*, inté-
752 » × 24 = 18048 — »   rêt que la première
                maison doit à la
Total. . . . . 117697, 10   seconde.

Balance. Passif de la seconde maison :

570 fr. + 1125 de cap. + 32,90 d'int. = 1727 90

Passif de la première maison :

690 fr. + 107,30 + 752 + 19,62 = 1568.92

En faveur de celle-ci : *Francs.* 158,98

Ou bien : *Différence* des capitaux fictifs : 197415 — 117697,10 = 79717,90. — Le 6ᵉ de 79,71 = 13 *fr.* 28 *cent.*, excédant d'intérêt, à l'arrêté de compte.

Balance. Doit la seconde maison,

en capital réel : 570 fr. + 1125 = 1695,00

Doit la première maison,

en capital réel : 690 + 107,30 + 752 = 1549,30.

Différence à l'avantage de cette dernière. . 145,70

Il faut ajouter à cette somme l'excédant d'intérêt applicable à la seconde maison. 13,28

Et l'on trouve que celle-ci redoit définitivement *Fr.* 158,98

304. 13ᵉ P. : *Le 14 mai, M. X* a prêté 10000 fr. à un filateur. Celui-ci a rendu 1500 fr. de mois en mois 3 fois de suite, à partir du 14 juin, et 2000 fr. le 9 novembre. Enfin il a remboursé le reliquat fin décembre. Combien a-t-il donné alors ?*

1ᵉ Solut. : Supposons que le filateur n'ait payé le tout que fin décembre. Il aurait gardé les fonds 231 jours, ce qui produit un capital fictif de 2310000 fr.

Admettons maintenant que ses remboursements ont été des prêts faits au banquier. Ce dernier aurait dû, pour les intérêts, 240 fr. 17 c. Car,

```
1°  1500 fr. )         ( 200 )       ( = 300000 )   Or, 2310000 )   Et
2°  1500 fr. ) pendant ( 170 ) jours ( = 255000 )     — 869000 )  1441 : 6
3°  1500 fr. )         ( 140 )       ( = 210000 )     —————————  )   =
4°  2000 fr. )         (  52 )       ( = 104000 )     = 1441000  )  240f 17c.
                                        —————————
                                         869000
```

Le reliquat de compte = donc 10000 fr. — 6500 de capital + 240,17 = 3740 FR. 17 CENTIMES.

SECONDE SOLUTION.

Le 14 juin, versem^t de 1500^f sur 10000^f + 50 d'int.

  Il reste. . . . . 8550^f

Le 14 juillet, versem^t de 1500^f sur 8550^f + 42,75

  Il reste. 7092,75

Le 14 août, versem^t de 1500^f sur 7092,75 + 35,45

  Il reste. 5628,20

87 jours après, versem^t de 2000^f sur 5628,20 + 81,60

  Il reste. 3709,80

52 jours après, il faut ajouter l'int. 32^f15. Il vient **3741,95.**

Résultat qui diffère du précédent de 1 fr. 78 cent. — Traitée de cette manière, la question a quelque analogie avec celle du n° 283, 4° exemple.

304bis Ainsi, dans la *Banque*, l'intérêt et l'escompte se calculent toujours et avant tout sur le pied de 6 p. %.

Mais s'ils sont

A 1/2 %; on prend le 1/12 } du 6 %.
A 1   —   le 1/6 }
A 1 1/2   —   pour 1/2 et pour 1.
A 2   —   le 1/3 du 6 %.
A 2 1/2   —   pour 1/2 et pour 2.
A 3   —   la 1/2 du 6 %.
A 3 1/2   —   pour 1/2 et pour 3.
A 4   —   2 fois le 1/3 du 6 %.
A 4 1/2   —   pour 1/2 et pour 4, — ou l'on diminue du 1/4.

A 5, on prend le 1/6 du 6 %, et l'on retranche le second nombre du premier.

A 5 1/2, on prend pour 1/2 et pour 5, — ou l'on diminue du *douzième*.

Ex. : *Cherchez l'intérêt de* 2000 *fr. pendant* 180 *jours.*

SOLUTIONS : 2000 × 180 = 360000 ; 360000 : 1000 = 360.

A 6 % : Le 1/6 de 360 fr. = 60 *fr.* — Maintenant,

A 4 1/2 : Le 1/12 de 60 = 5 ; le 1/3 + le 1/3 de 60.

$= 20 + 20 = 40$; $5 + 40 = 45$ *francs*. Ou bien :
Le 1/4 de 60 $= 15$; $60 - 15 = 45$ *francs*.

A 5 % : Le 1/6 de 60 $= 10$; $60. - 10 = 50$ *francs*.

A 5 1/2 : On a $5 + 50 = 55$ *francs*. Ou bien : $60 - 5$ $= 55$ *francs*.

Dans le COMMERCE, *pour trouver l'intérêt et l'escompte à 2, 3, 4, 4 1/2, 5, 6 p. %, pendant un certain temps, on multiplie aussi la somme par le nombre de jours écoulés ; puis on divise 36000 par le taux, et enfin le 1er résultat par le second. — Ou bien : On multiplie le capital par les jours ; puis le produit par le taux, et l'on divise par 36000, c'est-à-dire d'abord par 1000, et successivement par 6 et 6, puisque $6 \times 6 = 36$.*

DES COMPTES DE TUTELLE.

305. 14e P. : *Un administrateur prête à 5 p. %, pour 3 ans, les 12000 fr. de fonds d'un mineur. A la reddition de compte, il prouve avoir payé 750 fr. 4 mois après le premier jour de sa gestion, et 400 fr. de 6 mois en 6 mois pour les besoins de son pupille. Combien remettra-t-il à ce dernier ?*

La loi accorde 6 mois, pendant lesquels le tuteur peut profiter des valeurs dont il est le dépositaire.

SOLUTION : Le *tuteur* doit 12000 fr. — 750 fr. $=$ 11250 fr., plus les intérêts de cette somme pendant 3 ans — 6 mois $= 2$ ans 1/2 $= 12713$ FR. 20 CENT.

D'un autre côté, le *pupille* doit ce qui suit :

	paiement		avec les int.		
1er		de 400 fr.,		de 2 ans 1/2 $= 452^f$ »	
2e		de 400		de 2 ans $= 441$ »	
3e		de 400		de 1 an 1/2 $= 430$ 50	Total
4e		de 400		de 1 an $= 420$ »	2553f50
5e		de 400		de 6 mois $= 410$ »	
6e		de 400 sans intérêt....		$= 400$ »	

Le tuteur redoit donc 12713f20 — 2553,50 $=$ 10159 *fr.* 70 *centimes.*

Si l'on avait calculé *l'intérêt simple*, on aurait eu : 11250 fr. pendant 2 ans 1/2 = 12656ᶠ25. — Puis : premier paicment 450 fr.; 2ᵉ 440 ; 3ᵉ 430 ; 4ᵉ 420 ; 5ᵉ 410 ; 6ᵉ 400. *Total* 2550 fr. Or, 12656,25 — 2550 = 10106 *fr.* 25 *cent.*

Ces sortes de comptes se tiennent aussi sur 2 pages du Registre. Au *Doit* ou au *verso*, on porte les dépenses faites ; à l'*Avoir* ou au *recto*, les valeurs reçues.

Résumé pour les Problèmes relatifs à l'intérêt simple et à l'escompte en dehors.

I. *Quel sera, dans* 18 *mois, l'intérêt de* 7420 *francs, à* 3 *fr.* 50 °/₀ *par an ?*

1ʳᵉ Sol. (Par l'*intérêt annuel* : 18 mois = 1 an 1/2). — 0 fr. 035 × 7420 = 259 fr. 70.

Pour 6 mois, la moitié = 129,85. En tout 389 fr. 55 c.

(On pourrait opérer de même, s'il s'agissait de 1, 2, 3, 4, 5, 6, 7, 8, 9... mois. En effet, 1 mois, c'est le 12ᵉ d'un an ; 2 mois, le 6ᵉ ; 3 mois, le *quart*; 4 mois, le *tiers*; 5 mois = 4 + 1 ; 7 mois = 6 + 1 ; 8 mois = 6 + 2 ; 9 mois = 6 + 3, ou 3 fois 3 mois, etc.)

2ᵉ Sol. (Méthode de l'*unité*). — $\frac{3,50 \times 18 \times 7420}{100 \times 12} = 389$ *fr.* 55 *centimes.*

Ou bien, en convertissant les 18 *mois* en 540 *jours* : $\frac{3,50 \times 540 \times 7420}{100 \times 60}$.

3ᵉ Sol. (Méthode des *Règles de trois*). — On dirait : 100 fr. procurent 3 fr. 50 d'intérêt en 12 mois. Combien 7420 fr. en procureront-ils en 18 mois ?

Donnée :   100 fr.   3 fr. 50   12 mois) $\frac{3,50 \times 7420 \times 18}{100 \times 12}$.
Question : 7420 x 18 —)

Si l'on avait réduit les mois en jours, on aurait eu :

Donnée :   100 fr.   3 fr.50   360 jours) Et ensuite
Question : 7420 x 540 —) $\frac{3,50 \times 7420 \times 540}{100 \times 360}$.

4ᵉ Sol. (Méthode du *Commerce*). — Ici, le premier procédé n'est pas possible, puisque 36000 n'est pas exactement divisible par 3,50. — Par le second, on a : (7420 × 540 × 3,50) : 1000 : 6 : 6 = 389 *fr.* 55 *c.*

— 188 —

5º Solution (Méthode de la *Banque*). — (7420 × 540) : 1000 : 6 = 667 fr. 80. — Le 12º de ce nombre = 55,65. La 1/2 du même nombre = 333,90. En tout 389 *fr.* 55 *c.*

6º Solution (Méthode des *Proportions*). — Remarquons que 18 mois font $\frac{18}{12}$ d'année, comme 540 jours font $\frac{540}{360}$ d'année. — Nous aurons :

$$100 : 3,50 \times \tfrac{18}{12} :: 7420 : x. \text{ Et } \frac{3,50 \times 18 \times 7420}{100 \times 12}$$

Le dénominateur 12, qui appartient à un *moyen*, multiplie les *extrêmes*.

II. *Dire quel est le capital qui a produit 1008 fr. en 10 mois, sachant d'ailleurs que l'intérêt a été calculé à 6 %, par an.*

1º Solution (Méthode de l'*unité*). — $\frac{100 \times 12 \times 1008}{6 \times 10} =$ 20160 *fr.*

2º Solution (Méthode des *Règles de Trois*). — On dirait : 6 fr. d'intérêt, pendant 1 an ou 12 mois, proviennent de 100 fr. De quelle somme 1008 fr., en 10 mois, proviennent-ils ?

$$\left.\begin{array}{lccc} \textit{Donnée}: & 6 \text{ fr.} & 12 \text{ mois} & 100 \text{ fr.} \\ \textit{Question}: 1008 & 10 & & x \end{array}\right\} \frac{100 \times 1008 \times 12}{6 \times 10}.$$

(.... Le capital placé 1 mois seulement, devrait être 12 fois plus fort, etc.)

3º Sol. (Méthode des *Proportions*). — $100 : 6 \times \tfrac{10}{12} :: x : 1008.$

On aura : $\frac{100 \times 1008 \times 12}{6 \times 10} =$ 20160 *francs.*

Dans de semblables expressions, considérées comme des fractions ordinaires, on peut très-souvent faire des *simplifications*. Ainsi, au lieu d'effectuer tous les calculs ci-dessus, on remarque que 10 *(dénominateur)* se divise lui-même ; on le supprime. Il divise aussi 100 *(numérateur)* ; or, 100 : 10 = 10. Voilà donc déjà le tout réduit à $\frac{10 \times 1008 \times 12}{6}$. Maintenant, 6 et 12 sont divisibles par 6. Les quotients = 1 et 2. 1 ne se pose pas ; de sorte qu'enfin, après avoir barré les chiffres éliminés, il reste 10 × 1008 × 2 = 20160 *francs.*

QUESTIONS GÉOGRAPHIQUES ET COSMOGRAPHIQUES.

306. 15º p. : 0,25 *centièmes d'heure, combien font-ils de minutes ?*

RÉPONSE : $0,25 \times 60 = 15$ *minutes.*

16° P. : *Quelle heure est-il à* Moscou, *quand il est midi à Paris ?* — Cette dernière ville est à 35 degrés *longitude* OUEST ou occidentale de l'autre, et 1 degré de différence correspond à 4 minutes.

RÉPONSE : $35 \times 4 = 140$ minutes ; $140 : 60 = 2$ *heures 20 minutes* de l'après-midi.

17° P. : *Quelle heure est-il à* Paris, *quand il est midi à* Moscou ?

RÉPONSE : Il est 12 heures — 2 heures 20 minutes $= 9$ *heures 40 minutes.*

18° P. : *Quelle heure est-il à* Paris, *quand il est 9 heures à* Copenhague ? — La longitude de *Copenhague,* par rapport à *Paris,* est orientale et de 10 degrés.

RÉPONSE : $4 \times 10 = 40$. Il est donc 9 heures — 40 minutes $= 8$ *heures 20 minutes.*

19° P. : *Quelle est la différence des heures de* Brest *et de* Turin ? — La longitude de *Turin* est 5° 24' EST et celle de *Brest,* 6° 49' OUEST du méridien de Paris.

RÉPONSE :

$$\begin{array}{l} 5° \ 24' \\ + \ 6° \ 49' \\ \hline = 12° \ 13' \end{array} \qquad \begin{array}{l} 12° \ 13' \\ \times \quad 4 \ (^1) \\ \hline 48' \ 52 \text{ secondes} \end{array} \qquad \left. \begin{array}{l} \text{Car } \tfrac{13}{60} \text{ de fois} \\ 4' = 4' \times 13 \\ = 52 \text{ secondes.} \end{array} \right.$$

Brest a donc midi 48 minutes 52 secondes après *Turin.* — Il en est de même pour toutes les autres heures.

20° P. : *Les horloges de 2 villes accusent une différence de 2 heures 20 minutes. A combien de degrés de longitude de distance ces villes sont-elles situées ?*

RÉPONSE : 2 heures 20' $= 140$ minutes ; $140 : 4 = $ à 35 *degrés.*

---

[1] En intervertissant l'ordre des facteurs.

11.

MANIÈRE DE TENIR LES REGISTRES

COMPTE DE M. GUSTAVE

Fournitures à lui faites[1]

				F.	C.
1873	Janv.	2	3 kilog. de savon blanc, à 1f 50c le kilo	4	50
	id.	9	2 litres de vin rouge, à 90c le litre	1	80
	Fév.	4	Pour 25 centimes de fil noir.	»	25
	Mars.	26	Un pain de fromage, pesant 6 kilog., à 1f 60c le kilo . .	9	60
	Avril.	17	75 centilitres d'huile d'olive, à 3f 40c le litre.	2	55
			Total.	18	70
	Juin.	8	Reçu à compte	6	70
			Reste dû, francs. . .	12	00

[1] C'est ainsi que tout marchand, en général, ouvre un compte aux personnes qui achètent à crédit. Il met les francs dans la colonne qui est intitulée *F.*, et les centimes dans celle qui a pour titre *C.* ou *cent.*

MODÈLE DE FACTURE

Amiens, le 30 décembre 1873.

Doit M. R***, *marchand à Doullens*, à L⁰ Gensse, *négociant à Amiens, pour vente et livraison des marchandises ci-dessous désignées ;*

SAVOIR

M.	C.		F.	C.	F.	C.
25	»	Velours noir, le mètre à	1	75	43	75
106	30	Velours bleu, superfin	2	40	255	12
98	»	Alépine de couleur	6	»	588	»
156	75	Napolitaine rose	4	10	642	67
42	»	Escot noir-bleu	3	85	161	70
60	»	Drap marron d'Elbeuf	25	»	1500	»
		TOTAL, *fr.*			3191	24

Nota. Dans les colonnes M. C., on place le nombre de mètres et de centimètres envoyés. — Souvent la facture fait connaître quel *délai* est *accordé* pour le paiement, et le taux de l'escompte (la remise), pour les achats au comptant, ou même à 90 jours.

MÉMOIRE

DES OUVRAGES DE CORDONNERIE

Faits à **M.** Ancelin, *propriétaire à.....*
Par Jean-Louis Dufour, *cordonnier à.....*

			r.	c.
1873. Octobre.	4	Livré une paire de bottes à M. Ancelin fils	18	»»
Décemb.	17	Raccommodé un soulier à Madame.	»»	75
1874. Janvier.	24	Ressemelé les brodequins de M. Ancelin	3	»»
id.	30	Remonté une paire de bottes au même	12	»»
		Total.	33	75

Pour acquit, le 8 février 1874.

J.-L. Dufour.

L'acquit ci-dessus suppose que M. Ancelin a payé la somme de 33 fr. 75 c., lorsque le mémoire lui a été présenté.

EXERCICES. — Faire les *Mémoires* du cultivateur, du maréchal, du charron, du menuisier, de l'épicier, du boulanger, du débitant de boissons, du mercier, du teinturier, du boucher, du pharmacien, etc.; les *Factures* du libraire, du négociant, du m^d de vins, du quincaillier, du m^d tailleur, etc.

MODÈLES
DE REÇUS, QUITTANCES, BILLETS, ETC.

Reçu d'une somme pour une cause quelconque.

Reçu de M. V. *trois cents francs* qu'il me devait, pour une fourniture de laines, que je lui ai faite le 5 juillet 1872.

Bourges, le premier janvier, mil huit cent....

T.-V. Soyez.

QUITTANCE SIMPLE.

Je, soussigné, reconnais avoir reçu de M. P***, *quatre cent vingt francs*, que je lui avais prêtés, pour employer à ses besoins, dont quittance.

Rouen, le dix novembre, mil huit cent....

(Signature.)

QUITTANCE DE LOYER.

Je, soussigné, reconnais avoir reçu de M. Napoléon Helluin, mon locataire, la somme de *cent quarante-cinq francs,* pour un trimestre de loyer échu, de la maison qu'il tient de moi; dont quittance pour solde, jusqu'à ce jour.

Amiens, le..., mil huit cent...

Adr. Guerrier.

QUITTANCE DE FERMAGE.

Je, soussigné, reconnais avoir reçu de M. D***, cultivateur, demeurant à..., la somme de *soixante francs,* pour le terme échu du fermage de deux pièces de terre, qu'il tient de moi ; dont quittance.

A......, le vingt-cinq décembre, mil huit cent....

(Signature du propriétaire.)

BILLET SIMPLE.

Je, soussigné, reconnais devoir et promets payer, le dix mars prochain, à M. Cour, la somme de *cinq cent trente-sept francs*, qu'il m'a prêtée pour mes besoins.

Dijon, le..... mil huit cent....

Bon pour cinq cent trente-sept francs.

J.-B. BOULANGER.

BILLET A ORDRE.

Le huit août prochain, je paierai, en mon domicile, à M. Verdure ou à son ordre, la somme de *mille francs*, valeur reçue en espèces (*ou en marchandises, etc.*).

Annecy, le......, mil huit cent....

Bon pour mille francs.

Émile PLUCHARD.

ENDOSSEMENT DU BILLET A ORDRE.

Payez à l'ordre de M. L***, valeur reçue comptant (*en compte ou en marchandises*).

Marseille, le....., mil huit cent,......

VERDURE.

ACQUITTEMENT DU BILLET.

Pour acquit, le....., mil huit cent.....

L***, *fabricant.*

OBLIGATION SIMPLE POUR ARGENT DU.

Je, soussigné, T*** (Louis-Auguste), ménager, demeurant à......, reconnais devoir à M. H*** (Charles), rentier à........., la somme de *neuf cents francs,* valeur reçue comptant; laquelle somme je m'oblige à lui rendre et payer avec intérêts à *cinq* pour cent par an (*ou sans intérêts*), dans un an de ce jour (*ou à sa première réquisition*).

Laon, le vingt-quatre février, mil huit cent....

T***, Louis-Auguste.

TRAITE OU MANDAT.

Paris, le 7 octobre 1873.   *B. P. F.* 59,40.

Au trente-un janvier prochain, veuillez payer, contre ce présent mandat, à mon ordre (*ou à l'ordre de M....*), la somme de *cinquante-neuf francs quarante centimes,* montant de votre facture du 3 du courant.   Delamotte.

A Monsieur *Calippe,*
tapissier, rue Nationale,   *Retour sans frais.*
10, à Péronne.   (Motif du refus.)

LETTRE DE CHANGE.

Beauvais, le 30 avril 1873.   *B. P. F.* 300.

A présentation (*ou à vue*), il vous plaira payer, par cette seule lettre de change, à M. X***, ou à son ordre, la somme de *trois cents francs,* valeur reçue en compte, *ou en espèces,* etc.

A Monsieur Bonard, Nég^t.   (*Signature du tireur*).
Place Bellecourt, à Lyon.

    Retour sans frais.

Dans ces sortes d'écritures, *les sommes et les dates se mettent en toutes lettres, et l'on exprime la cause* pour laquelle la somme est due ou a été prêtée.

QUESTIONNAIRE GÉNÉRAL.[1]

PREMIÈRE LEÇON. — *Notions préliminaires.* = 1. Qu'est-ce qu'une grandeur ou quantité ? — 2. Comment se forme-t-on une idée exacte d'une grandeur? — 3. Que nomme-t-on unité ? — 4. Qu'est-ce qu'un nombre? — 5. un nombre entier ? — un nombre fractionnaire? — une fraction ? — 6. Quand le nombre est-il concret? — abstrait? — 7. Qu'est-ce que le calcul? — Quelles sont les opérations fondamentales de l'arithmétique ? — Pourquoi les nomme-t-on ainsi? — 8. Comment forme-t-on les nombres? — Peut-on en trouver la limite ?

2e LEÇON. — *Numération.* = 9. Qu'est-ce que la numération ? — Comment la divise-t-on ? — Qu'est-ce que la numération parlée ? — écrite? — 10. Quels sont les 9 premiers nombres? — Quel autre nom portent-ils? — Qu'est-ce qu'une dizaine ? — Comment compte-t-on par dizaines ? — Quel nom donne-t-on à une dizaine ? — à deux dizaines? etc. — 11. Quels sont les nombres compris entre une dizaine et deux dizaines ? — entre deux dizaines et trois dizaines? etc. — 12. Qu'est-ce qu'une centaine ? — Quel en est l'ordre d'unité? — 13. Quels sont les nombres compris entre cent et deux cents ? etc.

3e LEÇON. — *Suite de la numération parlée.* = 14. Quelle est la première classe d'unités? — la seconde? — la troisième ? etc. — Comment compte-t-on par mille? — 15. Qu'est-ce qu'un million ? — 16. un billion? etc. — Comment s'appellent encore les billions ? — 17. Résumez la numération parlée. — 18.

Que résulte-t-il de là ? — Combien valent dix unités d'un ordre dans un ordre supérieur ? — 19. Emploie-t-on beaucoup de mots dans l'exposé de la numération?

4e LEÇON. — *Numération écrite.* = 20. Pourquoi a-t-on inventé les chiffres ? — Comment se nomment-ils? — 21. Quel est le principe fondamental de la numération ? — 22. Comment appelle-t-on le 10e chiffre ? — 23. Qu'est-ce que le zéro ? — Combien les chiffres significatifs ont-ils d'espèces de valeurs ? — Qu'est-ce que la valeur absolue d'un chiffre? — la valeur relative?

5e LEÇON. — *Manière de lire les nombres entiers.* = 24. Dans un nombre de trois chiffres, qu'exprime le 1er chiffre à droite ? — le 2e ? — le 3e ? — Par quelles lettres se représentent les unités, les dizaines, les centaines ? — 25. Que fait-on pour lire un nombre entier écrit en chiffres ? — Quel nom donne-t-on à la 1re tranche à droite? — à la 2e ? — à la 3e ? etc. — La dernière tranche à gauche a-t-elle toujours trois chiffres ? — 26. Énoncez la règle générale à suivre, pour lire un nombre entier quelconque écrit en chiffres.

6e LEÇON. — *Manière d'écrire les nombres entiers.* = 27. Représenter cinq cent quarante-deux mille huit cent vingt-trois. — 28. — six millions cinquante-quatre. — 29. De quelle manière écrit-on en chiffres un nombre entier? — Qu'appelle-t-on système de numération ? — Comment notre système se nomme-t-il? et pourquoi ? — 30. Comment rend-on un nombre entier 10, 100, 1000... fois plus fort ? — 31. — 10, 100, 1000. . fois moindre, lorsqu'il se termine par des zéros ? — 32. Que devient-il, quand on écrit ou que l'on supprime des zéros à sa gauche?

7e LEÇON. — *Opérations fondamentales de l'arithmétique.* = 33. Qu'est-ce que l'arithmétique? — Quelles sont les opérations qui servent à composer les nombres? — à les décomposer? — 34. Nommer les signes abréviatifs employés dans les principaux calculs. — 35. Combien de choses à considérer dans une opération? — Définissez chacune d'elles. — La preuve donne-t-elle la certitude qu'un résultat est exact? — Pourquoi? — 36. Qu'est-ce qu'un nombre *usuel*? — Exemples. — 37. Quand les chiffres arabes ont-ils été bien connus? — Comment comptait-on auparavant?

8e LEÇON. — *De l'Addition*. = 38. Qu'est-ce que l'addition? — Pourquoi ne doit-on pas ajouter des nombres qui ne sont pas de même espèce? — 39. Comment additionne-t-on les nombres d'un seul chiffre? — 40. Expliquez l'addition de ce numéro. — 41. Comment opère-t-on dans la pratique? — 42. Quelle est la règle générale de l'addition? — Obtient-on ainsi le résultat cherché?

9e LEÇON. — 43. *Pourquoi l'on commence l'addition par la droite*. = 44. Résumez cette explication. — 45. Quels sont les usages de l'addition? — 46. Comment fait-on la preuve d'une addition? — Quand sait-on que l'opération est bien faite? — mal faite? — 47. Pourquoi ce procédé est-il le plus souvent mis en pratique?

10e LEÇON. — *De la Soustraction*. = 48. Qu'est-ce que la soustraction? — 49. Quel en est le premier cas? — le second cas? — Sur quel principe est basée la soustraction du second cas? — 50. Donner un exemple et le raisonner. — 51. Manière d'opérer dans la pratique. — 52. Comment fait-on une soustraction? — Que faut-il faire, quand un chiffre inférieur est plus fort que son correspondant supérieur? — Obtient-on ainsi le résultat cherché?

11e LEÇON. — 53. *Pourquoi l'on commence la soustraction par la droite*. = 54. Quels sont les usages de cette opération? — 55. Comment fait-on la preuve de l'addition par la soustraction? — 56. Quelle est la manière d'opérer dans la pratique? — 57. Quelle règle concluez-vous de là? — 58. Comment s'assuret-on qu'une soustraction est exacte ? — Pourquoi agit-on ainsi ? — N'y a-t-il pas encore un autre moyen ?

12ᵉ LEÇON. — *De la Multiplication.* = 59. Qu'est-ce que multiplier un nombre par un autre ? — Que nomme-t-on multiplicande ? — multiplicateur ? — produit ? — Quels sont les facteurs ? — 60. Qu'est-ce que la multiplication ? — Donnez une autre définition. — 61. La multiplication n'est-elle pas une addition abrégée ? — 62. Que résulte-t-il de la définition de la multiplication ? — Combien de cas à considérer ? — 63. Comment opère-t-on dans le premier cas ? — Manière de construire la table de Pythagore et de s'en servir. — Récitez les produits des neuf premiers nombres deux à deux. — 64. Qu'appelle-t-on multiple ? — sous-multiple ? — carré ? — racine carrée ? — cube ? — racine cubique ?

13ᵉ LEÇON. — *Suite de la multiplication.* = 65. Quel est le second cas de la multiplication ? — 66. Énoncez la règle générale à suivre, pour multiplier un nombre composé par un nombre simple. — En opérant de cette manière, a-t-on le produit demandé ? — Pourquoi ?

14ᵉ LEÇON. — *Fin de la multiplication.* = 67. Quel est le troisième cas de la multiplication ? — 68. Comment multiplie-t-on un nombre composé par un autre ? — 69. La règle à suivre est-elle la même, quand il y a un ou plusieurs zéros entre deux chiffres significatifs au multiplicateur ? — 70. Pourquoi commence-t-on la multiplication par la droite ?

15ᵉ LEÇON. — *Intervertissement des facteurs.* = 71, 72. Quel est le premier principe de cet intervertissement ? — Démontrer cette vérité. — Que concluez-vous de là ? — 73. Que devient un produit, quand on rend l'un des facteurs 2, 3, 4... fois plus fort ? — plus faible ? etc. — 74, 75, 76. Expliquer les principes correspondants à ces numéros.

16ᵉ LEÇON. — *Cas où l'on abrége la multiplication.* = 77. Comment multiplie-t-on un nombre entier par

10, 100, 1000, etc. ? — 78. un nombre par un autre suivi de zéros ? — 79. La manière d'opérer est-elle encore la même pour le troisième cas abréviatif ? — 80. Comment fait-on la preuve de la multiplication ? — 81. Quels sont les usages de cette opération ?

17e Leçon. — *De la Division.* = 82. Expliquer la première et la seconde question de ce numéro. — 83. Qu'est-ce que la division ? — Comment peut-on encore la définir ? — Qu'est-ce que le dividende ? — le diviseur ? — le quotient ? — 84. Prouver que la division est une soustraction abrégée. — 85. Que résulte-t-il de la définition de la division ?

18e Leçon. — *Suite de la division.* = 86. Quel est le premier cas de la division ? — Comment se fait la division dans ce cas ? — Dites comment on peut se servir de la table de Pythagore. — 87. Quel est le second cas de la division ? — Comment opère-t-on alors ? — Raisonnez les exemples correspondants à ce n° et au n° 88.

19e Leçon. — *Suite de la division.* = 89. Quel est le troisième cas de la division ? — 90. Qu'indique le reste que l'on obtient parfois ? — 91. Énoncez la règle générale de la division. — Où écrit-on chaque chiffre du quotient ? (*A la droite du précédent.*) — En observant cette règle, a-t-on toujours le quotient cherché ? — Dites pourquoi.

20e Leçon. — *Manière abrégée d'effectuer la division.* = 92. Comment fait-on la division, quand le diviseur est un nombre simple ? — 93. quand le dividende et le diviseur sont deux nombres composés ? — 94, 95. Indiquez les divers procédés qui épargnent les tâtonnements. — 96. Que faut-il savoir, pour diviser un nombre entier suivi de zéros, par 10, 100, 1000 ? etc. — 97. quand le dividende et le diviseur finissent par des zéros ?

21e Leçon. — *Remarques sur la division.* = 98. Que devrait-on observer, si un dividende partiel était moindre que le diviseur ? — 99. Quand est-ce que le chiffre posé au quotient est trop faible ? — trop fort ? — 100. Un dividende partiel peut-il donner plus de 9 au quotient ? — 101. Combien le quotient doit-il avoir de chiffres ? — 102. Pourquoi commence-t-on la division par la gauche ?

22ᵉ LEÇON. — *Preuves des opérations fondamentales.* = 103. Preuve par 9 de l'addition. — 104. de la soustraction. — 105. Quelle est la première manière de faire la preuve de la multiplication ? — Quelle est la seconde ? — la troisième ? — la quatrième ? — 106. Comment fait-on la preuve de la division ? — Parlez de la preuve par 9. — 107. Sur quel principe est-elle fondée ? — 108. Quels sont les usages de la division ? — 109. De quelle nature sont les unités du quotient ?

23ᵉ LEÇON. — *Fractions décimales. Numération.* = 110. Expliquez la formation des décimales. — Qu'est-ce qu'une fraction décimale ? — 111. Quel est le principe fondamental de la numération décimale ? — Quelle est la place des dixièmes ? — des centièmes ? etc. — Comment distingue-t-on les décimales des entiers ? — 112. Qu'appelle-t-on nombres décimaux ? — 113, 114. Comment lire un nombre décimal ? — 115. Comment l'écrire en chiffres ? — 116. Que devient un nombre décimal, quand on avance sa virgule ? — 117. quand on la recule ? — 118. quand on écrit des zéros à sa droite ?

24ᵉ LEÇON. — *Addition et soustraction des nombres décimaux.* = 119. Comment fait-on l'addition des nombres décimaux ? — 120. Ne peut-on pas écrire des zéros à leur droite ? — Quand est-il bon de les ajouter ? — 121. Raisonner l'exemple de ce numéro. — 122. Lorsque l'un des deux nombres a moins de décimales que l'autre, est-ce bien embarrassant ? — Comment se fait la soustraction des nombres décimaux ?

25ᵉ LEÇON. — *Multiplication des nombres décimaux.* = 123. De quelle manière multiplie-t-on un nombre décimal par 10, 100, 1000 ? — 124. Donnez un exemple de multiplication pour deux nombres décimaux quelconques. — 125. Concluez la règle. — Quand le produit n'a pas autant de décimales qu'il y en a dans les deux facteurs, que faut-il faire ?

26e Leçon. — *Division des nombres décimaux.* = 126. Comment divise-t-on un nombre décimal par 10, par 100, par 1000 ? etc. — un nombre entier quelconque par les mêmes quantités ? — 127. Quand le diviseur finit par des zéros, comment opère-t-on ? — 128. Quand le dividende et le diviseur ont le même nombre de décimales ? — 129. Quand l'un en a plus que l'autre ? — 130. Énoncez la règle générale. — 131. Est-il toujours nécessaire d'observer rigoureusement cette règle ?

27e Leçon — *Quotients complétés ou approchés.* = 132, 133. Comment pousse-t-on en décimales le reste d'une division de nombres entiers ? — 134. Qu'est-ce qu'obtenir le quotient à un dixième, à un centième, à 0,001... près ? — Comment opère-t-on alors ? — 135. Que savez-vous sur les fractions périodiques ? — 136. Comment se font les preuves des opérations fondamentales sur les nombres décimaux ? — 137, 138, 139. Interroger au moyen de ces numéros.

28e Leçon. — *Des fractions ordinaires.* = 140. Qu'entendez-vous par fraction ordinaire ? — 141. Qu'est-ce que le dénominateur ? — le numérateur ? — 142. Comment lit-on une fraction ? — Quelles sont les exceptions ? — 143. Comment l'écrit-on ? — Comment met-on l'unité sous forme de fraction ? — 144. Qu'est-ce qu'une expression fractionnaire ? — Comment en extrait-on les entiers ? — 145. Qu'est-ce qu'un nombre fractionnaire ? — Comment le convertit-on en expression fractionnaire ?

29e Leçon. — *Changements qu'éprouve une fraction.* = 146. Que devient une fraction, quand on ajoute au numérateur seulement ? — 147. quand on diminue son dénominateur ? — 148. son numérateur ? — 149.

quand 'on augmente son dénominateur ? — 150
quand on multiplie son numérateur seulement ? —
151. quand on divise son dénominateur? — 152. son
numérateur ? — 153. ou qu'on multiplie son dénominateur ? — 154. quand on multiplie ses deux
termes? — 155. ou quand on les divise par une même
quantité ? — 156. quand on ajoute ou quand on
retranche un nombre égal en haut et en bas ?

30e Leçon. — *Simplification des fractions et réduction à leur plus simple expression.* = 157. Qu'est-ce
que simplifier une fraction? — 158. A quoi reconnaître
qu'un nombre est divisible par 2, 5, 4, 8, 9, 3, 6, 12,
15 ? — 159. par 7 ? — 160, 161. Comment simplifie-t-
on les fractions ? — 162. Que nomme-t-on commun
diviseur ? — plus grand commun diviseur ? — 163.
Qu'est-ce que réduire une fraction à sa plus simple
expression ? — 164. Comment obtenir le plus grand
commun diviseur ? — Qu'est-ce que des nombres
premiers ? — des nombres premiers entre eux ? —
165. Réduisez quelques fractions à leur plus simple
expression. — 166. Comment se fait cette réduction ?
— Qu'entendez-vous par fraction irréductible ?

31e Leçon. — *Réduction au même dénominateur.* =
167. Qu'est-ce que réduire des fractions au même
dénominateur ? — Combien de cas à considérer ? —
168. Comment opère-t-on dans le premier cas ? —
169. dans le second cas? — 170. La réduction se fait-
elle toujours ainsi ? — Quelle est la première méthode
abrégée ? — 171. Quelle est la seconde ? — Par ces
changements, n'altère-t-on pas la valeur des fractions ? — Les réduit-on au même dénominateur ? —
Cela n'est-il pas évident pour le dénominateur
multiple, obtenu d'avance ?

32e Leçon. — *Addition des fractions ordinaires.* =
172. Qu'est-ce que l'addition ? — Combien y a-t-il
de cas à considérer dans l'addition des fractions ordinaires? — Comment opère-t-on, quand les fractions
ont le même dénominateur ? — 173. Énoncez la

règle à suivre dans l'addition du second cas. — 174. Comment additionne-t-on les nombres fractionnaires ? — 175. les expressions fractionnaires ?

33e Leçon. — *Soustraction des fractions à 2 termes.* = 176. Qu'est-ce que la soustraction ? — Combien de cas dans la soustraction des fractions ? — Quelle règle suit-on pour le premier cas ? — 177. Que fait-on, quand les fractions n'ont pas le même dénominateur ? — 178. Faire la soustraction de quelques nombres fractionnaires. — 179. Concluez.

34e Leçon. *Multiplication des fractions.* = 180. Désignez les trois cas de la multiplication des fractions. — 181. Comment multiplie-t-on une fraction par un nombre entier ? — 182. un nombre entier par une fraction ? — 183, 184. une fraction par une autre ? — 185. Dites de quelle manière se fait la multiplication des expressions fractionnaires. — des nombres fractionnaires.

35e Leçon. — *Division des fractions ordinaires.* = 186. Qu'est-ce que la division ? — Comment le quotient se compose-t-il avec le dividende ? — Qu'est-ce que cela veut dire ? — Quels sont les trois cas de la division des fractions ? — 187. Comment divise-t-on une fraction par un nombre entier ? — 188. un nombre entier par une fraction ? — 189, 190. une fraction par une autre ? — 191. Parlez de la division des expressions fractionnaires. — des nombres fractionnaires.

36e Leçon. — *Fractions de fractions. — Conversions.* = 192. Que nomme-t-on fractions de fractions ? — 193. Comment évalue-t-on les fractions de fractions ? — 194. Et quand il y a un nombre entier parmi les fractions ? — Ne doit-on pas quelquefois faire des simplifications ? — 195. Comment peut-on considérer une fraction ordinaire ? — 196, 197. Quel est le moyen de la convertir en fraction décimale ? — 198. Énoncez la règle de ce numéro.

37e Leçon. — *Système métrique.* = 199. Qu'est-ce

qu'une mesure ? — une mesure effective ? — de compte ? — Que peut-on avoir à comparer ? — 200. Combien y a-t-il d'espèces de mesures ? — Nommez leurs unités respectives. — Qu'est-ce que le système métrique ? — Pourquoi le nomme-t-on métrique ? — légal ? — 201. Que signifient les mots déca, hecto, kilo, myria ? — 202. les mots déci, centi, milli ? — 203. Comment se nomment les premiers ? — les seconds ? — Combien de mots nouveaux dans le système métrique ?

38ᵉ Leçon. — *Mesures de longueur.* = 204. Qu'appelle-t-on mesures de longueur ? — Quels sont les multiples du mètre ? — Nommez les mesures itinéraires. — 205. Quels sont les sous-multiples du mètre ? — Que vaut le mètre en décimètres, en centimètres, en millimètres ? — 206. A quoi doit être proportionnée une mesure ? — Que résulte-t-il de là ? — 207. Quelles sont les mesures réelles de longueur, autorisées ? — 208. Quelle est la numération des nouvelles mesures ? — Conséquence pour les opérations fondamentales.

39ᵉ Leçon. — *Mesures de surface.* = 209. Qu'est-ce que les mesures de surface ? — Comment se divisent-elles ? — 210. Quelle est l'unité des surfaces proprement dites ? — Qu'est-ce que le mètre carré ? — Quels en sont les multiples ? — les sous-multiples? — Que nomme-t-on mesures topographiques ? — 211. Que vaut le mètre carré ? — le décimètre carré ? — le centimètre carré ? — 212. Que résulte-t-il de là ? — Parlez des usages du mètre carré. — 213. Qu'appelle-t-on mesures agraires? — Qu'est-ce que l'are ? — Quel en est le multiple ? — le sous-multiple ?

40ᵉ Leçon. — *Mesures de volume.* = 214. Définir les mesures de volume. — Quelle en est l'unité ? — Qu'est-ce que le mètre cube ? — Combien de rangs occupent les décimètres cubes ? — les centimètres cubes ? etc. — 215. Que résulte-t-il de là ? — Quelle différence entre le décimètre cube et le dixième du mètre cube ? — Usages du mètre cube. — 216. Qu'est-ce que le stère ? — Quel est son multiple ? — son sous-multiple ? — Comment mesure-t-on les bois de chauffage ? — 217. Et quand les bûches ont plus ou moins d'un mètre ?

41e Leçon. — *Mesures de capacité.* = 218. Qu'entendez-vous par mesures de capacité ? — Quelle en est l'unité principale ? — Qu'est-ce que le litre ? — Quelle forme lui donne-t-on dans le commerce ? — — Nommez les multiples et les subdivisions du litre. — 219. Mesures de capacité autorisées. — A quoi sert le litre ? — le décalitre ? — l'hectolitre ? — le décilitre ? — 220. Donnez quelques détails sur la construction de ces mesures.

42e Leçon. — *Mesures de poids.* = 221. A quoi servent-elles ? — Quelle est l'unité des mesures de poids ? — Qu'est-ce que le gramme ? — Quels en sont les multiples ? — les sous-multiples ? — 222. Comment se fait la numération des mesures de poids ? — Que faut-il connaître pour pouvoir peser les objets ? — 223. Exemple. — Comment se sert-on de la balance ? — 224. Quel est le volume du kilogramme ? — 225. Comment se divisent les poids ? — Quelques notions sur ceux qui sont en usage.

43e Leçon. — *Mesures monétaires.* = 226. Qu'appelle-t-on mesures monétaires ? — Qu'est-ce que le franc ? — A quoi sert le cuivre de la pièce ? — 227. Quelles sont les subdivisions du franc ? — 228. Dites un mot des *titres* de l'argent et de l'or. — 229. du bronze. — 230. Dites quel est le poids des différentes pièces. — 231. Quel en est le diamètre ? — Comment, avec ces pièces, trouve-t-on la longueur du mètre ? — 232. Comment les nouvelles mesures dérivent-elles de leur base ? — 233. Citez les avantages du système métrique.

44e Leçon. — *Règle de trois.* = 234. Qu'est-ce qu'une règle de trois ? — Combien de sortes de règles de trois ? — Quand la règle de trois est-elle simple ? — composée ? — 235. Combien y a-t-il de parties à considérer dans une règle de trois ? — Quel est le moyen de résoudre ces sortes de règles ? — 236. N'en connaissez-vous pas un autre ?

45ᵉ Leçon. — *Règle de trois composée.* = 237. Pourquoi cette règle est-elle ainsi nommée ? — Comment pose-t-on les termes pour la solution ? — Que représente la lettre x ? — Ne peut-on pas faire, parfois, des simplifications ? — Comment se font-elles ? — 238. Résolvez quelques problèmes ou règles de trois composées.

46ᵉ Leçon. — *Règle d'intérêt.* = 239. Qu'est-ce que la règle d'intérêt ? — l'intérêt ? — le capital ? — le taux ? — 240. Quand l'intérêt est-il simple ? — composé ? — Combien y a-t-il de choses à considérer dans les règles d'intérêt ? — 241. Quel est le premier cas ? — 242. le second cas ?

47ᵉ Leçon. — *Suite de la règle d'intérêt.* = 243. Quel est le troisième cas de la règle d'intérêt simple ? — 244. le quatrième cas ? — 245, 246. N'existe-t-il pas des méthodes uniformes pour tous les cas ? — Par la dernière méthode, lorsqu'il y a des mois et des jours d'énoncés, ne les exprime-t-on pas en fraction ?

48ᵉ Leçon. — *Règle d'intérêt composé.* = 247. Y a-t-il avantage à prêter à intérêt composé ? — 248. Résolvez le problème de ce numéro. — 249, 250, 251. Faites connaître un procédé plus expéditif, pour calculer cette sorte d'intérêt. — 252, 253, 254. Manière de se servir de la table. — 255. Remarque à faire au sujet de l'accroissement du capital.

49ᵉ Leçon. — *Règle d'escompte.* = 256. Qu'est-ce que la règle d'escompte ? — l'escompte lui-même ? — Cette retenue est-elle licite, légitime ? — 257. Combien de sortes d'escompte ? — Qu'est-ce que l'escompte en dedans ? — en dehors ? — 258. Quelle différence entre l'intérêt et l'escompte ? — 259. Quel est l'escompte en usage en France ? — 260. Comment se calcule-t-il ? — Les agents se contentent-ils tou-jours de l'escompte ? — Qu'est-ce que le change ? — 261. Exercice d'escompte en dedans.

50ᵉ Leçon. — *Règle de société.* = 262. Qu'est-ce que cette opération ? — Pourquoi l'a-t-on nommée ainsi ? — 263. Combien de sortes de règles de société ? — Quand cette règle est-elle simple ? — composée ? — Quels sont les principes qui servent de base pour la répartition ? — 264. Que faut-il faire, pour qu'il n'y ait pas d'erreur sensible dans les résultats ? — Ne peut-on pas ramener les questions composées à des questions plus simples ? — 265. S'il se trouvait une différence, serait-ce bien difficile de la rectifier ?

51ᵉ Leçon. — *Règle de troc.* — *Règle de mélange.* = 265. Qu'est-ce que la règle de troc ? — 267. Les mots mélange et alliage signifient-ils la même chose ? — A quoi les applique-t-on ? — Combien y a-t-il d'es-pèces de règles de mélange ? — Définissez celle de la première espèce. — 268. Comment obtient-on la moyenne de plusieurs résultats ?

52ᵉ Leçon. — *Règle de mélange de seconde espèce.* = 269. Qu'est-ce que la règle de mélange de seconde espèce ? — Qu'y a-t-il à remarquer dans les prix des marchandises ? — En quoi consiste l'opération que l'on fait alors ? — 270. Quels sont les deux principes sur lesquels elle repose ? — Quelques-uns de ces problèmes, ne sont-ils pas susceptibles de bien des solutions ? — 271. Indiquez une autre méthode.

Notions supplémentaires. — *Règle de change.* = 272. Parlez de la règle du *cent* et du *mille*. — de la règle des *moyennes*. — 273. de la règle de change. — Le change est-il toujours le même ? — 274. Comment se font les règles de commission, de courtage, d'as-surance, etc. ?

Rentes ou fonds publics. = 275. Qu'entend-on par fonds publics ? — Comment rentre-t-on dans ses fonds ? — 276. Les fonds publics ont-ils toujours la

même valeur ? — Quand sont-ils en hausse ? — en
baisse ? — 277. Dites les principaux emprunts. —
Quel est le cours de la rente ? — Quand est-il au
pair ? — Que savez-vous sur le courtage ?

Actions et *Obligations.* = 278. Faites connaître ces
opérations.

Caisses d'épargne. = 279. Qu'est-ce que les caisses
d'épargne ? — Comment se font les dépôts? — Peut-
on facilement retirer ses fonds ? — 280. Les caisses
d'épargne sont-elles utiles ? et pourquoi ? — 281,
282. Ne connaissez-vous pas un moyen particulier
d'en calculer les intérêts ? — Que fait-on pour cela ?

Annuités et amortissements. = 283. Qu'appelle-t-on
annuité ? — Au moyen de quoi calcule-t-on facilement les annuités ? — Si les sommes remboursées
étaient inégales, quelle serait la marche à suivre ?

Règle du temps pour les paiements. = 284. En quoi
consiste cette opération ? — Combien y a-t-il de cas
à considérer ? — Opérez sur quelques exemples. —
Le quatrième et dernier cas, n'a-t-il pas de l'analogie
avec les règles de mélange de seconde espèce ?

Nombres complexes. = 285. Qu'appelle-t-on nombres
complexes ? — Quelles sont les unités complexes
autorisées ? — Comment divise-t-on l'année ? — la
circonférence ? — 286 à 289. Raisonner les exemples.
— 290. Comment trouve-t-on les mois et les jours
contenus dans une fraction décimale d'année ?

Problèmes divers avec leurs solutions. = 291 à 306.
Interroger au moyen de ces numéros. — Établir un
compte courant. — Faire une facture, un mémoire,
un reçu, une quittance, un billet à ordre, une obligation, une traite, une lettre de change. — Qu'y a-
t-il à observer dans ces sortes d'écritures ?

TABLE DES MATIÈRES

POUR LA 1re PARTIE.

RECUEIL DE PROBLÈMES

GRADUÉS ET VARIÉS

SUR TOUTES LES OPÉRATIONS ORDINAIRES DU CALCUL
ET PRINCIPALEMENT SUR LE SYSTÈME MÉTRIQUE

On nomme **Problème** une question à résoudre. Résoudre un problème, c'est faire la réponse ou la solution demandée. Deux choses sont nécessaires pour cela : 1° il faut déterminer quelles opérations on doit faire; 2° il faut savoir effectuer ces opérations. L'une et l'autre de ces connaissances s'apprennent par le raisonnement et l'usage.

Exercices de Numération.

Nombres à lire :

1° 846, — 658, — 705, — 507, — 700, — 914.

2° 1952, — 2591, — 5912, — 4016, — 5006, — 9000.

3° 45678, — 87325, — 90001, — 40906, — 60300.

4° 804605, — 738064, — 965007, — 112233.

5° 2469325, — 1320052, — 2376405, — 5260004.

6° 54321948, — 90406051, — 320506049.

7° 301, — 76504, — 4055, — 30000, — 50498760.

8° 1105035, — 291046, — 8000057.

Nombres à écrire en chiffres :

9° Huit cent cinquante-quatre; — neuf cent quatorze; — cinq cent dix.

10° Trois mille quatre cent trente-cinq; — huit mille un; — mille trente; — six mille cinquante-sept.

11° Vingt-cinq mille quatre cent douze; — douze

mille trois cents; — huit mille deux; — quatre-vingt-quatorze mille

12° Neuf cent vingt-huit mille trois; — trois cent mille onze; — cinq cent soixante-dix-sept mille cinq cent trois.

13° Deux millions douze unités; — cinq millions cent soixante; — six millions quatre-vingt-dix-huit mille cinq.

14° Trente-huit millions cinq cent mille six; — quarante millions; — six millions soixante-six; — vingt-cinq millions.

15° Cinq cent douze millions neuf cent mille un; — deux cents millions treize mille; — quatre cent quatre-vingt-dix-neuf mille sept cent soixante-dix-sept.

16° Douze; — cinq cent deux; — huit cent cinq mille; — quatre-vingt-quinze; — trente mille vingt-huit; — six cent quatorze millions neuf cent trois.

17° Rendre 10 fois plus grands les nombres 854, 914, 510.

18° Rendre 100 fois plus grands les nombres 3435, 8001, 1030, 6050.

19° Rendre 1000 fois plus forts les nombres 25412, 12300, 8002, 94000.

20° Rendre 10 fois plus petit chacun des nombres suivants : 30, 400, 2200, 4550.

21° Rendre 100 fois plus faibles les nombres 3300, 1000, 61000, 3200.

22° Rendre le nombre 31, d'abord 10 fois plus fort; puis 100 fois, 1000 fois, 10000 fois.

23° Rendre le nombre 31000, d'abord 10 fois moindre, puis 100 fois; puis 1000 fois.

Exercices sur l'Addition des nombres entiers.

24° Faites les additions suivantes, et vérifiez :

1°		2°		3°	
	3854		73248		150732
+	925	+	94156	+	6782
+	63871	+	7824	+	48210

4°		5°		6°	
	24680		90988		1123
+	13579	+	774321	+	456
+	4256	+	81766	+	789
+	9178	+	42615	+	2463
+	485	+	908	+	825

25° $8465 + 397 + 4375 + 89$.

26° $371 + 4785 + 228 + 976 + 1260$.

27° $6803 + 50 + 387 + 409 + 60054 + 37$.

Problèmes sur l'Addition. — *N. ent.*

28° Une commune est grevée de 35200 francs d'impôts ; une autre, de 9043 fr., et une troisième de 12365. Dites, d'après cela, quel est le montant des impositions de ces trois communes.

29° Camille a acheté une pièce de terre pour 3185 fr., et une autre pour 4843 fr. Combien a-t-il donné d'argent ?

30° Un marchand dit à son camarade : « J'ai 225 verres ; si tu m'en donnais 48 des tiens, nous en aurions le même nombre. » Combien le second en possède-t-il ?

31° Mme B. reçoit 1400 fr. pour le loyer d'une maison, puis 983 fr., 1055 fr. et 154 fr. de fermage. Quelle est sa recette totale ?

32° Dans un magasin, il y a 1642 pièces de coton, 750 d'alépine, 94 de toile et 253 de napolitaine. Combien de pièces en tout ?

33° Un département a cinq arrondissements. Le

1ᵉʳ compte 65437 habitants; le 2ᵉ 33098; le 3ᵉ 29110; le 4ᵉ 40082, et le 5ᵉ 35715. Combien le département renferme-t-il d'âmes ?

34° Anaïs a eu une robe de 240 fr., un châle de 80 fr., un chapeau de 15 fr. et pour 8 fr. de dentelle. Quelle est la valeur des achats ?

35° Une pépinière contient 140 poiriers, 425 pommiers, 83 cerisiers, 211 pêchers, 75 abricotiers et 117 autres arbres. On demande combien cela fait d'arbres en tout.

36° Quatre personnes ont mis dans une entreprise : la première 3520 fr., la seconde 5675, la troisième 2080, et la quatrième 7642. Dites le total de leurs mises.

37° Un marchand a vendu, lundi, 538 stères de bois; mardi, 1758 stères; vendredi, 94, et samedi, 176. Combien a-t-il livré de stères dans ces 4 jours ?

38° Trois pièces d'alépine contiennent : la première 118 mètres, la seconde 105, et la troisième 92. Faire connaître ce qu'elles portent de mètres, et ce qu'elles contiendraient, si la 3ᵉ égalait la 1ʳᵉ.

39° Une personne doit les sommes suivantes : 142 fr. à Félix, 6412 à Arthur, 53 à Alfred, et 847 à Léonie. Combien doit-elle en tout ?

40° Un marchand a vendu : 1° 286 litres de vin ; 2° 9842 litres ; 3° 13205, et 4° 540. On désire savoir la quantité de litres qu'il a fournie.

41° M. A., banquier, a encaissé 6 billets : de 3840 fr., 1084 fr., 792 fr., 2145 fr., 68 fr., et 216 fr. De combien ont-ils augmenté ses fonds ?

42° Un épicier a reçu diverses caisses de savon, pesant : 214 kilogrammes, 38 kilogr., 225 kilogr. et 405 kilogr. Quel est leur poids total ?

43° Gustave a payé 592 fr., ensuite 140 fr., puis 668, et il lui reste encore 3576 fr. à verser. Que devait-il donc ?

44° Quatre cases renferment : la première 612

assiettes; la seconde, 113; la troisième, 95, et la quatrième, 13 de plus que la seconde. Quel est le total des assiettes ?

45° Une dame a acheté une maison 15881 fr.; elle y a fait faire pour 2095 fr. de réparations. Que doit-elle la vendre, pour gagner 1266 fr. ?

46° Une armée se compose de 12900 soldats d'infanterie, 4885 de cavalerie, 1572 d'artillerie et de 775 de troupes du génie. De combien d'hommes se compose cette armée ?

47° C. dépense tous les ans 580 fr. pour sa nourriture, 475 fr. pour son loyer, 1256 fr. pour son entretien, et 85 fr. pour les pauvres. Combien en tout ?

48° J'ai formé une propriété de 5 champs voisins, achetés. Le 1er était de 46 ares, le 2e de 12, le 3e de 7 ares de plus que le 1er., le 4e de 108 ares, et le 5e de 62. Quelle est la superficie de ma terre ?

49° Une planche a 5 mètres de longueur et 460 millimètres d'épaisseur ; une seconde, 4 mètres sur 541 millimètres ; une troisième, 6 mètres sur 325 millimètres. Quelle est l'étendue des planches mises bout à bout ? Et quelle en serait la hauteur, si elles étaient posées l'une sur l'autre ?

50° Un homme a fait, en 15 jours, 46 mètres d'ouvrage, qui lui ont été payés 92 fr.; en 21 jours, 126 mètres pour 252 fr. Dites : 1° ce qu'il a fait de travail ; 2° le nombre de jours qu'il a employés; 3° combien il a reçu.

51° Mon fils a lu 10 jours de suite, savoir : 15 minutes le premier jour, 20 le second, 25 le troisième, et ainsi successivement, en augmentant de 5 minutes. Combien de temps a-t-il lu dans cet intervalle ?

52° D. avait 3 pièces de drap. La 1re contenait 56 mètres, et coûtait 475 fr.; la 2e, 75 mètres, et coûtait 617 fr.; la 3e, 124 mètres, et coûtait 1480 fr. Combien le commerçant possédait il de mètres de drap ? et combien lui coûtait la totalité ?

53° Des héritiers se sont partagé une somme. Le 1er a eu 2154 fr.; le 2e, autant que le 1er et 683 fr. de plus; le 3e, autant que les deux autres, plus 79 fr.; les pauvres ont reçu 12 fr. Dites la part de chaque personne, et le montant de la succession.

54° L'Europe renferme 277.000.000 d'habitants ; l'Asie 700.000.000 ; l'Afrique 82.000.000 ; l'Amérique 59.000.000, et l'Océanie 25.000.000. D'après cela, faire connaître la population de la terre.

55° Un marchand doit livrer : 1° 85 hectolitres de charbon pour 170 fr. ; 2° 104 hect. pour 208 fr.; 3° 1540 hect. pour 2618 fr.; 4° 53 hectolitres pour 95 fr.; 5° enfin 875 hect. pour 1754 fr. Combien doit-il livrer d'hect. de charbon ? et pour quelle somme ?

56° Une propriété est composée de 3850 ares de terres labourables; de 945 ares de prés, et de 1086 ares de bois. Les terres labourables valent en tout 67800 fr.; les prés, 18900 fr., et les bois, 43440 fr. Quelle est la valeur de la propriété ? De combien d'ares se compose-t-elle ?

57° Quelqu'un a acheté en différentes fois : 24 stères de bois pour 240 fr.; 95 stères pour 760 fr.; 57 stères pour 570 fr.; enfin 315 stères pour 2835 fr. Combien a-t-il acheté de stères de bois? et moyennant quelle somme ?

Exercices sur la Soustraction des nombres entiers.

58° Faire les soustractions suivantes, puis leur preuve :

1°		2°		3°	
	38425		94879		765034
—	16742	—	53971	—	280765

4°		5°		6°	
	31034		28305		823456
—	9815	—	8762	—	210987

59° Retranchez 2678 de 9805.

60° Soustraire 35742 de 481046.

61. De 88320, ôtez 13478.

62° De 135792, ôtez 46803.

63° Otez 7892 de 123456.

64° Otez 24681 de 135790.

65° Cherchez la différence des deux nombres 42376 et 9158.

Problèmes sur la Soustraction. — *N. ent.*

66° Un jeune homme a reçu 1085 francs de ses parents ; mais il a payé 853 fr. à son maître. Combien possède-t-il encore ?

67° On a pris 578 boutons dans une armoire qui en contenait 2372. Dites la quantité laissée.

68° Charles devait 2146 fr. ; il a déjà rendu 1358 fr. Quelle somme redoit-il ?

69° Une caisse renfermait 324 assiettes ; à l'ouverture, on en trouve 36 de cassées. Combien en reste-t-il d'entières ?

70° En 1860, deux jeunes époux ne possédaient que 15 pièces de terre ; aujourd'hui, leur avoir est de 230 pièces. En quel nombre d'années ont-ils économisé le surplus de leurs dots ?

71° A. touche de B. la somme de 38452 fr., sur celle de 40208 fr. Que doit encore le créancier ?

72° La population de l'Europe est de 277 millions d'habitants, et celle de l'Asie, de 700000000 environ. Quelle est la différence ?

73° Un marchand s'était engagé à envoyer 5800 litres de blé ; il en a livré seulement 4915 litres. De combien est-il redevable ?

74° Mon père me laissa, en mourant, 22500 fr. ; j'ai acquitté 1490 fr. de frais divers. Dites ce qui me reste d'argent.

75° Une voiture vide pèse 5500 kilos, et chargée de marchandises, elle en pèse 24000. Quel est donc le poids du chargement ?

76° Dans un chantier, il y avait 8740 stères de bois de chauffage; on en a expédié 5270 stères. Combien en garde-t-on ?

77° L'imprimerie fut découverte en Allemagne par Jean Gutenberg, en 1440, et la première révolution française éclata en 1789. Dites combien il s'est écoulé d'années entre ces deux époques.

78° Henri veut céder, pour 28205 fr., une maison qui lui a coûté 19943 fr. Quel bénéfice demande-t-il ?

79° Le reste de deux nombres est 5253241, et le plus grand d'entre eux, 9470580. On voudrait connaître le plus petit.

80° Sur la somme de 400925 fr. que laissa un père à ses deux fils, le premier a pris 228242 fr. Le second aura-t-il 172683 fr. ?

81° On va arracher 35916 arbres dans une pépinière qui en a 122472. Quelle quantité laissera-t-on ?

82° Une population était de 3549876 habitants; elle est maintenant de 3478788. Combien est-il mort de personnes ?

83° J'ai donné 3595 fr. à compte en 3 fois, sur 7800 fr. Dites de combien je suis redevable.

84° C. a livré 15678 litres de vin; il en avait 43246 litres. On voudrait connaître ce qu'il lui reste.

85° Octavie revend, pour 25860 fr., une maison achetée 31200 fr. Combien perd-elle ?

86° Un boulanger a acheté 6 sacs de blé. Il a déboursé 205 fr.; mais il a cuit 204 pains, d'une valeur de 270 fr. Chercher le profit qu'il a eu.

87° La plus haute montagne du globe est l'Himalaya, en Asie, et la plus haute de l'Europe, le Mont-Blanc; celle-ci ayant 4810 mètres d'élévation, et la première 7821, dites de combien de mètres l'Himalaya surpasse le Mont-Blanc.

88° Un épicier devait fournir 4515 kilogrammes de marchandises pour 6618 fr.; il n'en a remis que 3880 kilogrammes pour 4656 fr. Dites : 1° combien

1l doit renvoyer de marchandises; 2° ce qui lui reviendra pour le nouvel envoi.

89° La somme de 5842 fr. a été partagée entre trois personnes. La première a eu 2538 fr.; la deuxième, 150 fr. de moins que la première, et la troisième, 1472 fr. de moins que la seconde. Quelle a été la part de chacune d'elles ?

90° Une marchande a promis 157 hectolitres de froment, 405 hectolitres de seigle et 90 hectolitres d'orge ; mais elle n'envoie que 128 hectolitres de froment, 340 de seigle, et 75 d'orge. Combien doit-elle encore d'hectolitres de chaque espèce de grain ?

91° Sous Philippe-le-Hardi, en 1282, eut lieu le massacre des Vêpres Siciliennes; sous Charles IX, en 1572, celui de la Saint-Barthélemy. Quel temps s'est-il écoulé entre les deux attentats ?

92° Une armée se compose de 3500 hommes d'infanterie, 5475 de cavalerie, 2380 d'artillerie, et de 400 soldats du génie. Or, on fait sortir 295 hommes du premier régiment, 348 du second, 185 du troisième, et 72 du quatrième. Combien conserve-t-on de militaires dans chaque régiment ?

93° Melle H. a vendu 3085 mètres de drap, et a reçu 61700 fr. On demande le prix d'achat du drap, sachant qu'elle a gagné 15425 fr. sur le tout.

94° Un négociant a acheté 2054 hectolitres de vins et eaux-de-vie, pour 203400 fr.; il en a livré 1388 hectolitres pour 166560 fr. Combien lui en reste-t-il ? A combien lui revient ce reste ?

95° Quatre personnes se sont partagé 40360 fr. La première a eu 12070 fr.; la seconde, 275 fr. de moins; la troisième, 126 fr. de moins que la deuxième, et la quatrième, 4826 fr. D'après cela, faire connaître la part de chacune.

Problèmes sur l'Addition et sur la Soustraction.
N. ent.

96° Mon frère est né en 1860. Dites en quelle année il aura 48 ans.

97° Une dame s'est mise au lit le 17 mars, et ne l'a quitté que le 8 mai suivant. Combien de temps a duré sa maladie ?

98° A*** naquit en 1843. Quel âge aura-t-il en 1900, en supposant qu'il existe encore ?

99° Sur une table, il y a 4 piles d'argent. La 1re contient 15 fr.; la seconde, 8 fr. en sus; la 3e et la 4e, chacune 12 fr. de plus que la seconde. Combien y a-t-il dans les 4 piles ?

100° Un homme avait 25 ans à la naissance de son fils. Quel sera l'âge de ce dernier, quand le père aura atteint sa 60e année ?

101° Quelqu'un a parcouru 384 kilomètres; il lui en reste encore 216 à franchir. On demande le nombre de kilomètres qu'il aura faits, au terme de son voyage.

102° Newton, illustre savant anglais, vint au monde en 1642, et mourut en 1727. Faites connaître combien il a vécu d'années.

103° Si mon voisin me donnait 3870 fr., il lui resterait encore 11265 fr. Dites donc quelle est sa fortune.

104° Hector est mort en 1783. Combien, en l'an 1900, se sera-t-il écoulé d'années depuis qu'il a cessé de vivre ?

105° J'ai prêté 755 fr. à Leufroi, 2640 à Mathilde, et il me reste encore 5080 fr. Combien avais-je avant de rien prêter ?

106° Une mère et sa fille ont ensemble 92 ans. Quel est l'âge de la fille, sachant que la mère a maintenant 63 ans ?

107° L* désire savoir quel nombre il faudrait ajouter à 586, pour obtenir 13405 au résultat. Quelle est la réponse à lui faire ?

108° Un spéculateur a acheté : 1° un verger, qui lui a coûté 1500 fr.; 2° une terre en culture, moyennant 8000 fr. Il a payé 750 fr. au premier vendeur, et 6540 fr. au second. Que redoit-il à chacun ?

109° Saint Louis, roi de France, monta sur le trône en l'an 1226, et mourut en 1270. Combien a-t-il régné d'années ? Et combien de temps s'est-il écoulé depuis sa mort jusqu'en 1870 ?

110° Un homme a acheté 20 ancres pour 60 fr., et a donné 38 fr. à compte. Calculez la valeur dont il est redevable.

Problèmes sur l'Addition et sur la Soustraction réunies. — *N, ent.*

111° Gustave a rendu à Julien la somme de 1214 fr.; il lui avait emprunté une fois 925 fr., et une autre fois 842 fr. Combien doit-il encore ?

112° Un fournisseur a envoyé d'abord 814 jouets, et après 1093 ; il devait en procurer 3277. Quelle est la quantité en moins ?

113° Pour achat de marchandises, on doit 58300 fr. On paie d'abord 1340 fr., puis 5112, et ensuite 13476. Dire, d'après cela, de quelle somme on reste débiteur.

114° Mon frère a 8 ans moins que moi, qui en ai 30. Dans cinq ans, nos deux âges réunis égaleront celui de notre père. Combien comptons-nous donc, chacun, d'années d'existence ?

115° Un magasin contenait 45220 litres d'avoine. On en a livré successivement 2940 litres, 780 litres et 1875 litres. Que conserve-t-on d'avoine dans le magasin ?

116° J'ai pris une fois 2349 fr., et une autre fois 578 fr., dans une caisse qui contenait 5320 fr. Cela posé, trouver combien il reste d'argent dans cette caisse.

117° S: avait 1814 pièces de velours et 642 d'alépine. Dites ce qu'il a encore de pièces, sachant qu'il en a vendu 405 le 1er mars, et 92 le 8 avril.

118° Une voiture de roulage, chargée de 5000 kilogrammes de marchandises, en dépose 632 kilos dans une ville, 1450 dans une autre, et 2076 dans une troisième. Quel est le poids restant ?

119° Un boucher a emprunté, à son ami, 803 fr. le 1er janvier, et 1145 fr. le 6 juillet. Pour s'acquitter, il lui vend deux vaches : l'une 194 fr., et l'autre 246. Que redoit-il sur ses emprunts ?

120° On fait 3 lots de 450 bouteilles.
Le premier est de 120 ; le second est plus fort que le premier de 45 bouteilles. De combien est le troisième lot ? Et quelle est sa différence avec chacun des deux autres ?

121° M. L*** a donné 52320 fr. à son régisseur, pour l'acquisition de divers biens-fonds. Ce dernier a acheté un bois pour 10255 fr.; un pré pour 9620 fr., et un champ de terre pour 24694 fr. Quelle somme doit-il remettre à M. L. ?

122° Un père avait trois propriétés. La première contenait 158 ares, la seconde 1265, et la troisième 4617. Combien garde-t-il de terrain, sachant qu'il a cédé 1977 ares ?

123° Pour la vente de 4 pièces de toile valant : 105 fr., 98 fr., 135 fr. et 128 fr., Augustin a reçu 359 fr. Faites connaître ce qu'il lui revient d'argent.

124° Un fermier était riche de 35000 fr. Il a donné en mariage à son fils la somme de 12854 fr., et à sa fille celle de 14918 fr. Qu'a-t-il donné à ses deux enfants ? Et que lui reste-t-il ?

125° Mon père avait 28 ans lorsque je naquis, et moi, je comptais 32 ans lorsqu'il mourut ; ma mère, qui n'avait alors que 53 ans, en vécut encore 17. Trouver, d'après cela, combien elle a vécu de plus que mon père.

126° Une personne entre dans une maison avec 805 fr.; elle achète pour 642 fr. de drap, et pour 98 fr. d'indienne. En sortant, elle s'aperçoit qu'elle a encore 80 fr. dans son porte-monnaie. N'a-t-elle pas commis d'erreur en payant ? De combien est cette erreur ? Et à quel préjudice ?

127° Un marchand doit 2460 fr. à un de ses confrères ; mais il a 4 billets à recevoir de lui, savoir : un de 452 fr., un de 865, un de 1033, et un de 3078 fr. Quelle valeur le marchand touchera-t-il, déduction faite de ce qu'il doit ?

128° E*** a récolté, dans une terre, 1195 hectolitres de grain ; dans une autre, 542 hectolitres de moins ; dans une troisième, 845 hectolitres, et dans une quatrième, 124 hectolitres de plus que dans la précédente. Combien a-t-il récolté de grain en tout ?

129° Dans un magasin, un négociant avait 1895 gravures, et 947 dans un autre. Or, il en a vendu successivement 540 + 98 + 632 + 5. Quelle est la quantité restante ?

130° J'avais trois factures à payer à mon libraire. La 1re, du 8 janvier, se montait à 148 fr.; la 2e, du 15 mars, à 65 fr., et la 3e, du 1er avril, à 87 fr. J'ai donné à compte : 1° 35 fr.; 2° 28 fr.; 3° 70 fr.; 4° 55 fr. Dois-je encore quelque chose ?

131° N*** a mis dans le commerce 50490 fr. Il a fait 5 marchés, et a gagné 3845 fr. sur le premier, 4570 sur le second; il a perdu 948 fr. sur le troisième, a gagné 746 fr. sur le quatrième, et fait une perte de 6113 fr. sur le cinquième. Cela posé, cherchez son avoir.

132° En feuilletant un livre, on remarque qu'on passe de la page *dix* à la page *trente-cinq*, et de la page *soixante-huit* à la page *quatre-vingt-onze*. Combien manque-t-il de pages à ce livre ?

133° Cornélie a emprunté 2380 fr., puis 2977; mais elle a rendu : 1° 405 fr.; 2° 1050 fr.; 3° 895 fr.; 4° enfin 1563 fr. D'après cela, dites ce qu'elle gagnera, si on ne lui réclame que 1400 fr.

134° Un piéton doit aller à 300 kilomètres de distance. Il en fait 50 par jour. On désire savoir ce qu'il lui restera de chemin à parcourir, au bout de *cinq* jours de marche.

135° P*** ayant un revenu de 15000 fr., a dépensé, en janvier, 405 fr.; en février, 636; en mars, 501; en avril, 477; en mai, 1546; en juin, 994; en juillet, 1603; en août, 2545; en septembre, 248; en octobre, 824; en novembre, 627, et en décembre, 748 fr. Combien a-t-il économisé de son revenu?

136° Un rentier possédait 6 propriétés. La 1re contenait 84 ares; la 2e 1532, la 3e 148, la 4e 2030, la 5e 2358, et la 6e 9246. 1° Qu'avait-il d'ares de terrain? 2° Que lui en reste-t-il maintenant, sachant qu'il a donné à son fils la 2e et la 6e de ces propriétés?

137° Un marchand a acheté: 1° 452 kilogrammes de fer; 2° 683 kilogrammes; mais il a livré 214 kilogrammes du premier achat, et 576 du second. On demande: 1° combien ce marchand a acheté de fer; 2° combien il en a vendu; 3° combien il lui en reste; 4° ce qu'il a encore du premier et du second achat.

138° Un entrepreneur était riche de 120480 fr. Sur sa première adjudication, il a gagné 1530 fr.; sur la deuxième, il a perdu 648 fr., et 200 fr. sur la troisième; mais la quatrième lui a rapporté 15550 fr. A-t-il eu du bénéfice sur ces quatre entreprises? Et quelle est sa fortune actuelle?

139° F*** a acheté 1846 mètres de marchandises 3692 fr.; puis 4680 mètres 14040 fr.; enfin, 985 mètres 1970 fr. Il a revendu le tout 28030 fr. 1° Combien a-t-il acheté de marchandises? 2° Combien a-t-il dépensé pour le tout? 3° Combien a-t-il eu de boni sur la totalité?

140° Un marchand vient de recevoir: 1° 1050 assiettes; 2° 3576 verres; 3° 5240 bouteilles; il revend 888 des premiers objets, 1873 des seconds, et 3546 des derniers. Calculez le nombre d'objets reçus,

13.

vendus, restants; puis le nombre de verres, d'assiettes
et de bouteilles à emmagasiner.

Exercices sur la Multiplication. — *N. ent.*

141° Faire les multiplications suivantes :

1°	4583	2°	3887	3°	5326
×	8	×	9	×	12
4°	381	5°	8069	6°	7800
×	24	×	235	×	390

142° Multipliez — 378 par 432, puis par 10.
143° — 1281 par 234, puis par 100.
144° — 5037 par 776, puis par 1000.
145° — 33412 par 1327, puis par 10000.
146° — 550300 par 2900, puis par 4308.
147° — 97687 par 3940, puis par 307705.

Problèmes sur la Multiplication. — *N. ent.*

148° Ma sœur a livré 144 kilogrammes de miel, à
raison de 3 fr. le kilogramme. Combien a-t-elle
retiré de sa vente ?

149° Dans une terre où il y a 17 rangées d'arbres,
chacune se compose de 108 ormes. D'après cela, dire
combien il y a d'arbres en tout dans la plantation.

150° Un riche cultivateur a vendu 216 moutons,
à 28 fr. la pièce. Quelle somme a-t-il touchée de
l'acheteur ?

151° Un coquetier reçoit 5 paniers d'œufs, contenant chacun 26 douzaines. Quel est le nombre des
œufs qu'on lui envoie ?

152° G***, maître de poste, achète 24 chevaux a
452 fr. l'un portant l'autre. Combien d'argent lui
faut-il pour payer cette remonte ?

153° Un amateur demande combien il y a de

jours dans 1848 années, en supposant qu'elles soient toutes de 365 jours. Que doit-on lui répondre ?

154° Lorsqu'un objet revient à 17 fr., dites le prix de la dizaine, du cent, du mille, et de la douzaine.

155° Un chef de fabrique a 20 ouvriers, qui gagnent 4 fr. par jour. Combien leur donnera-t-il après 36 jours de travail ?

156° Un château a autant de fenêtres qu'il y a de jours dans l'année ; chaque fenêtre ayant 8 vitres, dites ce que cela fait de vitres en tout.

157° Un marchand avait chez lui 18 ballots de drap, de chacun 104 mètres. Le mètre coûtant 10 fr., on demande la valeur de ces 18 ballots.

158° Quinze artisans ont travaillé pendant 9 semaines sans recevoir d'argent. Au bout de ce temps, on les paie à raison de 14 fr. par semaine. Combien déboursera-t-on pour eux ?

159° Un homme mange journellement, en moyenne, 750 grammes de pain ; un enfant, environ 375 grammes. Combien chacun d'eux en mange-t-il approximativement dans l'année ?

160° Comptez les carreaux d'une salle qui en contient 65 sur la longueur et 54 sur la largeur. — Quel est le poids d'une récolte de 230 hectolitres de pommes, pesant 160 kilogrammes l'hectolitre ?

161° Dire ce que je recevrai pour 354 pièces de velours, contenant chacune 65 mètres, à 2 fr. le mètre ; et ce que j'aurais obtenu, si je n'avais livré que 300 des mêmes pièces.

162° Adrien travaille à 2 fr. par jour, et dépense 5 fr. toutes les semaines. Exprimer ses gains et ses déboursés de 4 semaines, — de 52 semaines.

163° Un volume porte 1024 pages ; la page a 33 lignes, et la ligne est estimée contenir 45 lettres. Combien y a-t-il de lettres dans le volume ?

164° Moyennant 2 fr. le kilogramme, une marchande, achète 325 pains de sucre pesant 14 kilogrammes l'un dans l'autre. Faire connaître ce qu'elle dépense pour cet achat.

165° Un ouvrage a été fait en 56 jours, par 12 ouvriers qui restaient à l'atelier 12 heures par jour. Combien eût-il exigé d'heures pour un seul ouvrier ?

166° On expédie 2 balles d'alépine ; chaque balle contient 30 pièces, et chaque pièce 45 mètres. On vend le mètre à raison de 4 fr. Quelle somme doit-on recevoir ?

167° Arthur est âgé de 6 ans. Combien s'est-il écoulé de mois, de jours, d'heures, de minutes et de secondes depuis qu'il est au monde, sachant d'ailleurs que *l'année se compose de 12 mois, le mois de 30 jours, le jour de 24 heures, l'heure de 60 minutes, et la minute de 60 secondes* ? [1]

168° Une personne qui a un revenu annuel de 980 fr., ne paie que 500 fr. par an, terme moyen. Qu'aura-t-elle donc touché et dépensé au bout de 25 ans ?

169° En appelant *volume* (exprimé en mètres cubes) *le produit des 3 dimensions : longueur, largeur et hauteur,* on demande quel est celui de la terre enlevée dans un espace de 123 mètres de long, 15 de large et 6 de profondeur ou épaisseur.

170° On emploie à un chantier 75 hommes, autant de femmes et autant d'enfants. Un enfant gagne 30 fr. par mois ; une femme le double, et un homme 80 fr. Quel est le total, par mois, du gain des hommes, des femmes et des enfants ?

171° Trouver combien il y a de minutes dans une année bissextile, — et ce qu'il faudrait de pommes, pour 3 pièces de cidre, tenant en tout 12 hectolitres, à 2 hectolitres de fruits pour 1 de boisson.

172° H*** fournit, au prix de 7 fr. le mètre, 6 balles de marchandises, contenant chacune 24 pièces, et

---

[1] Ces sortes de problèmes ne donnent qu'un à peu près.

chaque pièce 25 mètres. Faites connaître le montant de la facture.

173° Un boulanger fait chaque jour, en moyenne, 395 kil. de pain. Combien en a-t-il vendu depuis 16 ans qu'il exerce sa profession ? Et si sa vente eût été de 400 kilogrammes... ?

174° Mon marchand de vin a 2 magasins, et dans l'un comme dans l'autre, il y a 28 demi-pièces. Sachant que la demi-pièce est de 114 litres, on demande : 1° combien il possède de litres de vin ; 2° combien il recevra, en vendant le fût 45 fr.

175° A mesure qu'on s'enfonce dans la terre, la chaleur augmente d'un degré par 30 mètres. Quelle est donc la profondeur d'une mine, au fond de laquelle le thermomètre marque 42 degrés, la température de la surface du sol étant 0 ?

176° J'ai compté 25 battements de pouls, en 25 secondes, entre un éclair et le bruit du tonnerre. Chaque seconde équivalant à 340 mètres d'éloignement, dites la distance du nuage d'où est sortie l'explosion.

177° Un prodigue dépense 4 fr. par heure. Combien est-ce : 1° par jour, comptant seulement 12ʰ de jour; 2° par mois; 3° par an ? En continuant ainsi 6 ans, combien aura-t-il dépensé ?

Problèmes sur l'Addition et la Multiplication réunies.

N. ent.

178° Une personne met en vente deux champs de terre; l'un contient 176 ares et l'autre 243. Si elle vend l'are au prix de 33 fr., quelle somme cela lui fera-t-il ?

179° Les pièces de 5 francs, en argent, pèsent 25 grammes. Or, on a mis dans une balance, d'abord 20 de ces pièces et ensuite 12. Quel est le poids auquel toutes doivent faire équilibre ?

180° Mᵐᵉ J*** a trois ouvriers. Elle donne au premier 4 fr. par jour; au deuxième 3 fr., et au troisième 1 fr. Dites ce qu'elle leur remettra au bout de 21 jours.

181° Chez le chien, on compte 79 battements de pouls par minute, et 38 chez le cheval. Combien chacun de ces animaux a-t-il de pulsations en 24 heures ? Et combien en ont les deux ensemble ?

182° Des associés achètent 3 barils de vin, à raison de 2 fr. le litre. Un de ces barils contient 95 litres, un autre 106, et le dernier 248. Quelle somme doivent-ils au vendeur ?

183° Léon fait acquisition de 6 pièces de terre, qui lui coûtent 1337 fr. chacune, et de 5 prés, valant séparément 2850 fr. Que doit-il payer pour ses achats ?

184° Une cuve vide pèse 42 kilogrammes, et contient 7 hectolitres. On l'emplit avec de l'eau pesant 100 kilogrammes l'hectolitre. Quel est donc le poids total de la cuve comble ?

185° Un négociant cède 8 rouleaux d'alépine, de 45 mètres, à 7 fr., et 3 coupons de drap, au prix de 65 fr. l'un. A combien se monte sa facture ?

186° L***, manufacturier, emploie 38 ouvriers qui gagnent chacun 2 fr. par jour, plus 75 enfants, qu'il paie à 1 fr. Quelle somme dépense-t-il tous les jours pour salaires ?

187° Un livre de 348 pages en a 330 à 33 lignes ; les 18 autres n'ayant chacune que 25 lignes, trouver le nombre de lignes contenues dans tout le livre.

188° Trois pièces de vin renferment : la 1ʳᵉ 450 litres ; la 2ᵉ 228, et la 3ᵉ autant que la seconde. On les expédie à raison de 3 fr. le litre. Combien doit-on toucher d'argent ?

189° Un fermier a vendu 6 vaches 240 fr. l'une, 300 moutons chacun 18 fr., 36 porcs à 26 fr. la pièce, et 2 chevaux pour 595 fr. Quel est le chiffre de cette vente ?

190° On a 7 arbres dont on veut tirer des planches de même dimension. Combien en aura-t-on, si chacun des trois premiers en produit 64, et chacun des quatre autres, 6 douzaines ?

191° Une personne dépense 75 fr. tous les mois. On voudrait connaître la somme qu'elle aura absorbée dans 6 ans et 9 mois.

192° Un épicier a acheté 3 caisses de marchandises, pesant chacune 130 kilogrammes, à 2 fr. le kilogramme; 4 pains de fromage, le pain à 12 fr., et pour 7 fr. de sel. Dites le montant de sa dépense.

193° Un tailleur a employé 35^m de drap pour faire 10 habits; un autre, 40^m pour en faire 12; un troisième a fait quatre fois plus d'habits que ses deux confrères, avec le triple de matière. Combien ce dernier a-t-il employé de drap et fait d'habits ?

194° Une marchande de nouveautés accepte 24 douzaines de châles, à 7 fr. la pièce; 850 mètres de dentelle, à 1 fr. le mètre. Que reçoit-elle en valeur ?

195° Une famille dépense par jour 3 fr. pour le pain, 2 fr. pour la viande, et 1 fr. pour les légumes. Calculez ce qu'elle aura déboursé pour sa subsistance, au bout de 3 ans.

196° Un général veut distribuer 40 cartouches à tous ses soldats. Sa troupe est composée de trois bataillons ayant : le premier 500 hommes, et les deux autres, 450, chacun. Dire, d'après cela, quel est le nombre des cartouches qu'il lui faut.

197° Mon oncle a acheté 12 chevaux ; 5 lui ont coûté 240 fr., et les 7 autres 325 fr. pièce; il a de plus payé 3 fr. de droits par cheval. Combien a-t-il donc dépensé en tout ?

198° La petite Emma est âgée de 8 ans 5 mois 13 jours. Dites quel est son âge en mois, en jours, en heures et en minutes.

199° Un menuisier a fait, dans son année, 31 tables à manger, à raison de 15 fr.; 5 commodes, à

65 fr., et 8 tableaux noirs, au prix de 5 fr. A-t-il atteint 900 fr. de recette pour ces meubles ?

200° Faire connaître le prix de 18 douzaines de livres à 4 fr. l'exemplaire ; celui de 6 autres douzaines à 5 fr. par volume, et le total des deux sommes.

201° Un édifice a 365 fenêtres : 120 ont chacune 16 carreaux, 125 autres en ont 8, et les 120 dernières en ont 6. Combien y a-t-il donc de carreaux en tout aux croisées du bâtiment ?

202° Une maison a vendu 4380 kilogrammes de savon, à 2 fr.; 568 kilogrammes de café, à 3 fr.; 1355 litres d'eau-de-vie, à 1 fr. Tout cela, pour quelle valeur ?

203° Sur 14 pièces de drap, 6 ont chacune 25 mètres; 7 autres, 32 mètres, et une 40 mètres. On a livré le mètre à 9 fr., l'un dans l'autre. Qu'a-t-on à inscrire, pour cet envoi, au *Doit* des *Registres* ?

204° J'ai acheté 3 rames de grand papier et 5 rames de petit. Sachant que la rame contient 20 mains, et la main 25 feuilles, dites combien j'ai de feuilles de papier.

205° On se procure des bas, afin d'en donner une demi-douzaine de paires à 24 familles indigentes, et des chemises pour 3 de ces personnes par ménage. Faut-il beaucoup de bas, de chemises, d'objets en tout ?

206° Joseph vécut 3 ans 3 mois 13 jours de plus que son frère, qui est mort à l'âge de 73 ans 6 mois 6 jours. Combien s'est-il écoulé de mois, de jours, d'heures et de minutes depuis la naissance de Joseph jusqu'à son décès ?

207° En appelant *surface le produit*, en mètres carrés, *de la longueur par la largeur*, dites quelle sera la surface d'une cuisine et d'une chambre, ayant : la première 4 mètres et la seconde 5 mètres de long, sur 3 de large. Cherchez ensuite la surface entière.

Problèmes sur l'Addition, la Soustraction et la Multiplication réunies. — *N. ent.*

208° M*** a fourni 320 cravates à 3 fr. la pièce, et 75 mètres de drap, le mètre à 14 fr. Faites savoir ce qu'il recevra du débiteur, et ce qu'il lui resterait, s'il faisait une remise de 37 fr.

209° A l'effet de payer 4321 fr. qu'il devait, un homme a reporté 215 mètres de drap, à 12 fr. le mètre, plus 13 mouchoirs, à 4 fr. De quoi manque-t-il pour s'acquitter ?

210° En trois jours, un bûcheron devait abattre 80 arbres. D'abord, il en a fait tomber 12 ; le second jour, trois fois plus. On désire connaître combien il lui en restait pour le troisième.

211° A* et B* font un échange. A* vend à B* 32 pièces de toile, chacune 65 fr. B* vend à A* 7 rouleaux d'étoffe, à 123 fr. l'un. Quel est celui des deux qui redoit à l'autre ? et quelle valeur ?

212° Un manœuvre fume tous les mois pour 6 fr. de tabac, et boit pour 15 fr. de liqueurs fortes. Il ne gagne cependant que 450 fr. par an. Cela connu, évaluer le peu qu'il donne à sa femme.

213° Un régiment est composé de 10 compagnies ; 7 ont perdu chacune 30 hommes dans un combat, et les autres, chacune 12 hommes. D'après cela, trouver la quantité de militaires que le régiment a vue périr.

214° Un marchand remet à un autre 4 caisses d'épiceries. La première pèse 48 kilogrammes ; la seconde 137 ; la troisième 406, et la quatrième 94, le tout à 4 fr. le kilogramme. Combien recevra-t-il, sachant qu'il est le débiteur du second de 945 fr. ?

215° N*** a emprunté, le 15 décembre, 7814 fr., et le 1er janvier, 1035 fr. Pour payer, il aliène 6 pièces de terre, valant chacune 2000 fr., et 2 prés : l'un 1523 fr. et l'autre 977. Que lui revient-il ?

216° Un papetier a acheté 206 paquets d'images : la moitié ou 103 paquets, à 3 fr., et l'autre moitié à 2 fr. Quelle somme a-t-il déboursée ?

217° Deux personnes, parties en même temps de Paris et de Lyon, se sont rencontrées après 6 jours de marche. L'une faisait 32 kilomètres par jour, et l'autre 40. Dites : 1° la distance qui sépare les deux villes ; 2° l'avance que la seconde personne avait sur la première.

218° Combien faut-il, pour solder 3 pièces de toile contenant : la 1re 108 mètres, la 2e 92m, et la 3e autant que la 1re, à 2 fr. le mètre ? Pour 11 kilogrammes de laine, à 7 fr. l'un ? Et pour le tout ?

219° Ma sœur est âgée de 35 ans 8 mois 25 jours ; mon frère a 3 ans 5 mois 13 jours de moins. Faites connaître combien ce dernier a déjà vécu d'années, de mois, de jours et d'heures.

220° Un fermier a vendu 513 hectolitres de blé à 15 fr. l'hectolitre. Que doit-il recevoir ? Et que lui restera-t-il, après avoir acquitté une dette de 175 fr. et une autre de 28 ?

221° On a reçu 3 balles, comprenant chacune 255 mètres de mérinos, au prix de 5 fr. le mètre. Combien donnera-t-on au vendeur, si on lui retient 848 fr. qu'il doit ?

222° Une succession se composait de 5400 ares de terre, du prix de 30 fr. l'are ; de 890 ares de prés, à 45 fr. ; enfin d'une somme de 4678 fr. On a déboursé 2175 fr. de frais divers. A quel chiffre s'élève encore la succession ?

223° Un fabricant occupe 42 ouvriers ; 20 sont engagés à 3 fr. par jour ; 16 à 2 fr., et les autres à 1 fr. Combien dépense-t-il par jour pour eux ? Et s'il les payait tous au bout de la semaine, combien lui faudrait-il alors ?

224° Flavien a emprunté 250 ardoises et ensuite 745 ; puis il en a rendu 1500 qu'il devait, et il lui en reste 4 tas de 10. Dites, d'après cela, la quantité qu'il avait à lui.

225° En vendant 120 mètres de drap pour 3000 fr., on a gagné 5 fr. par mètre. Combien avait-on acheté les 120 mètres de drap ?

226° Une pompe à feu fournit 60 mètres cubes d'eau en une heure; une seconde, 6 mètres cubes de moins, et une troisième, 15 de plus que la seconde. Faire connaître ce que les trois pompes ensemble fournissent d'eau en 5 heures.

227° Un marchand a accepté 6 fûts de vin, contenant chacun 200 litres, et 3 autres, ensemble 680 litres; le tout à 1 fr. Quel était le montant de sa facture ? A quoi est-elle réduite maintenant, qu'il a donné 1555 fr. à compte ?

228° Quatre petites caisses renferment séparément 24 douzaines de canifs. Si l'on paie ces canifs 2 fr. pièce, et que l'on achète en même temps 13 rames de papier à 4 fr. l'une, quelle sera la dépense ?

229° Un régiment a reçu 8450 kilogrammes de pain en 4 envois. Le 1er a été de 1744k; le 2e de 38k de moins; le 3e égalait le produit de 543k par 8. De combien fut le 4e envoi ?

230° Mon frère a remis 1680 fr. pour l'achat de 140 arbres, qu'il a cédés ensuite, à raison de 15 fr. pièce, l'un dans l'autre. Dire le bénéfice de son marché.

231° Un bon travailleur moissonne 60 ares de terrain par jour. Que fauchera-t-il donc d'ares de récoltes, pendant les 2 mois de juillet et août, déduction faite de 10 jours de repos ?

232° Pour payer 24 douzaines de chapeaux achetées à 120 fr., et 180 casquettes à 2 fr. pièce, Q*** a donné 85 mètres de drap à 30 fr., et il a fait un billet pour le reste. Quelle en est la valeur ?

233° On demandait une fois à un élève l'âge de son père. Il répondit : « J'ai 3650 jours; mon frère a 4 ans moins que moi, et notre père, le quadruple de nos deux âges réunis. » Cela posé, chercher le nombre de jours qu'a vécu le père.

234° Un négociant a acheté 110 stères de bois à 10 fr. l'un; 170 à 6 fr., et 237 planches à 2 fr. Pour se libérer, il a créé 2 obligations : une de 800 fr. et une de 1560 fr. Qu'a-t-il versé en espèces ?

235° Mme D*** a fourni 28 mètres d'étoffe à 32 fr.; 33 mètres de mousseline à 4 fr., et 90 mètres de toile à 3 fr. L'acheteur a donné en paiement 65 pièces de 20 fr. Combien lui a-t-on rendu ?

236° Un rentier a 10000 fr. de revenu par an; il dépense 15 fr. par jour, terme moyen. Économise-t-il ? Évaluez ses épargnes annuelles et celles de 12 ans.

237° On donne 5 litres d'avoine par jour à un cheval et 12 litres à un autre. Quelle provision doit-on faire pour la consommation de toute une année bissextile ? Et si l'on en a déjà 300 litres, que faudra-t-il s'en procurer encore ?

Exercices sur la Division. — *Nombres entiers.*

238° Faire les divisions suivantes :

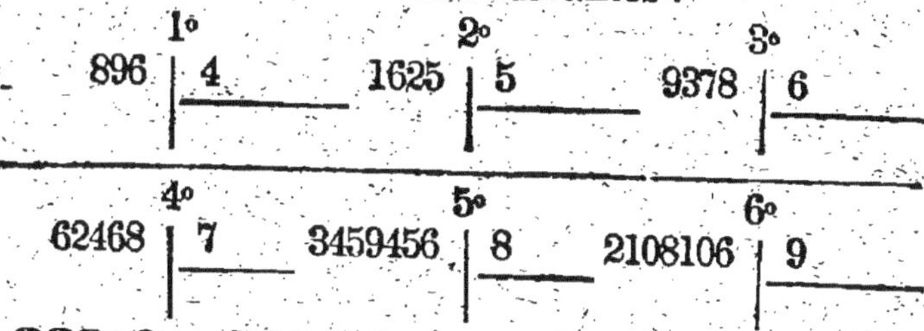

239° On a 372 × 14; *divisez le produit par 14.*
240° — 432 × 25; *divisez le produit par 25.*
241° — 780 × 36; *divisez le produit par 36.*
242° — 113355 × 42; *divisez le produit par 42.*
243° Multipliez 553311 par 56, et *divisez le produit par le premier nombre, puis par le second.*
244° Multipliez 90870 par 450, et *divisez le produit par le premier nombre, puis par le second.*

245. Divisez 896098 par quatre cent quarante-deux.

246. Divisez le nombre 157636 par seize cent vingt-cinq.

247. Effectuez la division de 5754000 par la quantité 13700.

Problèmes sur la Division. — *N. ent.*

248. Quelqu'un a payé 387 fr. pour 43 mètres de drap. A combien lui revient le mètre ?

249. Avec 56 décalitres de grain, on a ensemencé 168 ares de terrain. Quelle étendue pourrait-on ensemencer avec un décalitre ?

250. Un charron a fait, dans son année, 24 charrues, qui lui ont rapporté 840 fr. A quel prix a-t-il vendu chacune d'elles ?

251. Un bataillon fournit 24 hommes par jour pour le service des postes d'une ville. On veut savoir l'intervalle où reviendra le tour de chacun, le bataillon étant de 672 hommes.

252. Une somme de 485250 fr. doit être distribuée entre 15 familles, victimes d'une inondation. Faites connaître ce qu'il revient à chaque famille.

253. Pour la construction d'une maison, on emploie des poutrelles, placées à 28 centimètres des points milieux. Combien en faudra-t-il, sur une longueur de 1316 centimètres ?

254. Une famille a un revenu annuel de 32485 fr. Qu'a-t-elle à dépenser par jour, l'année étant toujours supposée de 365 jours ?

255. On veut faire, en 180 jours, 62280 mètres carrés d'ouvrage. Dites ce qu'on doit en faire par jour, — et ce qu'il y a de mètres dans 1700 centimètres.

256. Moyennant 361000 fr., on a acheté 95 hectares de terre. A combien revient l'hectare ? Et à combien l'are, qui est cent fois moindre ?

257. Un marchand a livré 328 hectolitres de vin, pour 27880 francs. Cherchez la valeur moyenne de l'hectolitre.

258. On a distribué 2112 fr. entre un certain nombre de personnes, de façon que chacune d'elles a reçu 6 fr. Combien en a-t-on soulagé ?

259. Mme C*** doit 63966 fr., qu'elle s'oblige de payer en 7 fois. De quelle quotité doit être chaque paiement ? — Et que coûte le kilogramme de cassonade, à 14000 centimes les 100 kilos ?

260. De Paris à Marseille, il y a 900 kilomètres. Faire savoir le trajet ou le chemin que doit parcourir, par jour, celui qui veut aller de l'une de ces villes à l'autre en 18 jours.

261. M. A*** reçoit tous les ans 2920 fr. de rentes. Que peut-il consommer tous les jours, pour ne pas faire d'économies ?

262. Un anonyme charitable envoie 480 pains de 2 k., que l'on donnera d'une manière égale à 60 familles pauvres. Comment faire la distribution ?

263. En supposant que pour 95 fr. on habille un soldat, combien en habillera-t-on pour 121600 fr. ?

264. Un cultivateur a acquitté 380 fr. de contributions. On lui redemande le 100° de 45 fois sa somme, c'est-à-dire de 17100 fr. Qu'a-t-il à payer de nouveau ?

265. 183 *mille* d'ardoises sont adjugés 4392 fr. A quelle estimation le mille ? — Trouver le nombre de semaines d'une année. La semaine se compose de 7 jours.

266. Combien Eusèbe pourra-t-il acheter de piles de tourbe pour 180 fr., si la pile vaut 15 fr. ? — si elle vaut 18 fr.?

267. Un prodigue dépensait 60 fr. par jour, sur une fortune de 109500 fr. Dire : 1° le nombre de jours, 2° le nombre d'années qui ont suffi pour dissiper cette valeur.

268. L*** a expédié 18 pièces de drap, ayant ensemble 324 mètres. Il a reçu, pour cela, 7776 fr. Calculez : 1º ce que chaque pièce avait de mètres, l'une dans l'autre ; 2º le prix moyen du mètre.

269º La population du globe est d'environ 1.143.000.000 d'habitants. La génération se renouvelant à peu près tous les 38 ans, dites combien il meurt d'individus par *an*, par *jour*.

270º Un marchand a acheté 378 hectolitres de vin, pour 15120 fr.; en les négociant, il a touché 22680 fr. On demande combien lui a coûté l'hectolitre, et combien il l'a vendu.

271º Mlle S*** a reçu 6 balles d'étoffe, contenant ensemble 1260 mètres. On veut savoir la contenance de chaque balle : 1º en mètres, 2º en pièces de 30 mètres.

272º Quatre associés se sont procuré 1280 kilogrammes de graines pour 3840 fr. Dites à quelle somme leur revient la marchandise en détail, et combien chacun a payé, ayant partagé par portions égales.

273º Six chariots transportent 450 grès, pesant ensemble 18900 kilos. On voudrait connaître ce que chaque chariot a de grès, et ce qu'il supporte de poids.

274º Combien aura de grain un homme qui a battu 168 hectolitres de blé, sachant qu'il en gagne 1 hectolitre sur 14 ?

275º On emploie 555 briques par mètre cube de maçonnerie. Un bâtiment a exigé 81100 de ces briques. Que comprend-il de mètres cubes ?

276º 5 ouvriers ont fait 600 serrures en 15 jours, travaillant 8 heures du matin au soir. D'après cela, dire ce qu'ils en ont fait par jour et par heure tous ensemble, et séparément.

277º On veut avoir 3375 fr. de 45 paniers de kirsch, contenant ensemble 1125 bouteilles. Que doit-

on vendre chacune ? Et que livrerait-on de ces bouteilles pour 600 fr. ?

Problèmes sur l'Addition et la Division réunies.
N. ent.

278° Je reçois deux pièces de soie : l'une mesure 128 mètres, et l'autre 96. Je paie la somme de
4928 fr. A combien me revient le mètre ?

279° Sachant que chaque feuille imprimée en
in-8° contient 16 pages, on propose de chercher le
nombre de feuilles de 4 ouvrages *in-octavo*, qui ont
respectivement 100, 512, 480 et 348 pages.

280° M*** a acheté 386 hectolitres de vin, d'une
part, et 174 hectolitres d'autre part. Il a déboursé
42000 fr. pour ces achats. Faire connaître à quel prix
lui a été coté l'hectolitre.

281° 3 pièces de toile ont été vendues ensemble
663 fr. La première a 73 mètres ; la seconde 80, et la
troisième 68. Cela connu, dites combien on a vendu
la toile en détail.

282° Quatre frères ont acquis deux voitures
d'objets. L'une en contenait 16 *mille*, et l'autre
13 mille. Ils ont payé 406 fr. pour le tout. Que leur
a-t-on estimé le mille ?

283° Une armée est de 6540 soldats d'infanterie,
de 3980 de cavalerie, de 590 du génie, et de 5840 d'artillerie. Combien d'hommes fera-t-on sortir, si l'on
accorde le congé à un cinquième d'entre eux ?

284° Pour payer différents travaux, on a versé,
entre les mains d'un entrepreneur, 3248 fr., plus
14510 fr., plus 9842, plus 830. Quel est son bénéfice,
sachant qu'il gagne un 10° sur le tout ?

285° Le curé d'une paroisse a reçu : 1° 1644 fr.;
2° 3650 fr.; 3° 922 fr.; 4° 756 fr. Il a distribué ces
aumônes à 42 familles différentes. Dire ce que
chacune a touché, les parts ayant été égales.

286° Soixante châles ont coûté 2400 fr. On désire savoir combien il faut revendre l'un, pour profiter de 300 fr. sur le tout.

287° Un écolier a le quart, plus 5 ans, de l'âge de son père, qui compte 52 ans. Trouver maintenant quel est l'âge de l'élève.

288° On a accepté 365 paires de gants, pour 1130 fr.; puis 264 autres paires, pour 757 fr. A combien l'une dans l'autre ?

289° Un maréchal de régiment dit qu'il met 28 clous, quand il ferre un cheval des 4 pieds. Quel est le nombre de chevaux qu'il a ferrés, ayant employé d'abord 11000 clous, puis 3560 ?

290° M*** a vendu 24 mètres de drap 720 fr.; 108 mètres de toile 324 fr.; 30 mètres de mousseline 60 fr., et pour 36 fr. de mouchoirs. On doit le solder en 12 fois. De combien sera chaque terme ?

291° Une famille a 4 pièces de cidre pour son année : une de 400 litres, une de 720, une de 340, et une de 365. Combien peut-elle boire de cidre par jour, pendant une année commune ?

292° On a payé 25 fr. pour un arbre, et 1800 fr. pour 72. Si l'on avait acheté 18 arbres de plus pour la dernière somme, à combien chacun serait-il revenu en moyenne ?

293° Un maître de pension a pris du papier à 3 fr., à 4 fr. et à 5 fr. la rame, autant d'une qualité que d'une autre, et sa facture montait à 180 fr. Dites ce qu'il a eu de rames de chaque sorte.

294° Un père partage 600 poires entre 3 enfants : au dernier, il donne le quart des poires ; au cadet, le tiers, et à l'aîné, le tiers plus le douzième. Faites connaître la part de chacun.

295° Un marchand s'est pourvu de 45 chevaux pour 11250 fr.; il les a revendus, et a gagné 675 fr. On demande : 1° ce que lui avait coûté chaque cheval, l'un portant l'autre ; 2° ce qu'il l'a revendu.

14

296. Une garnison a consommé, dans un an, 1° 220 hectolitres de froment; 2° 938 hectolitres; 3° 730; 4° 1032. Combien consommait-elle donc d'hectolitres de froment par jour?

297. Douze portions d'arbres ont coûté 540 fr. Que doit-on exiger de chacune, pour faire 72 fr. de bénéfice?

298. V*** a aliéné 6 pièces de terre. La 1re avait 15 ares, la 2e 20, la 3e 28, la 4e 42, la 5e 57, et la 6e 85. Il a reçu 9386 fr. Combien est-ce par are de terrain?

299. Le mètre cube de maçonnerie coûtant 20 fr. tout compris, on voudrait savoir combien on pourra en faire exécuter de mètres cubes pour 2000 fr. que l'on a, et 500 fr. que l'on empruntera.

300. Trois associés ont acheté d'abord 135 kilogrammes, puis 513k de marchandises; le tout 2592 fr. Dites à quel prix leur revient le kilogramme, et ce que chacun a payé pour sa part, ayant fourni tous une même valeur.

301. Un marchand a enlevé 25 hectolitres de vin pour 2000 fr.; 8 hectolitres de cognac pour 976 fr., et 137 bouteilles de rhum pour 411 fr. Il est convenu de payer en trois fois. Quel sera donc le montant de chaque versement?

302. Un négociant reçoit 85 caisses d'épiceries, qui lui coûtent 7225 fr. d'achat, 425 fr. de port, et 510 fr. de commission. Combien faut-il qu'il revende chacune, pour faire 1020 fr. de gain?

303. U*** a acheté du drap de 3 qualités. La 1re vaut 40 fr. le mètre, la 2e 35 fr. et la 3e 20 fr. Il en a eu autant d'une sorte que d'une autre, et sa dépense s'est élevée à 2850 fr. Combien a-t-il choisi de mètres de chaque qualité?

304. Quatre frères et une sœur ont hérité de 8200 fr., puis de 10450 fr. D'après cela, dites ce que chacun doit avoir, sachant que toutes les portions seront égales.

305° Un entrepreneur a reçu, pour un premier travail la somme de 4885 fr.; pour un deuxième, 375 fr. de plus; pour un troisième, autant que pour les deux autres, plus 26 fr. Evaluez son bénéfice au douzième.

306° 6500 stères de bois ont été payés 59000 fr. et revendus 6500 fr. de plus. On demande le prix du stère dans les deux cas.

307° Pour l'achat de 150000 plumes, un marchand a dépensé 1500 fr. Combien doit-il demander du mille, afin d'avoir un gain total de 300 fr. ? Et s'il ne voulait gagner que 150 fr....?

Problèmes combinés sur les quatre opérations.
N. ent.

308° De 12 douzaines de mouchoirs, Céleste a payé 1258 fr. Que doit-elle vendre le mouchoir, pour bénéficier de 182 fr. ?

309° 642 ouvriers ont fait 83460 mètres d'ouvrage. Dites ce qu'un seul ouvrier en a fait, et ce qu'en feraient 50 autres, travaillant de même.

310° Sur une somme de 71640 fr., 9 officiers ont pris chacun 4760 fr. Combien 16 autres soldats auront-ils séparément, en se partageant le reste ?

311° On a semé 20 décalitres de grain dans une terre d'un hectare; 25 décalitres dans une autre de même étendue, et 39 dans une troisième d'une contenance double de chacune. Qu'a-t-on mis de décalitres par hectare, terme moyen ?

312° Une personne a eu 95 kilogrammes de marchandises, à 3 fr., et 190 k. à 6 fr. A combien lui revient le kilogramme, l'un dans l'autre ? Et quelle erreur a commise un jeune élève qui n'a trouvé que 4 fr. ?

313° La veuve G*** a vendu 1279 mètres de drap, à 96 fr. le mètre, et elle a gagné 5116 fr. sur son marché. Faites connaître le prix auquel lui a été livré le mètre.

314° On doit acheter une égale quantité de bois blanc et de bois de chêne. Le mètre cube de la première sorte valant 55 fr., et celui de la seconde, 2 fois plus, dites combien on en aura de chaque espèce pour 1500 fr. — 180 fr.

315° Avec 864 fr., un marchand a obtenu 24 douzaines de canifs, qu'il a revendus sur-le-champ, moyennant 1152 fr. Je désire savoir son boni par canif, et ce qu'il eût été au total, si on lui avait accordé 1200 fr.

316° Après une bataille, un général s'aperçoit que, sur 45000 soldats, il en a été tué un douzième; qu'il y en a un vingtième de blessés, et qu'un millième a pris la fuite. Combien reste-t-il de soldats valides ?

317° N*** vendit 6 tas de bois 3720 fr. Dans le premier tas, il y avait 114 stères; dans le second, 121; dans chacun des trois suivants, 145; le sixième en contenait 260. D'après cela, cherchez la valeur du stère.

318° Un marchand a livré 7 pièces d'alépine, ayant chacune 52 mètres, à raison de 6 fr. le mètre. De cette manière, il a eu 364 fr. de gain. Combien avait-il acheté le mètre d'alépine ?

319° Un militaire en semestre savait qu'en faisant 36 kilomètres par jour, il rejoindrait son corps en 15 jours ; mais, retenu longtemps, il n'a plus que 10 jours pour sa route. Que devra-t-il faire journellement de chemin ?

320° Un chapelier se rend acquéreur de 15 douzaines de chapeaux à 12 fr. l'un, et de 7 douzaines à 15 fr. Il compte 2270 fr. sur le montant de sa facture. A quoi est-elle réduite ?

321° Les deux côtés d'une route doivent être plantés d'arbres à la distance de 5 mètres. Combien en faudra-t-il, les longueurs ayant 4 kilomètres ou 4000 mètres ? Et si l'on achète ces arbres à 50 fr. le cent, quelle sera la dépense ?

322° 350 volumes ont coûté 1750 fr.; en les revendant, on a perdu 700 fr. On demande : 1° le prix d'achat du volume ; 2° son prix de vente ; 3° la perte que l'on a faite sur chacun.

323° F*** et G*** fournirent en commun 25 hectolitres de froment, à 28 fr., et 8h. d'avoine, à 10 fr. Ils partagèrent pareillement les fonds. Combien chacun eut-il ? Combien resta-t-il au premier, après qu'il eut soldé 95 fr. qu'il devait ?

324° La dépense d'un travail est évaluée à 3800 fr. Au bout de quel temps sera-t-il terminé, si l'on emploie régulièrement 11 ouvriers par jour, au prix de 3 fr. ?

325° Une femme qui avait récolté 240 hectolitres de blé, en livra 165 hectolitres à 15 fr., et garda le surplus pour sa consommation. Ayant payé, sur sa recette, 24 kilogrammes de sucre à 3 fr. le kilo, dire ce qu'elle a réellement encaissé.

326° Huit fois la cinquième partie de douze mille francs étaient à répartir entre seize personnes. On voudrait savoir leur quote-part.

327° M. X*** doit récompenser ses ouvriers, s'ils font, en 15 jours, 3120 mètres d'ouvrage. Sachant qu'au bout de 7 jours, ils en avaient 1477 mètres, dites s'ils obtiendront la récompense, en travaillant toujours de même.

328° On a reçu 500 bouteilles de liqueurs, moyennant 750 fr., plus 85 fr. pour le port ; on les expédie à 220 fr. le cent. Chercher le bénéfice.

329° Quelqu'un laisse à ses cinq enfants une pièce de terre de 300 mètres de long sur 100 de large, et une autre qui contient 25 ares de moins que la première. Évaluez la part de chaque enfant.

330° Une personne s'étant procuré une rente

14.

annuelle de 6800 fr., a mis de côté 19360 fr. en 8 ans. Que dépensait-elle par *an* et par *jour* ?

331° Combien aurait-on de mètres de toile pour le prix de 140 mètres de drap à 15 fr., la toile ne valant que 4 fr. ? Et valant 5 fr. ?

332° Un épicier achète 5300 kilogrammes de marchandises, qui lui coûtent 15900 fr. d'achat et 258 fr. de transport ; il revend 400 fr. les 100 kilos. Quel est son gain total ?

333° Un libraire a expédié 288 ouvrages à 36 fr. la douzaine ; il a reçu à compte 350 fr. le 1er janvier, et 425 fr. le 17 février. Dire, d'après cela, ce qui lui est encore dû.

334° 4500 lampes sont cotées 27000 fr. ; on les a livrées à un autre pour 9000 fr. de plus. Calculez : 1° la *valeur* de revient de chaque lampe ; 2° celle qu'elle a acquise aux mains suivantes ; 3° le profit intégral, en défalquant 882 fr. de frais divers.

335° Un bon cheval monté par un cavalier, parcourt au trot 1 kilomètre en 5 minutes. On demande : 1° quel chemin il fera en 2 heures ; 2° ce qu'il emploierait de temps pour parcourir 36 kilomètres.

336° Un négociant a acheté 15 pièces de vin pour 675 fr. ; il a payé 90 fr. de transport. A combien doit-il revendre, de façon à gagner 12 fr. par pièce ?

337° On veut partager 35978 fr. entre 65 personnes ; 12 d'entre elles auront séparément 600 fr. ; 12 autres, ensemble 6720 fr. Quelle sera la part de chacune des dernières dans le reste ?

Récapitulation des Problèmes sur les quatre opérations fondamentales. — *N. ent.*

338° Une gerbe de lin brut produit ordinairement 2 kilogrammes de filasse. Que donneront donc 8700 bottes, en balles de 100 kilogrammes ?

339° Trois chasseurs ont tué ; le 1er jour 14 liè-

vres et 16 perdrix ; le 2ᵉ, 12 perdrix, 17 cailles et 3
lièvres ; le 3ᵉ, 10 cailles, 6 lièvres et 9 perdrix.
Combien ces chasseurs ont-ils tué de pièces de
chaque sorte et en tout ?

340° Un riche propriétaire veut secourir 15 familles pauvres. Dire ce qu'il lui faudra de francs,
pour en donner 150 à chacune.

341° Blanche s'est mariée à l'âge de 24 ans, et
elle est morte en 1868, après 45 ans de mariage.
Quelle fut donc l'année de sa naissance ?

342° Un conducteur va et revient tous les jours
d'une même ville à une autre. Combien de chemin
aura-t-il fait en 31 jours, la distance des deux en-
droits étant de 42 kilomètres ?

343° Dans une localité, on a consommé, en 1867,
4380 bœufs et 3502 moutons ; en 1868, 4617 bœufs et
3830 moutons. Quelle différence y a-t-il eu, d'une
année à l'autre, 1° sur le total des bêtes ; 2° sur
chaque espèce ?

344° Une tante donne la moitié de son bien à
5 nièces, et l'autre moitié à 8 neveux. Sa fortune
étant de 30000 fr. en argent et de 800 ares en propriétés, dites ce qu'elle procure à chacun.

345° Z*** a acheté 9 caisses de savon, pesant
chacune 100 kilogrammes, pour 1215 fr. Après les
avoir payées, il possède encore 830 fr. Quelle somme
avait-il donc auparavant ?

346° Un employé qui a 1200 fr. d'appointements,
mais qui a perdu 2 mois, se présente à la fin de
l'année, à l'effet de toucher ce qui lui est dû. Que
recevra-t-il ?

347° Quelqu'un a fait 14400 pas en 2 heures. Dites
combien il en faisait par seconde.

348° Un père de famille a 7 enfants, et accorde
8000 fr. au 1ᵉʳ, 8500 au 2ᵉ, 9000 au 3ᵉ et 9500 fr. au 4ᵉ ;
il lui reste, pour les trois autres, de quoi les doter
comme le dernier marié, en gardant 24000 fr. pour
lui. A quel chiffre s'élevait sa fortune ?

349° Que dépenseront en un an douze personnes, si, par semaine, elles dépensent chacune 8 fr. ? (V. *Problème* 265.)

350° Un voyageur reçoit annuellement 2920 fr. pour son emploi, plus 8 fr. par jour pour sa tournée. Combien peut-il économiser, ses frais journaliers n'étant que de 12 fr. ?

351° On peut partager 2135 ares de terre entre 3 héritiers. Le 1er doit en avoir 2 fois plus que le second, et celui-ci le double du 3e. Faites connaître la portion de tous.

352° Une femme riche a 4 ouvriers, qu'elle paie à raison de 3 fr. par jour. Dites quelle est sa dépense annuelle pour les solder, en décomptant 52 dimanches et 8 fêtes.

353° On demande combien il y a d'heures dans 43200 secondes, et ce qu'on doit payer pour 38 ancres, pesant chacune 3 kilogrammes, à 1 fr. le kilogramme.

354° A quel prix un marchand doit-il livrer son bois en détail, pour que 245 stères lui rapportent deux mille neuf cent quarante fr. ?

355° Dans un champ de 84 ares 40 centiares, on a semé 15 décalitres de grain, et 8 décalitres dans un autre de 42 ares, 20 centiares. Combien a-t-on récolté de grain, sachant que les terres ont rendu 12 fois la semence ?

356° On donne 2 fr. pour le charriage d'un mètre cube de cailloux, l'espace de 4 kilomètres. Que faudra-t-il dépenser pour le transport de 1200 mètres cubes, à une distance trois fois plus grande ?

357° Quelle somme ferait en 12 ans une rente de 7 fr. par jour ? Et si l'on en dépensait le tiers, combien resterait-il d'économies ?

358° D'après Delambre, d'Amiens, le rayon du pôle est de 6356324 mètres, et celui de l'équateur, de 6376984 mètres. Quel est donc l'aplatissement de la terre à chaque pôle ?

359° Mlle F. a accepté 55 kilogrammes de coton, à 12 fr. le kilogramme. Pour la même valeur, qu'aurait-elle eu de laine à 10 fr. le kilo ?

360° En supposant qu'on respire 15 fois par minute, calculez combien a respiré de fois un homme qui est mort âgé de 87 ans et 12 jours [1].

361° 30 douzaines de soufflets ont été vendues 720 fr. Dites : 1° l'estimation du soufflet; 2° ce que l'acheteur doit encore, ayant versé 360 fr. comptant.

362° Pour brûler une chandelle de 16 au kilo, il faut 640 litres d'air. On demande combien 3 des mêmes chandelles en absorberont de litres dans la veillée qui les consumera.

363° Une personne bienfaisante doit partager, entre quinze malades, un don annuel de 5475 fr. Que pourra-t-elle donner par jour à chacun d'eux ?

364° Combien y a-t-il d'années dans 15.952.300 *heures ?* Un an en contient 8765.

365° Une briqueterie régulière a été faite de 40 champs. Dans le plus bas, il y a 5000 briques, et dans le plus haut 3000. On veut savoir quel est le nombre total des briques. (*Faites la somme de celles du premier et du dernier champ ; prenez la moitié du résultat, et multipliez par le nombre de champs ou de lits.*)

Exercices de Numération décimale.

Nombres à lire :

366° 846,64; — 4,50; — 0,675; — 8,914.

367° 0,1952; — 70,5910; — 841,4016; — 0,5050.

368° 60,035; — 9285,4005; — 0,1308; — 1,672.

369° 82,95; — 0,40057; — 3,705085.

370° 0,00103; — 5,8063; — 0,32450.

371° 3754,3780; — 0,00019; — 9,990035.

---

[1] Comptez l'année de 365 jours 5 heures 49 minutes.

Nombres à écrire en chiffres :

372° Trois *unités*, huit cent cinquante-quatre *millièmes*; — six *centièmes*; — deux *millièmes*.

373° Vingt-neuf *unités*, neuf cent sept *millièmes*; — soixante-dix-sept *dix-millièmes*.

374° Soixante mille treize *cent-millièmes*; — vingt mille quatre *cent-millièmes*; — six *unités*, soixante-seize *dix-millièmes*.

375° Neuf *unités* huit *dixièmes*; — six *cent-mil-lièmes*; — cent cinquante-cinq *unités* six cent sept mille trois cent cinq *millionièmes*.

376° Quatre-vingt-trois mille six *cent-millièmes*; — deux *entiers*, huit cent cinq *dix-millièmes*; — soixante-seize *millionièmes*.

377° Quatorze *millièmes*; — quarante-huit *dix-millièmes*; — quatre-vingt-cinq *cent-millièmes*; — soixante-sept *entiers*, cent trois *millionièmes*.

378° Rendre 10 fois plus forts les nombres : 3,854; — 0,06; — 0,002; — 0,065.

379° Rendre 100 fois plus fort chacun des nom-bres : 29,907; — 0,0077; — 0,16.

380° Rendre 1000 fois plus grands : 0,60013; — 0,20004; — 6,0076.

381° Rendre 10 fois, puis 100 fois, puis 1000 fois moindres les quantités : 7085,2; — 645,38.

Exercices sur l'Addition des nombres décimaux.

Cherchez le total des expressions suivantes :

382° — 31,56 + 0,80 + 4,67 + 328,43.

383° — 0,75 + 4,5 + 0,3087 + 0,4772.

384° — 430,375 + 0,1234 + 56,78 + 16,5.

385° — 0,55 + 1,675 + 2,786 + 34,97 + 456,8.

386° — 4328,57 + 9,875 + 56837,9308.

387° — 58,6 + 170 + 32,44 + 221,37

Problèmes sur l'Addition. — *N. déc.*

388° Louis a touché 548 fr. 50 centimes pour une vente d'arbres ; 96 fr. 25 c. pour un cheval qu'il a livré, et 1213 fr. pour trente-un sacs de blé. Faire connaître le montant de ses recettes.

389° On a acheté 4 pièces de mousseline contenant : la 1ʳᵉ 58 mètres 20 centimètres ; la 2ᵉ, 43ᵐ 55ᶜ ; la 3ᵉ, 104ᵐ, et la 4ᵉ, 68ᵐ 75ᶜ. Combien toutes ces pièces réunies contiennent-elles de mètres ?

390° En mars, on a payé 46 fr. pour 40 tas de moellons ; en avril, 225 fr. pour 150 hectolitres de chaux ; en mai, 121 fr. 50 centimes pour 81 longueurs de zinc à gouttières. Quelle est la dépense que l'on a faite dans ces 3 mois ?

391° A défaut de petits poids, on s'est servi de pièces de monnaie pour peser un objet. On a employé 13 pièces de 5 fr. = 325 grammes ; 6 pièces de 2 fr. = 60 grammes ; une pièce de 1 fr. = 5 grammes, et 3 pièces de 50 centimes = 7 grammes, 50. Quel est le poids total de cet objet ?

392° A*** doit me vitrer 11 croisées, qui auront 66 carreaux. Pour 18 grands, à 75 centimes pièce, la dépense sera de 13ᶠ 50ᶜ, et pour les 48 autres, estimés chacun 60ᶜ, elle sera de 28ᶠ 80ᶜ. Combien me coûtera ce vitrage ?

393° Un enfant a lu 8 jours de suite, savoir : 2 pages 5 dixièmes le premier jour ; 5 pages, le second ; 7 pages 5, le troisième, et ainsi successivement, en augmentant de 2 pages 5 dixièmes. D'après cela, cherchez le nombre des pages que cet enfant a lues.

394° Un marchand a pris 2 coupons de drap. Le premier avait 4 mètres, et coûtait 64 fr. ; le second, 0ᵐ 48 centimètres de plus que le premier, et coûtait 7ᶠ 68ᶜ plus cher. 1° Combien ce marchand a-t-il pris de mètres de drap ? 2° à combien lui est revenu le tout ?

395° Y*** a fait, en 12 jours, 36 mètres 40 centimètres d'ouvrage pour 51 fr. 25; en 7 jours, 18m 52 pour 30 fr.; en 40 jours, 365m pour 156 fr., plus 48 fr. 20. Dites : 1° combien il a employé de temps pour ces travaux; 2° ce qu'il a fait d'ouvrage; 3° ce qu'il a reçu.

396° 4 personnes se sont partagé une somme. La 1re a eu 8 fr. 50; la 2e, autant que la 1re $+$ 0 fr. 35; la 3e, autant que les deux précédentes et 0 fr. 20 de plus; la 4e, autant que la 1re et la 3e. Énoncez la part de chaque personne et la quantité d'où elle provient.

397° J'ai livré, en janvier, 146 stères de bois, pour 584 fr.; en février, 90 stères, pour 270 fr.; en mars, 15 stères 5 décistères de plus qu'en janvier, pour 584 fr. $+$ 54. Combien ai-je livré de stères de bois? et pour quel chiffre?

398° Quel est le montant de 4 nombres, dont le premier est 154 unités, les autres augmentant successivement: 1° de 32, 8 dixièmes; 2° de 41, 52 centièmes; 3° de 17 entiers ?

399° Un marchand a 3 caisses d'épiceries. La 1re pèse 32 kilogrammes, et coûte 64 fr.; la 2e, 4k 75 de plus que la 1re, et coûte 73 fr. 50; la 3e, 160k et coûte 79 fr. 50 de plus que la 2e. Quel est le poids des caisses ? et que valent-elles ?

400° Une propriété comprend, en terres labourables : 1° 84 ares 40 centiares, et 2° 116 ares 65 centiares ; en prés : 44 ares et 8 ares, 35. Les terres labourables étant estimées 7800 fr.; les prairies 2365 fr., dites quel est le prix du fonds, et de combien d'ares il se compose.

401° Au bout d'une année, on paie un ouvrier qui a travaillé, sans s'absenter, comme il suit : 1° 51 jours, 6 dixièmes; 2° 110 jours ; 3° 94 jours, 75. Que lui comptera-t-on de journées, à 1 fr. 25 centimes, prix convenu ?

402° C*** a demandé 20 bottes de lattes, qui valent chacune 1 fr. 65 centimes, ou 33 fr. toutes ensemble; puis 7 autres au même prix, pour 11 fr. 55 centimes. Dire : 1° ce qu'il a eu de bottes de lattes; 2° la dépense qu'elles lui ont occasionnée.

403° Un bâtiment neuf, construit en briques, a 93 mètres carrés 50 décimètres carrés sur la façade, autant sur le derrière, et les deux pignons, chacun 48 mètres carrés. Quelle en est la superficie ? A 1 fr. par mètre carré pour la main d'œuvre, que paiera-t-on ?

Exercices sur la Soustraction des nombres décimaux.

404° De 3245 unités 178 millièmes, ôtez 949,256.

405° De 111,222, soustraire 74,18.

406° Retranchez 0,1476 de 3,60.

407° Otez le nombre 60,18 du nombre 224,432.

408° Faites la soustraction de 1,144 et 49,66.

409° Cherchez la différence des deux quantités 234,20 et 68,674.

Problèmes sur la Soustraction. — *N. déc.*

410° Elise possédait 31245 fr. 80 centimes; elle a perdu 9850 fr. 50 c., qu'elle avait prêtés. Quelle est sa fortune actuelle ?

411° Une pièce de drap contenait 68 mètres 215 millimètres; on y a coupé 49 mètres 70 centimètres. Dites la longueur restante.

412° J'ai reçu 3217 fr. 50 c. de mon frère. Il me devait 4503 fr. 25. Combien me doit-il encore ?

413° La pièce d'argent de 5 fr. pèse 25 grammes, et la pièce d'or de 20 fr., 6 grammes 45161. On désire savoir l'excès de valeur et de poids.

414° D*** avait 38^{m}126 de bois d'orme, le tout estimé 2478 fr. 20 c., mais il en a vendu 17^{m}485 pour 149 fr. 30 c. Que lui reste-t-il de bois ? Et quel en est le revient ?

415° On a diminué de 67 ares 8 centiares, un

enclos qui avait 1 hectare 35 ares, ou 135 ares. Chercher sa superficie actuelle, et ce qu'elle aurait été, si l'on en avait retranché 72 ares.

416° Un marchand devait livrer 32 stères de tourbe pour 208 fr.; il n'en expédie que 23 stères 8 pour 154 fr. 70. Dites 1° combien il doit encore envoyer de tourbe ; 2° combien il lui reviendra la seconde fois.

417° Une mercière a fourni 135 mille de plumes qui lui ont rapporté 3442 fr. 50 ; elle a gagné 472 fr. 50 sur son marché. Qu'avait-elle payé ses plumes ?

418° Félix disait qu'à 55 ardoises par mètre carré, il lui en fallait 8000 pour sa couverture. Cependant il en est resté 722,5. Combien y en a-t-il eu d'employées ?

419° I** a cédé 566 mètres courants de sapin, pour 650 fr. 90 c.; il en avait acheté 1443 mètres, pour 1587 fr. 30 c. Calculez ce qu'il garde de bois. Pour quelle valeur ?

420° Oswald et 3 sœurs doivent se partager une somme. Oswald aura 742 fr. 20 ; l'aînée des filles, 5 fr. 80 de moins ; la cadette, 3 fr. 35 moins que sa première sœur ; la troisième prendra autant que l'aînée. On demande, d'après cela, quelle sera la part de chacun.

421° Une veuve est âgée de 78 ans 10 mois 22 jours 50 centièmes ; sa cousine a 13 ans 8 mois 14 jours de moins. Quel est l'âge de celle-ci ?

422° En vendant 350 montres pour 31500 fr., je gagne 1662 fr. 50. Combien m'ont-elles coûté ?

423° Quelqu'un avait donné à un meunier 100 kilogrammes de blé à moudre. Le garçon ayant rapporté 75ᵏ de farine et 22ᵏ 70 de son, ou 97ᵏ 70 pesant, faites connaître le poids du déchet.

424° Suivant la qualité, le verre à vitres est de 2 à 6 fr. le mètre carré. Un vitrier, qui en a acheté une caisse du prix de 120 fr., en a déjà posé 13 mètres carrés pour 73 fr. 50. Dites l'estimation du reste.

425° P*** a revendu 572 hectolitres de charbon, moyennant 2 fr. 20 c. l'un, ou 1258 fr. 40 pour le tout ; de cette manière, il a gagné 52 centimes en détail, et 297 fr. 44 en gros. 1° À combien lui a-t-on facturé l'hectolitre de charbon ? 2° Combien a-t-il déboursé pour le tout ?

Problèmes sur l'Addition et la Soustraction réunies.
— N. déc.

426° Un corps pesant parcourt, en tombant, 4ᵐ 9 la 1ʳᵉ seconde de sa chute ; 14ᵐ 7 la 2ᵉ seconde, et pendant la 3ᵉ, il s'en faut de 6ᵐ qu'il fasse 30ᵐ 5 décimètres. Quel espace ce corps a-t-il donc parcouru au bout de 3 secondes ?

427° Une marchande a emprunté, d'abord 2000 fr., et ensuite 758 fr. 65. Afin d'acquitter sa dette, elle donne à son créancier pour 1543 fr. 90 de drap. Quelle somme lui redoit-elle ?

428° Dans un magasin, il y avait 17050 litres de vin ; mais on en a vendu 835 litres 24 centilitres, puis 1046 litres, enfin 977 litres 86 centilitres. Combien en reste-t-il ?

429° Une personne rencontre 5 pauvres. Au premier, elle donne 2 fr., et aux trois suivants, 50 centimes de moins en moins. Le dernier ayant eu le restant de la bourse, laquelle contenait d'abord 5 fr. 25 centimes, dites ce que chacun a reçu.

430° Pour l'envoi de 3 pièces de toile, valant : 46 fr. 55 c. ; 57 fr., et 174 fr. 25, Odile a reçu, le 3 décembre, 105 fr., et le 7 janvier, 81 fr. 25. Que lui est-il encore dû ?

431° Sur une pièce de terre, on a eu 20 hectolitres 50 de grain ; sur une autre, 6 hectolitres 42 de moins ; sur une 3ᵉ, 15 hectolitres, et sur une 4ᵉ, 3 hectolitres 28 de plus que dans la 3ᵉ. Combien a-t-on eu de grain en tout ?

432° J'avais 4 factures à payer à mon libraire. La

1re se montait à 18 fr. 45 ; la 2e, à 3 fr. 60 ; la 3e, à 75 fr. ; la 4e, à 15 fr. 30. J'ai donné à compte successivement 32 fr. ; 46 fr. 25, et 20 fr. Quelle valeur faut-il que je remette pour m'acquitter ?

433° Un menuisier s'est engagé à faire 28 mètres carrés 75 de persiennes, à 9 fr. du mètre carré. Il en a déjà 13 mètres carrés 16, et pense qu'il ne doit plus en confectionner que 15. Ne s'est-il point trompé ? De combien ?

434° Quelqu'un a acheté 175 kilogrammes de fer pour 105 fr. ; puis 325k 50 pour 197 fr. 65 ; enfin 1035k pour 621 fr. Dire : 1° ce qu'il a pris de kilogrammes pesant ; 2° ce qu'il a dépensé ; 3° ce qu'il a eu de profit, ayant reçu la somme de 1000 fr. en revendant son fer.

435° Mme S*** avait 4 propriétés : la 1re contenait 12 ares ; la 2e, 31 ares 35 centiares ; la 3e, le double, et la 4e, 3 ares de moins que la 2e. Combien possédait-elle de terrain ? Et combien lui en resta-t-il, après qu'elle eut donné à sa fille le 2e et le 4e champ ?

436° Un couvreur veut donner 0 mètre 098 millimètres de pureau aux ardoises d'une couverture, mais le maître n'en désire que 80. A la fin, celui-ci permet d'augmenter de 10 millimètres la dimension qu'il voulait avoir. Quel sera donc l'échantillon ? et sa différence entre celui de l'ouvrier ?

437° Un marchand doit à un de ses confrères : 1° 375 fr. 20 ; 2° 1060 fr. ; 3° 973 fr. 85 ; mais il a 4 billets à recevoir de lui : un de 454 fr. ; un de 931 fr. 75 ; un de 65 fr. 50, et un de 1148. Que revient-il d'argent à ce marchand ?

438° Un cultivateur a fait manger à ses chevaux autant d'avoine qu'il en a fourni, c'est-à-dire 42 hectolitres. Il en avait récolté 91 hectolitres, 8. Combien en retire-t-il en réserve ? Et combien manque-t-il au tas pour faire 20 hectolitres ?

439° T*** a mis 3550 fr. dans le commerce. Il a gagné d'abord 530 fr. 35 ; puis 1240 fr. 20 ; ensuite il a perdu 28 fr. 80 plus 162 fr.; mais après, il a fait un gain de 2150 fr. 45. On désire connaître sa fortune actuelle et ce qu'il a obtenu de boni.

440° Un homme a pu acquérir 375 hectolitres de froment; 184ʰ 50 de seigle, et 97ʰ 60 d'orge; il a déjà livré 208ʰ 70 du 1ᵉʳ grain; 96ʰ du 2ᵉ, et 32ʰ 85 du 3ᵉ. Dites 1° combien il s'est procuré d'hectolitres de grain; 2° combien il en a vendu; 3° combien il lui en reste; 4° et combien de la 1ʳᵉ, de la 2ᵉ et de la 3ᵉ sorte.

441° Pour percer un puits de 42 mètres de profondeur, on demande 2 fr. 25 par mètre, ou 91 fr. 50. Le propriétaire veut payer en nature, donner 300 fagots valant ensemble 60 fr., et 30 pains estimés 27 fr. Y a-t-il bénéfice ou perte pour les carriers ? Quel en est le chiffre ?

Exercices sur la Multiplication des nombres décimaux.

442° Multipliez 378,4,   par 432,5.
443°   —   487,35   —   546,8.
444°   —   3,872   —   0,78.
445°   —   0,53   —   37,125.
446°   —   123,456   —   79.
447°   —   0,0832   —   10, puis par 0,0076.
448°   —   0,0034   —   100, puis par 0,127.
449°   —   49,33   —   1000, puis par 0,00023.

Problèmes sur la Multiplication. — *N. déc.*

450° Sachant que la superficie d'une école est de 65 mètres carrés, et que par mètre carré, il faut 30 carreaux,25, on voudrait connaître combien il en entrera dans la classe.

451° Que devra débourser un entrepreneur au bout de 18 jours, pour solder 27 ouvriers qui ont 2 fr. 65 centimes par jour ? Et s'ils avaient 2 fr. 70 ?

452° D*** a acheté 6 pièces de coutil rayé, de chacune 75 mètres, au prix de 80 centimes le mètre. Quelle somme doit-il à son marchand ?

453° On a calculé qu'un homme prend à peu près 0 litre 655 d'air à chaque aspiration. Or, en état de santé, l'homme fait 15 aspirations par minute. Dire, d'après cela, ce qu'il absorbe de litres d'air par heure.

454° Bertilde consomme journellement dix centimes de tabac. Pour combien en prise-t-elle dans l'année ? Si elle mettait cet argent de côté, qu'aurait-elle d'économies après 10 ans ?

455° En vendant 1 fr. 57 le kilogramme de filasse de lin, dites combien on recevra pour une livraison de cinq balles, pesant chacune cent kilogrammes.

456° Il y a 11 fenêtres à une maison nouvellement construite. Le menuisier les estime 25 fr. pièce; mais à raison de la quantité, il les passe à 23 fr. 50. A quel total se monte donc son mémoire ?

457° Un employé dépense 46 fr. 85 par mois pour ses différents besoins. Combien aura-t-il dépensé dans 8 ans, en continuant de même ?

458° Que doit-on pour l'achat de 7 pièces de terre, contenant chacune 42 ares 20 centiares, le prix de l'are étant de 18 fr. 60 centimes ?

459° Un batteur lève son fléau environ 37 fois par minute, et le laisse retomber avec force autant de fois. Combien a-t-il frappé de coups au bout d'une journée de 10 heures 5 ?

460° Lucie a reçu 12 paniers, ayant chacun 117 douzaines de figues. Quelle somme versera-t-elle, si elle les paie 0 fr. 008 millièmes la pièce ?

461° Un journal qui coûte 30 fr. par an, réunit 15800 abonnés. Chaque abonnement procurant au rédacteur un bénéfice de 3 fr. 25, faites connaître le gain annuel de celui-ci.

462° Quels seraient les déboursés nécessaires pour 4 mètres cubes 500 de *ciment rouge*, fait avec

4/5 de brique et 1/5 de tuileau, sachant qu'il coûte 13 fr. le mètre cube, tout tamisé ?

463° Un laboureur qui sème du froment, prend 520 poignées dans un décalitre, et fait 1040 pas pendant ce temps. S'il a 13, 5 décalitres à semer, combien jettera-t-il de poignées et fera-t-il de pas ?

464° Depuis 10 ans, un boulanger a toujours vendu 250 kilogrammes de pain par jour, à 0 fr. 45 le kilo, l'un dans l'autre. Quel est le montant de ce qu'il a reçu ?

465° Que faut-il d'espèces pour 125 rames de papier, achetées au prix de 0 fr. 016 millimes la feuille ? La rame est de 20 mains, et la main de 25 feuilles.

Problèmes sur l'Addition et la Multiplication réunies.
— N. déc.

466° Un jardin a 100 mètres de long et 42,25 de large. On l'entoure d'une muraille qui coûte 15 fr. par mètre de longueur. A quel prix revient-elle ?

467° E*** fait venir de Rouen 60 boîtes de becs, à 0 fr. 92° la boîte; 350 kilogrammes de café, à 3 fr. 25 le kilo, et pour 47 fr. de fromage. Combien doit-il pour ces marchandises ?

468° Un kilogramme d'eau de mer renferme 0ᵏ 05 de sel. Combien en contiennent donc : 1° 30 kilos ; 2° 17 kilos 5 ; 3° et les deux quantités ensemble ?

469° Mon tailleur de pierres m'a façonné 161 coins à 0 fr. 15 chacun; 13 mètres d'entablement à 1 fr. 20; 12 mètres d'architrave à 0 fr. 80; même longueur d'appuis à 0 fr. 60; 165 carreaux à 25 millimes, et 19 clefs à 20 centimes. Cela posé, faites le mémoire.

470° On demande quel est l'éloignement du soleil, sachant que la lumière de cet astre parcourt par seconde 310989 kilomètres 86, et qu'elle nous vient sur la terre en 8 minutes 13 secondes.

471° Une famille consomme mensuellement 40 fr. pour le pain, 22 fr. pour la viande, et 8 fr. 50 pour les légumes. Combien aura-t-elle déboursé au bout de 10 ans pour sa nourriture ?

472° Quel est le poids de 11 litres d'eau marine et de 8 litres d'huile d'olive, les densités de ces liquides étant respectivement 1,026 et 0,915 ?

473° Dans un atelier où il y a 25 ouvriers, 8 gagnent chacun 3 fr. 80 par jour, et les 17 autres, 2 fr. 50. Que faudra-t-il d'argent pour eux au bout de la semaine ?

474° Les roues d'une voiture ont 4 mètres 5 de circonférence. D'après cela, dire quelle est la distance parcourue, lorsqu'elles ont fait d'abord 500 tours, puis 300, et enfin 435.

475° Un boucher a acheté à un fermier 8 paires de bœufs, moyennant 312 fr. 50 pour chacun, et 6 fr. de droits par bœuf. On propose de chercher combien il a dépensé en tout.

476° La vitesse d'un boulet de 24, au sortir de la pièce, est de 500 mètres par seconde, et il lui faudrait 212 heures 20 minutes pour arriver à la lune. Trouver la distance qui sépare la terre de son satellite.

477° Pour payer 36 douzaines de cravates, à 3 fr. 60 la pièce, et 846 mètres 70 centimètres de toile, à 1 fr. 25 le mètre, on a souscrit un billet; quel en est le montant ?

478° Quelqu'un qui a 3000 fr. de revenu annuel, économise 8 fr. 80 par jour en moyenne. Qu'aura-t-il épargné dans 12 ans et 6 jours ?

479° Dans le courant de 24 heures, on donne 8 litres d'avoine à un cheval et 12 litres 5 décilitres à un autre. Cela connu, on voudrait savoir quelle provision il faut faire pour une année bissextile ?

480° Deux frères commandent 5 caisses d'épiceries; 3 pèsent chacune 125 kilogrammes 50; une autre, 8 kilogrammes de plus, et la dernière, 193. La marchandise coûtant 1 fr. 20, dire quel est le montant de leur facture.

481° Un propriétaire vend, à raison de 21 fr. 50 l'are, 4 pièces de terre qui contiennent : la 1re 42 ares 20 centiares; la 2e, 21 ares 10 ; la 3e, 3 fois plus, et la 4e, autant que la 1re et la 3e. Combien doit-il toucher d'argent ?

Problèmes sur l'Addition, la Soustraction et la Multiplication réunies. — *N. déc.*

482° Une tonne remplie d'eau et mesurant 3500 litres, est vidée par un robinet qui en laisse couler 67 litres 40 centilitres par heure. Que restera-t-il d'eau dans la tonne, si le robinet reste ouvert pendant 12 heures ?

483° A*** et B*** font un échange. A*** vend à B*** 4000 plumes, à 0 fr. 007 la pièce ; B*** vend à A*** 21 kilogrammes 10 de sucre, à 2 fr. 40 le kilo. Est-ce le 1er ou le second qui redoit ? Et combien ?

484° Quelqu'un a emprunté 2010 fr. le 9 mars, et 1122 fr. 90 le 14 septembre. Pour satisfaire son créancier, il lui vend 42 ares 50 centiares de terre, à raison de 30 fr. l'are. Calculez ce qu'il doit encore donner.

485° Les pièces de 2 fr. ont 27 millimètres de diamètre, et celles de 1 fr. en ont 23. Quelle longueur formerait-on, en plaçant, les unes à la suite des autres, 20 pièces de 2 fr. et 20 de 1 fr. ? Et si l'on retirait 4 des dernières ?

486° Un négociant expédie, à 1 fr. 75 c. le litre, 4 barils de vin, contenant : les deux premiers, 175 litres chacun; le troisième, 90 litres 70 centilitres, et le quatrième, 3 litres de moins. Quel est le total du compte ?

487° Un cordonnier achète : 34 kilos 500 grammes de cuir fort, à 3 fr. 50 le kilo ; 8 kilos 600 de dépouille, à 2 fr. 40 ; 6 paires de bottines, à 4 fr. 75. On lui envoie une note de 168 fr. 75. Est-elle exacte ? De combien s'en faut-il ?

488° Un courrier parcourt 15 kilomètres par heure ; un autre, parti 2 heures 5 dixièmes après le 1er, avec une vitesse de 21 kilomètres, suit la même route. De quel chemin aura-t-il dépassé son collègue, après 10 heures ?

489° Céline a reçu 64 fr. 30 d'une part et 145 fr. d'une autre ; ensuite elle a payé 1372 fr. 55, et il ne lui reste que 8 fr. 70. Dites ce qu'elle avait d'argent avant de toucher ses fonds.

490° Sachant qu'un décalitre de froment fournit 6 kilogrammes 5 de pâte cuite, cherchez ce qu'on fera de kilogr. de pain avec 3 sachées, contenant : la 1re, 10 décalitres ; la 2e, 5 décalitres de plus, et la 3e, 2 décalitres 4 de moins que la précédente.

491° Une domestique va au marché avec 2 pièces de 5 fr., 8 pièces de 1 fr., 7 de 50 centimes et 4 de 20 c. Elle revient avec 3 pièces de 1 fr. et 4 de 0 fr. 50. Qu'a-t-elle dépensé ?

492° Un marchand a fait venir 1315 hectolitres de charbon, à 1 fr. 60 l'hectolitre ; il l'a revendu 2 fr. 55. On demande : 1° combien il a déboursé ; 2° combien il a reçu ; 3° quel a été son gain total.

493° L'ouragan, vent furieux qui renverse les édifices et les arbres, fait par heure 162 kilomètres, et le vent à peine sensible, 1 kilomètre 8 dixièmes. Quelle est la différence des espaces parcourus : 1° en une heure ; 2° en un jour et une nuit ?

494° Mon oncle a versé 2052 fr. 80 c. pour l'achat de 18 douzaines de châles ; puis il a cédé le tout à 11 fr. 50 la pièce. On veut savoir, d'après cela, le bénéfice qu'il a réalisé.

495° Un homme a 10000 fr. de revenu, et ne dépense que 15 fr. 70 par jour, l'un portant l'autre. Combien économise-t-il tous les ans ? Et combien aura-t-il épargné dans 10 ans ?

496° R*** a donné 65 pièces de 5 fr., 14 pièces de 2 fr., et 10 pièces de 50 centimes, à compte sur 28 mille d'ardoises à 26 fr., et 9 mille de briques à 16 fr. 50. Que doit-il encore ?

497° En admettant que 20 grains de blé pèsent 1 gramme, et le litre 930 grammes, dire : 1° quel est le nombre de grains d'un tas de 208 litres ; 2° celui d'un autre tas de 402 litres 5; 3° l'excès en *litres* et en *grains* du plus gros sur le plus petit.

498° Un tailleur a tiré, d'une pièce de drap, trois redingotes, quinze pantalons et 7 gilets. La redingote lui a été payée 65 fr.; le pantalon, 20 fr., et le gilet, 10 fr. Combien a-t-il gagné sur cette pièce, qui lui a coûté 384 fr. 50 ?

499° Un entrepreneur commence une construction le 13 avril, et doit l'achever pour le 7 juin suivant, sous peine de 6 fr. 50 de rabais pour chaque jour de retard. Il arrive qu'elle n'est terminée qu'au bout de 57 jours. Quelle sera la déduction ?

500° Z*** accepte un tonneau de vin de 248 litres, à raison de 0 fr. 85 le litre ; il débourse de plus 12 fr. 20 c. pour frais de transport. Que doit-il revendre le fût, pour gagner 85 fr. sur son marché ?

Exercices sur la Division des nombres décimaux.

501° Divisez 375,5 par 10, puis par 100, par 1000, par 10000.

502° On propose de diviser exactement 1727,3 par quatre unités six dixièmes.

503° Divisez 226,30 par 18,25, puis par 24,80, en poussant le calcul jusqu'aux centièmes.

504° Chercher le quotient de 736,2 par 30,56 à un millième près.

505° Divisez 3056,235 par 7,3 à 0,1 près.

506° Quel est le quotient de 6320 : 7, à moins d'un centième près ?

507° Trouver le quotient de 123456 par 789. On veut 3 chiffres décimaux.

508° Effectuer l'opération suivante : 987,65 : 432,1, à un dix-millième près.

Problèmes sur la Division. — *N. déc.*

509° J'ai donné 3905 fr. 20 c. pour 25 douzaines de chaînes. A combien me reviennent la douzaine et la chaîne ?

510° C*** laisse en mourant une succession de 35608 fr. 45 ; 13 héritiers doivent se la partager par portions égales. Dire la quote-part de chacun.

511° Il y a 40000000 de mètres dans le tour de la terre. Ce tour ou *cercle* étant partagé en 360 degrés, qu'y a-t-il de mètres et de parties de mètre dans un degré, à 0,001 près ?

512° Pauline a choisi 6 boîtes contenant 240 couteaux, qu'elle a payés 208 fr. 80. On demande 1° ce que chaque boîte contenait de couteaux ; 2° ce que l'un a été estimé en moyenne.

513° On fait 1200 pas par kilomètre ; combien est-ce par hectomètre ? Et quel temps faudra-t-il à une diligence, pour parcourir 52 kilomètres, sachant que les chevaux, allant au trot, ont une vitesse de 8 kilomètres à l'heure ?

514° Trois peigneurs ont obtenu 5082 kilos 50 de laine, moyennant 7623 fr. 75. Faire savoir la valeur du kilo, et ce que chaque associé a eu et remis pour son tiers.

515° Un marchand a vendu 15 pièces de drap également longues, ayant ensemble 337 mètres 50 ; il en a reçu 3375 fr. Dites combien chaque pièce avait de mètres, et quel a été le prix de détail.

516° Une commune paie, à raison de 8 fr. 50 par hectare, la somme de 11276 fr. 53 pour la totalité de ses impositions foncières. Trouver, d'après cela, le nombre d'hectares qu'elle possède.

517° B***, buraliste, s'est procuré, dans une année, 5340 kilogrammes de tabac, pour 14952 fr.; en les débitant, il a touché 17088 fr. Combien a-t-il donc acheté le kilogramme de tabac ? Et à combien l'a-t-il livré lui-même ?

518° Un instituteur a offert 175 fr. de 35 mille de plumes. Calculez le revient de la plume; — Et quel chemin doit faire à l'heure un piéton qui veut arriver, en 12 heures, à une distance de 64 kilom. 80?

519° Avec trois kilogrammes de bonne farine, on peut faire quatre kilogrammes de pain. Combien, avec un poids de 157 kilos 5, cuira-t-on de pains entiers (de 4 kilos) ?

520° H** a dépensé 2450 fr. pour le salaire de 10 ouvriers, qui ont travaillé pendant 100 jours. On voudrait connaître leur gain total et journalier.

521° Un fossé de 3560 mètres de long doit être creusé en 15 semaines par 80 terrassiers. Quelle sera la part entière et hebdomadaire de chacun ?

522° Autrefois la maçonnerie s'exprimait en toises carrées ou cubes. La toise carrée valant près de 4 mètres carrés, et la toise cube, environ 8 mètres cubes, dites à quel prix doit être payé un vieux maçon, qui est convenu de travailler au mètre carré mais qui exige toujours 4 fr. 50 de la toise [1].

523° Un prodigue dépense 4 fr. 25 par heure, en moyenne. Sa fortune se montant à 167535 fr., on désire savoir combien il mettra d'heures, de jours (*de 12 heures*) et d'années à l'anéantir, en continuant de même.

524° 4 tisserands ont fait 1525 mètres 8 décimètres de toile en 18 jours, et ils travaillaient 10 heures par jour. 1° Qu'ont-ils fait de travail par jour tous

---

[1] Les vraies valeurs sont 3mq 80 et 7mc 404.

ensemble ? 2° par heure ? 3° combien chaque tisserand en faisait-il journellement ? 4° enfin combien à l'heure ?

Problèmes sur l'Addition et la Division réunies.
N. déc.

525° Émilie a acheté 1140 vases 570 fr.; 214^{m}30 de toile 417 fr. 40; 150 rouleaux de calicot 1971 fr., et pour 84 fr. 65 de dentelle. Elle s'oblige à s'acquitter en 10 termes. Quelle somme donnera-t-elle chaque fois ?

526° Soixante-deux volumes ont été payés 77 fr. 50 c. Que doit-on les revendre séparément, de manière à gagner 15 fr. 50 ?

527° On a fourni, pour une garnison : 1° 478 hectolitres de froment; 2° 507^h 70 centièmes ; 3° 2000^h. La garnison ayant tout absorbé dans son année, dites ce qu'elle consommait d'hectolitres de froment par jour.

528° J'ai eu 4 pièces d'étoffe moyennant 742 fr. 90; la 1re porte 18^m 17; la 2e, 23^m 8; la 3e, 9^m 43, et la 4e, 36 mètres. A combien me revient l'étoffe en détail ?

529° Trois frères et deux sœurs se sont partagé 11517 fr. 85 en argent et 21530 fr. en marchandises. Quel a été le lot de chacun ?

530° Un litre de lait pèse 1030 grammes. Une laitière porte 5 kilogrammes de ce liquide, d'une part, et 7 d'autre part, ou 5000 + 7000 grammes pesant. Que porte-t-elle donc de litres de lait ?

531° N*** accepte 1374 kilogrammes 50 de fil pour 755 fr. 95, plus 933 kilogrammes pour 606 fr. 45. A combien lui revient le kilogr. de fil, l'un dans l'autre ?

532° Une femme a fait acquisition d'un porc pesant 123 kilos 50, en versant 113 fr. 20 ; elle a encaissé 136 fr. 20 en le détaillant. Trouver, d'après cela, les prix d'achat et de vente au kilo.

533. Il faut un décalitre de semence pour 3 ares de terrain. Combien en préparera-t-on, pour ensemencer 42 ares 20 ; 21 ares 10 ; 10 ares 55 ? Et combien pour ces 3 champs ?

534. Quatre personnes prennent ensemble vingt-cinq rames de papier, et ensuite trente-deux rames ; le tout à raison de 205 fr. 20. Dites le revient de la rame, et ce que chaque personne a fourni pour sa part.

535. Un homme s'est dépossédé de 5 champs. Le 1er contient 17 ares, 40 ; le 2e 28 ares ; le 3e 42 ares 20 ; le 4e autant que le 1er et 6 ares 30 de plus ; le 5e a même superficie que le 3e. Il a touché à cet effet 3223 fr. 50. Qu'a-t-il donc reçu par are ?

536. Des portions de bois ont été adjugées : 12 fr. 50 centimes ; 12 fr. 75 ; 13 fr. 50 ; 21 fr. 85 ; 30 fr. 25 ; 40 fr. ; 23 fr. 75 ; 37 fr. 50 ; 14 fr. ; 24 fr. 25 ; 36 fr. 75, et 38 fr. A combien la portion de bois, l'une dans l'autre ?

537. La lumière nous arrive du soleil en 8 minutes 13 secondes. La distance étant de 153318000 kilomètres, dites quel chemin la lumière parcourt en une seconde (*V. Problème* 167).

538. Quelqu'un est le destinataire de 40 caisses égales d'épiceries, pour 2000 fr. d'achat, 370 fr. de port et 240 fr. de commission. Que doit-il donc revendre chaque caisse, pour avoir 850 fr. de profit ?

539. Un marchand a acheté de la toile de 4 qualités. La 1re vaut 2 fr. 25 le mètre ; la 2e, 2 fr. 70 ; la 3e, 3 fr., et la 4e, 3 fr. 50. Il en a pris autant d'une sorte que d'une autre, et sa dépense a été de 480 fr. 90. Combien a-t-il eu de toile de chaque prix ?

540. 255 moutons sont acquis 7650 fr. ; en les livrant au commettant, on gagne 1147 fr. 50. Dites combien coûte et est revendu chaque mouton, l'un portant l'autre.

Problèmes combinés sur les quatre opérations.

N. déc.

541° Le ciment romain, ou chaux *hydraulique*, durcissant à l'humidité et même dans l'eau, coûte 13 fr. les 100 kilos, à Paris. Que faudrait-il donc pour un achat de 550 kilogrammes ?

542° On fait creuser un puits, et l'on donne à l'ouvrier 50 centimes pour le premier mètre de profondeur, 1 fr. pour le second, et ainsi de suite, en augmentant de 50 centimes. L'ouvrier trouve l'eau à 21 mètres. On demande le prix de son travail.

543° Un chapelier a reçu 24 douzaines de chapeaux, à 9 fr. 50 pièce, et 10 autres douzaines à 11 fr. le chapeau. Il a donné 744 fr. 50, plus 965 fr. sur le montant de sa facture. A quel chiffre est-elle réduite ?

544° Il a fallu 2500 mètres cubes de pierres pour une maison cinq fois plus grande que celle qu'on veut faire bâtir, et pour laquelle on a déjà 415 mètres cubes, obtenus à 40 centimes. Dites la quantité à redemander.

545° Pour l'achat de 15 douzaines de canifs, j'ai remis 288 fr. Je voudrais 25 centimes de profit par canif. A combien dois-je livrer chacun ? Et à combien la douzaine ?

546° Mlle J*** a détaillé 6 pièces de coton, ayant chacune 58 mètres 50 centimètres, à raison de 1 fr. 65. De cette façon elle a eu 87 fr. 75 d'excédant. Qu'avait-elle donc payé le mètre de coton ?

547° 14456 kilos 500 grammes de cuir reviennent à 3 fr. le kilogramme ; en les expédiant, on a bénéficié de 7228 fr. 25. Cherchez : 1° ce qu'on a déboursé ; 2° le prix de livraison par kilogramme ; 3° le boni fait sur chacun.

548° Le salaire d'un père de famille = 5 fr. 70 par jour, et ses frais = 2 fr. 85. Combien a-t-il d'épargnes au bout d'un an, de 305 jours de travail?

549° Un ouvrier veut battre 507 dizeaux de céréales dans l'espace de 3 mois, dont 2 de 31 jours et 1 de 30, non compris 13 dimanches et une fête. Quelle sera sa portion journalière ?

550° O*** a acheté 2145 ares 60 centiares de terre 05475 fr. 20 ; il les a revendus 45057 fr. 60. 1° Combien a-t-il acheté l'are ? 2° combien l'a-t-il revendu ? 3° combien a-t-il gagné sur le tout ? 4° et combien par are ?

551° Que dépensait par an et par jour une femme qui possédait une rente annuelle de 3000 fr., et qui a mis de côté 17869 fr. 80 c. en 13 ans ?

552° Combien aurait-on de popeline pour 211 m. 50 centimètres de percale, à 1 fr. 85 c., le prix d'un mètre de la première étoffe étant de 5 fr. 60 ?

553° Un libraire a consenti le marché de 35480 plumes, moyennant 11 fr. 25 le mille. Que doit-il le revendre, pour faire cent trente-trois francs, cinq centimes de profit sur le tout ?

554° On obtient la mesure de l'équarrissage d'un arbre en *grume*, en prenant le 5° de sa circonférence. Quel sera donc le résultat de la taille de divers troncs, ayant : le 1er 2m 20 de tour ; le 2e, 2m 52, et le 3e, 1m 97 ? (V. n° 138.)

555° Trente-trois personnes se partagent une succession de 150600 fr. ; huit d'entre elles prennent par tête 8240 fr. ; seize autres, chacune 4120 fr. Combien les dernières auront-elles, en particulier, dans le reste ?

556° 12 ouvriers ont fait 1528m 30, plus 7043m 70 d'ouvrage en 35 jours, travaillant 10 heures par jour. On demande ce qu'ils ont fait d'ouvrage : 1° par jour tous ensemble et chacun ; 2° par heure.

557° J'ai commandé pour 307 fr. 50 c. de vin ; ensuite j'ai fourni cette boisson contre 419 fr. 50, avec un boni de 8 fr. par feuillette. Combien ai-je donc reçu et expédié de feuillettes ?

558° Un navire a 1200 kilogrammes de biscuit ; il porte 35 hommes, et la traversée doit être de 30 jours. Néanmoins on veut tenir en provision un quart de la consommation journalière. Dans ce cas, quelle sera la ration de chaque homme ?

559° M*** a acheté une fois 5 hectolitres 50 d'eau-de-vie ; une autre fois, 3 hectolitres 40 de la même qualité, et a déboursé 152 fr. 25 de moins qu'au premier achat. A quel prix lui a-t-on facturé l'hectolitre d'eau-de-vie ?

560° Un mercier envoie 25000 épingles, à raison de 12 centimes le 100 ; il avait dépensé, pour les acheter, la somme de 21 fr. 30, plus 1 fr. 15 de port. Quel est son bénéfice ?

561° On a donné à vendre à un commissionnaire 8770 mètres 60 d'étoffe, à condition que sur 20 mètres vendus, il aurait pour lui 5 mètres. Qu'a-t-il gagné, n'ayant livré que 6542 mètres ? Et que comptera-t-il de moins qu'avec la totalité ?

562° Un fermier a acheté une propriété pour 45320 fr. Sachant qu'à sa mort, il avait déjà acquitté 30850 fr., on demande combien chacun de ses 6 enfants eut à payer de ce qui restait dû.

563° A*** cède à B*** 7000 clous à 35 centimes le cent ; B*** cède à A*** 28 douzaines de pipes à 0 fr. 35, plus 6 douzaines de crayons à 5 centimes pièce. Est-ce A*** ou B*** qui redoit ? Et dites quelle valeur.

564° Le mercure se dilate du 5550e de son volume à chaque degré de réchauffement. Que deviennent donc 2 litres 15 centilitres de mercure, en passant de 10 à 45 degrés ?

565° J'ai enlevé pour 589 fr. 50 de marchandises, donné à compte 246 bouteilles d'encre à 75 centimes la bouteille, et soldé le reste avec des pièces de 5 fr. Quel est le nombre de ces pièces ?

566° V*** a eu 30 kilogrammes de quincaillerie pour 25 fr. + 25 fois 50 centimes. On voudrait connaître, d'après cela, le revient du kilo.

567° Une marchande a vendu 360 volumes à 37 fr. 20 la douzaine. Sachant qu'elle a reçu une première fois 485 fr. 50, et une seconde fois 50 fr. de plus, dites : 1° ce qu'elle a vendu le volume ; 2° ce qu'on lui doit encore.

568° Une roue de 5^m 5 de circonférence a parcouru 4444^m $\times$ 136. Combien a-t-elle tourné de fois ? Une autre de 4^m 25 a fait le même chemin ; combien a-t-elle exécuté de tours de plus ?

569° Mon père prend pour 150 fr. 50 de gants, il revend le tout 202 fr. 50, et trouve 50 centimes de bon par paire. Cela posé, calculer le nombre de paires acquises et cédées.

570° Un fabricant emploie 45 ouvriers, qui sont occupés 10 heures par jour, et font à l'heure 0^m 25 de drap. Chacun recevant 0 fr. 80 pour 1^m, trouver: 1° le travail journalier de l'un et de tous ; 2° le prix de la journée ; 3° la somme qu'il faut au bout de la semaine pour payer ces ouvriers.

Récapitulation des Problèmes sur les opérations fondamentales. — *Nombres entiers et nombres décimaux.*

571° Henri IV, né en 1553, succéda à Henri III à 36 ans ; il fit son entrée à Paris 5 ans après, et mourut assassiné en 1610. Dire les époques de son avènement au trône et de sa réception solennelle ; combien il régna de temps, et à quel âge il mourut.

572° On demande le prix du stère de bois, à raison de mille quatre cent quarante francs les cent vingt stères, — et la valeur de 350 planches à 72 fr. le cent.

573° On a semé de l'avoine dans un champ de 42 ares 20, puis dans un autre de 21 ares 10. Chaque are de terrain ayant rendu 45 litres, dites ce qu'on a récolté d'avoine en tout.

574° C*** et D*** vont se partager 15660 fr. C*
aura 240 fr. plus que D*. On désire savoir la somme
qu'il reviendra à chacun.

575° Que doit-on débourser pour 420 œufs, au
prix de 75 centimes la douzaine ?

576° Émeline travaille 6 jours de la semaine et
12 heures par jour. Pendant combien d'heures a-t-
elle travaillé au bout de l'année ? (*V. Problème* 265.)

577° Cinquante-trois kilogrammes de marchandise ont coûté 87 fr. 45 ; on les revend, moyennant
1 fr. 85 le kilo. Dites ce que l'on gagne ; — et ce qu'il
y a d'années dans 8.941.133 minutes [1].

578° L'air pesant 770 fois moins que l'eau, et le
poids de 1^{mc} 54 centièmes de ce liquide étant de
1540 kilogrammes, on demande ce que pèse la même
quantité d'air.

579° Un petit débitant a demandé 2 bouteilles
d'eau-de-vie pour 2 fr. 20 ; il en a retiré 86 petits
verres, qu'il a servis au prix ordinaire. Quel a été son
bénéfice ?

580° J'ai fait blanchir de la toile, à 0 fr. 015 millimes le mètre ; j'ai payé en tout 56 fr. 70. Combien
avais-je de toile ?

581° Une fermière a cédé 83 moutons pour
1535 fr. 50. On lui a donné 1230 fr. Que lui doit-on
encore ? Et que dépenseront en une année six personnes, si chacune d'elles consomme par semaine
24 fr. 40 c. ?

582° Le degré du thermomètre Réaumur vaut
1,25 degré centigrade, et celui-ci $=$ 0,8 de degré
Réaumur. D'après cela, réduire : 1° 25 degrés cen-
tigrades ; 2° 17 degrés Réaumur.

583° Un meunier a versé 555 fr. pour 15 sacs de

---

[1] Comptez l'année de 365 jours 5 heures 49 minutes, en
forçant de 9 secondes ; car elle se compose réellement de 365
jours 5 heures 48 minutes 51 secondes.

blé, contenant chacun 2 hectolitres. A quel prix lui revient : 1° le sac ; 2° l'hectolitre ?

584° Quelqu'un a reçu un ballot contenant 72 douzaines de mouchoirs, à 65 centimes le mouchoir. Combien devra-t-il le revendre, pour profiter de 172 fr. 80 ?

585° Un père et ses 6 enfants gagnent 26 fr. 50 par jour, et ne dépensent que 13 fr. 25. Après 8 ans, le père partage les économies, excepté 2500 fr. qu'il garde pour lui. Quelle somme revient-il à chaque enfant ?

586° Mᵐᵉ J*** a acheté l'année dernière 6 hectolitres 50 de vin ; cette année, elle n'en a pris que 4 hectolitres de la même qualité, aux anciennes conditions, et a payé 187 fr. 50 de moins. Que lui a-t-on côté l'hectolitre de vin ?

587° La première révolution, en France, a eu lieu en 1789 ; la seconde, en 1830 ; la troisième, en 1848, et la quatrième en 1870. Combien s'est-il écoulé d'années 1° entre les deux premières révolutions ? 2° entre la seconde et la suivante ? 3° combien aurait vécu l'homme né à la première et tué dans la 3ᵉ ?

588° L*** achète à M*** 585 stères de tourbe : le tiers à 3 fr. 25 le stère ; le quart du reste, à 4 fr. 50, et le second reste, à 5 fr. Pour quelle valeur totale ?

589° On a pris, d'une part, 69 volumes pour 96, moyennant 45 fr. ; d'une autre part, 54 volumes pour 50, en remettant 08 fr. 50. Dire le coût du volume, l'un dans l'autre.

590° On fond ensemble 31 kilogrammes 425 d'étain, avec 62 kilogrammes 850 de cuivre. Faites connaître la quantité de ces deux métaux dans un kilo de leur alliage.

591° Un maître tailleur consentit à habiller 600 hommes, à condition d'avoir, pour la façon, 5 fr. par habit, 2 fr. par pantalon, et 1 fr. 50 par gilet. Il a employé 28 ouvriers à 2 fr. par jour, pendant 14 semaines. Combien a-t-il eu de bénéfice ?

592° Partagez 800 litres de blé entre 5 ménages

de manière que chaque portion soit de 20 en 20 litres plus considérable.

593° Un horloger a vendu 2 montres d'or : l'une 360 fr., et l'autre 288 fr. Il a eu à compte, sur la 1re, 2 pièces d'or de 50 fr. et 3 de 20 fr.; sur la seconde, 18 pièces de 5 fr., 14 de 1 fr., et une de 50 centimes. Que lui est-il encore dû sur ces montres ? et sur les deux ensemble ?

594° Douze ouvriers ont fait, en 8 jours, 560 mètres d'ouvrage. Quelle longueur faisaient par jour 1° les 12 ouvriers ? 2° un seul ouvrier ? 3° qu'en feraient 15 hommes, travaillant de même ?

595° Louis XII, le *Père du peuple*, naquit en 1462 ; il monta sur le trône en 1498, et mourut en 1515. Quel âge avait-il à son avénement au trône ? Combien régna-t-il de temps ? A quel âge mourut-il ? Et combien s'est-il écoulé **d'années** depuis sa mort ?

596° La pêche du hareng, en Hollande, étant évaluée à 200.000 tonnes par an, et chaque tonne contenant 780 pièces, dites combien les Hollandais pêchent de harengs par année.

597° *Quand on demande qu'une division soit effectuée à un dixième, à un centième, à un millième... près, on veut obtenir au résultat 1, 2, 3... chiffres décimaux.* D'après cela, chercher le quotient de 12345 par 6789, à 0,0001 près.

598° Un père dit : « J'ai 67 ans 8 mois 24 jours; ma femme a 61 ans 9 mois 13 jours, et ma fille, 88 ans 4 mois 5 jours de moins que notre total. » Quel est donc l'âge de la fille ?

599° Une marchande a acheté 982 kilogrammes de beurre, pour 1374 fr. 80; en les revendant, elle a reçu 1964 fr. On demande : 1° ce que lui a coûté 1 kilogramme, l'un dans l'autre ; 2° ce qu'elle l'a revendu ; 3° ce qu'elle a gagné par kilo ; 4° et sur le tout.

600° Que doit-on payer à 13 couvreurs qui ont travaillé 12 jours, à raison de 3 fr. 50 par jour, pour 5 d'entre eux, et de 2 fr. 25 pour les autres ?

601° Un compteur indique qu'une machine a donné 6300 coups de piston. S'il faut 2 secondes par coup, dire combien elle a fonctionné de temps. Et si elle avait marché 12 heures, combien aurait-elle donné de coups de piston ?

602° Un réservoir qui contient 870000 mètres cubes d'eau, alimente une écluse. Or, celle-ci écoule 18 mètres cubes par minute. Après un mois de 30 jours, dites ce qu'il y aura encore d'eau dans le réservoir.

603° J'ai un sac renfermant un nombre égal de pièces de 20 fr., de 5 fr., de 2 fr., de 1 fr. et de 50 centimes; le tout forme une somme de 1767 fr. Combien y a-t-il de pièces de chaque valeur ?

604° Deux futailles de liquide contiennent : la première 240 litres, et la seconde 120 litres de plus. Calculez ce qu'il faudra de bouteilles de 75 centièmes de litre pour soutirer ce liquide.

605° Une personne charitable a commandé, pour les pauvres, 230 pains de 4 kilos, qui lui coûteront 276 fr. Que lui restera-t-il à payer, en donnant par avance 117 fr. 70 centimes ?

606° Les roues d'une voiture ont 2 mètres 35 de circonférence, et font 125 tours par minute. Combien chaque roue a-t-elle tourné de fois en 2 heures 20 minutes ? Et quel chemin a parcouru la voiture ?

607° L'aînée de trois sœurs a eu 4520 fr. de plus que la cadette, qui a reçu 1123 fr. 50 de moins que la troisième ; la part de celle-ci ayant été de 12534f 40c, on propose de chercher le montant de la succession.

608° Mme T**** achète 428 litres de vin, pour 399 fr. 60; 395 litres 85, pour 563 fr. 75; puis 209 litres 40, pour 209 fr. 40. Mais elle revend 934 litres 56 de son vin, pour 1121 fr. 45. Combien lui en reste-t-il ? et dites le revient de cette quantité.

609° Un corps pesant parcourt 4m 9 pendant la première seconde de sa chute, et le chemin qu'il fait ensuite augmente comme le carré du nombre de secondes. Quel serait donc l'espace parcouru par un grain de grêle, dans l'intervalle d'une minute ?

610° Un marchand tailleur choisit 2 pièces de drap : la première, de 37 mètres, lui coûte 462 fr. 50, et la seconde, de 43 mètres, 548 fr. 25. On demande : 1° quel est le prix du mètre de chaque pièce ; 2° quelle est la plus chère ; 3° évaluez cette différence.

611° Une mère a survécu de 15 ans à un fils qu'elle avait eu à l'âge de 28 ans. La mère étant morte à 84 ans, dites combien a vécu le fils. Dites aussi en quelle année une personne a eu 32 ans, sachant qu'en 1846, elle avait 60 ans.

612° Le tour de la terre est de 40000 kilomètres environ. Combien mettrait-on de jours à le faire, si l'on pouvait avancer de 48 kilomètres par jour, et aller toujours en ligne droite ?

613° Julie épargne six francs cinquante centimes par semaine sur ses journées de travail. Qu'aura-t-elle économisé dans trois ans ?

614° On a payé 112 fr. 20 une caisse de marchandise pesant brut 85 kilogrammes, mais dont l'emballage formait le cinquième du poids total. D'après cela, dire la valeur du kilogramme.

615° Une somme a produit 18 fr. 15 de bénéfice ; quelle est-elle, sachant que 0 fr. 025 sont l'intérêt d'un franc ? — Trouver le revenu d'un homme à qui il reste 800 fr., après avoir prélevé 15 centimes par franc pour les pauvres.

616° Un degré de longitude vaut, à l'équateur, 444m 444 × 25. Combien le globe a-t-il donc de kilomètres sous ce cercle (de 360 degrés) ?

617° Ma tante a acheté 24 douzaines de crayons

pour 14 fr. 40. Que doit-elle revendre la douzaine, voulant gagner cinq centimes par crayon ?

618° En supposant qu'il y ait 5876 ans que le monde existe, dites combien il s'est écoulé de jours depuis, comptant toutes les années de 365 jours, à l'exception de 1469 qui ont été bissextiles.

619° Dresser le compte suivant : Mis en peinture, en dedans et en dehors, 12 paires de volets, ayant chacune 2 mètres carrés de superficie, le mètre carré à 75 centimes.

620° A la latitude de Paris, le degré n'a plus que 4444^m 444 × 16. Cela connu, on demande combien parcourrait de kilomètres l'homme qui ferait le tour de la terre sous ce parallèle, et combien il aurait d'avantage sur celui qui voyagerait à l'équateur. (*V. problème* 616.)

621° Un marchand faïencier a demandé 13 douzaines de vases en porcelaine, à 3 fr. 25 l'un; mais 13 d'entre eux s'étant brisés dans le transport, que doit-il revendre chacun des autres, pour gagner 300 fr. sur le tout ?

622° Une dame se promenait avec ses deux filles. On lui demanda quel âge elles avaient. Elle répondit: « Nous avons 68 ans à nous trois; j'ai 12 ans de plus que leurs âges réunis, et l'aînée a 4 ans de plus que la cadette. Trouvez l'âge de chacune. »

623° Quand les menuisiers achètent des planches à leurs confrères, ils les ramènent toutes à 2^{m}25, quelle qu'en soit la longueur. Combien faudra-t-il donc débourser pour 96 planches ayant 5 mètres de long, à 65 fr. le 100 ?

624° J'ai payé 832 fr. 60 pour 26 douzaines de foulards. Ayant revendu ceux-ci à 3 fr. 50 la pièce, faites connaître ce que j'ai gagné par douzaine.

625° Deux frères avaient emprunté 35000 fr. Ils ont fait 5 paiements, dont chacun a été de 730 fr. plus fort que le précédent, et le dernier de 7560 fr. Dites ce qu'ils doivent encore.

16

626° On mélange 45 kilogrammes d'eau à 20 degrés de température, avec 30 kilogrammes à 25 degrés. Quelle doit être la température du mélange ? — A*** dépense 5 fr. par jour ; combien aura-t-il économisé en 10 ans, s'il a 3000 fr. de rentes ?

627° Héloïse a troqué 175 mètres d'étoffe à 6 fr. 75 le mètre, contre 4 douzaines de châles, valant 32 fr. chacun. A-t-elle eu du profit ou de la perte ? Enoncez-en le montant.

628° Une personne a 1095 fr. de revenu ; elle veut mettre de côté 45 fr. tous les mois. Faire connaître la somme qu'elle peut dépenser par semaine.

629° A 3 fr. 60 la grosse de pipes, que coûte la douzaine ? — la pipe ? — et 3 caisses contenant chacune 45 grosses ? *La grosse est de 12 douzaines.*

630° Christophe Colomb, célèbre navigateur, découvrit l'Amérique en 1492. Combien y a-t-il d'années, à l'époque actuelle, que cette importante découverte a été faite ?

631° 3 frères emploient 25 hommes, le double d'enfants et 15 femmes. Un enfant reçoit 15 fr. par mois, une femme 30 fr., et un homme le triple d'un enfant. Quelle somme dépensent, par an, les trois frères, pour payer leurs ouvriers ?

632° Depuis la création jusqu'à la venue de Jésus-Christ, il s'est écoulé 4004 ans. Combien le monde a-t-il donc d'existence ?

633° L'entretien annuel des grandes voies vicinales peut être porté à 0f 12 par mètre carré. En supposant qu'il y ait à réparer, dans ce département, le tiers de 761425 m. carrés, à quel chiffre doit s'élever la dépense ?

634° Que ferait-on de pièces de 2 fr., ou de 5 fr., avec un lingot d'argent, au titre de 0,9, du poids de 4500 *grammes* ? — Et que coûteraient 900 kilomètres de chemin de fer à 4 rails, un kilomètre exigeant 200000 fr. ?

635° Un négociant mélange 2 cuvettes de vin : la 1ʳᵉ contient 170 litres, et vaut 85 fr.; la 2ᵉ, 242 litres, et vaut 174 fr. 25. Déterminer le prix du litre de chaque cuvette, et celui du mélange.

636° Dites le nombre de minutes à compter de la naissance de N.-S. J.-C. au 1ᵉʳ janvier 1873. (V. *Probl.* 577).

637° Faire la note des dépenses suivantes : dîner de 35 personnes, à 6 fr. par tête, et 7 bouteilles de vin, à 5 fr.; souper des mêmes invités, à 4 fr. 50, et 12 carafes de Médoc à 3 fr. Faites aussi connaître l'écot de chaque convive.

638° On a payé 408 fr. pour 5 arbres. Chercher leur volume comme bois de chauffage, sachant que l'on en a vendu 56 stères pour 448 fr., avec le gain de 2 fr. par stère.

639° Les grandes pièces de 5 francs pèsent 25 grammes; celles de 2 fr., 10 grammes, et celles de 1 fr., 5 grammes. Si l'on met dans une balance 32 pièces de 5 fr., 24 de 1 fr. et 8 de 2 fr., quel poids formera-t-on ainsi ?

640° N*** doit 1719 fr. Il paie 95 fr. 50 par mois. Dans quel temps sera-t-il quitte de sa dette ? — Que coûtent 8 sixains de cartes, à 35 centimes le jeu ? Et si on les revend moyennant 30 centimes de profit par sixain, que gagnera-t-on ?

641° On demande combien l'aiguille des minutes fait de fois le tour du cadran en un an; — et ce qu'on aurait de fagots à 45 fr. le cent, pour une somme avec laquelle on a 40 de ces mêmes fagots, quand ils ne coûtent que 36 fr.

642° Quelqu'un a un revenu annuel de 1460 fr.; il gagne en outre 73 fr. par mois, comme employé. S'il veut mettre journellement 2 fr. de côté, calculez la valeur qu'il lui restera à dépenser par jour.

643° A***, B***, C***, négociants, ont chargé un commis de vendre 10000 litres d'eau-de-vie, à condition que sur 50 litres vendus, il en aurait 2 pour lui. Ayant livré le tout, à raison de 75 centimes le litre, trouver son bénéfice.

644° Un navire porte 250 barils de poissons; 100 barils valent chacun 72 fr. 40, et les autres, ensemble le double des 100 premiers. Cela posé, faire connaître l'estimation des poissons.

645° La terre décrit annuellement une circonférence de 963 millions de kilomètres, dans sa révolution autour du soleil. Combien fait-elle donc de chemin par seconde? (*V. problème* 577, note.)

646° Lorsqu'un pinceau coûte 3 fr., que faut-il payer la douzaine ? le cent ? la grosse ? le mille ? Et sachant que 25000 ardoises ont coûté 625 fr., dites le prix du mille, du cent, de l'ardoise.

647° Un conducteur va et revient tous les jours d'une même ville à une autre. Quel chemin aura-t-il fait en 24 jours, la distance des deux villes étant de 51 kilomètres 515 ?

648° Un banquier doit payer 15000 fr.; n'ayant pas le temps de les compter, il remet un sac d'argent pesant 65 kilos ou 65000 grammes. Quelle est donc la somme qu'il a donnée ? et celle qu'il doit encore ?

649° Si l'on délaie 5 centigrammes de carmin, et que l'on verse dessus 15 kilogrammes ou 15 millions de milligrammes d'eau, toute celle-ci se teindra. Or, il y a une molécule colorante dans chaque milligramme de mélange. En combien de parties a donc été divisé un centigramme de carmin ?

650° Une personne voudrait faire 140 mètres d'ouvrage en 15 jours. Au bout de 8 jours, elle en avait fait 68 mètres 72 centimètres. Cela posé, on demande si elle pourra terminer son travail dans le temps marqué.

651° Pour dix journées d'ouvriers, on a payé 16 fr. 50. Si le salaire de chaque homme eût été plus fort de 25 centimes, combien aurait-on déboursé?

652° Un écrivain s'engage à copier un manuscrit de 200 pages. Combien lui faudra-t-il de jours, s'il en fait 2 pages par heure, et qu'il travaille 10 heures par jour ?

653° Avec 238 fr. 15 de plus que j'ai, je pourrais solder 745 fr. 60, et il me resterait 60 fr. On propose, d'après cela, de trouver ce que je possède.

654° P*** a eu 3 ans en 1823 ; dites quel est son âge actuel. Ma tante est morte en 1865, à 78 ans ; faites connaître l'année de sa naissance.

655° Une fontaine donne 3 litres d'eau par minute ; elle remplit ainsi un bassin en 2 jours 8 heures 45 min., nonobstant une ouverture qui fait perdre 580 litres à celui-ci. Quelle est donc sa contenance ?

656° Un marchand a acheté 17 bœufs et 65 moutons ; ces derniers lui ont coûté 20 fr. 50 pièce, et chaque bœuf 365 fr. En revendant le tout, il a gagné 25 fr. par bœuf, et perdu 50 centimes par mouton. Dire 1° combien le marchand a dépensé ; 2° combien il a gagné ou perdu.

657° Le son parcourt 340 mètres par seconde, et le pouls bat environ 60 fois par minute, ou une fois par seconde. Or, on a compté 15 pulsations du pouls entre un éclair et le bruit du tonnerre. Quel est donc l'éloignement du nuage d'où est sortie l'explosion ?

658° On demandait un jour à un marchand ce qu'il voulait avoir de son bois. Il répondit : « Les stères sont de 8 fr. l'un, et les cordes de 30 fr. » La corde valant 3 stères 84 centièmes, dites de quel côté il y a bénéfice pour l'acheteur.

659° Le soleil est environ 1.300.000 fois plus gros que la terre. S'il tournait autour de notre globe, il devrait parcourir en un jour 963 millions de kilomètres. Quelle serait alors sa vitesse par minute ?

660° Chercher l'intérêt de 2000 fr. à 6 p. 0/0 l'an, pendant 115 jours, et de 1040 fr. à 5 p. 0/0, pour 3 mois (*V. n° 304 bis*).

16.

DES FRACTIONS ORDINAIRES.

661° Énoncer les fractions $\frac{7}{8}$, $\frac{1}{15}$, $\frac{3}{4}$, $\frac{13}{14}$, $\frac{3}{8}$, $\frac{4}{12}$; puis dire quels sont les numérateurs et les dénominateurs.

662° Lire les fractions et expressions $\frac{4}{9}$, $\frac{5}{7}$, $\frac{1}{2}$, $\frac{355}{113}$, et exprimer qu'ayant partagé un objet quelconque en 12 parties égales, on a pris 5 de ces parties.

663° Écrire en chiffres quatre *neuvièmes*, deux *tiers*, seize *vingt-deuxièmes*, soixante-douze *quatre-vingt-quatorzièmes*, vingt-huit *soixantièmes*; puis cinquante-quatre *demies*, deux cent cinq *soixante-dix-huitièmes*.

664° Écrire en toutes lettres les fractions $\frac{11}{10}$, $\frac{14}{15}$, $\frac{13}{27}$, $\frac{2}{3}$, $\frac{5}{6}$, $\frac{2}{4}$, $\frac{108}{204}$.

665° Convertir 8 unités en *quinzièmes*, 17 en *seizièmes*, 23 en *tiers*, ensuite en *quarts*.

666° Convertir, en nombres entiers ou en nombres fractionnaires, les expressions $\frac{15}{15}$, $\frac{13}{3}$, $\frac{16}{5}$, $\frac{321}{8}$, $\frac{111}{24}$, $\frac{307}{42}$, $\frac{94}{11}$ et $\frac{212}{7}$.

667° Réduire en expressions fractionnaires les nombres suivants : $7\frac{2}{3}$, $8\frac{3}{4}$, $9\frac{1}{5}$, $10\frac{5}{6}$, $11\frac{6}{7}$, $12\frac{7}{28}$.

668° Combien y a-t-il de neuvièmes dans 32 unités $\frac{2}{9}$? Et combien de *quarts* dans $21\frac{1}{4}$? Mettre sous forme de fraction 7 entiers, dénom. 7.

Exercices sur les changements des fractions.

669° Quelle est la plus grande des deux fractions $\frac{45}{60}$ et $\frac{51}{60}$?

670° Quelle est la plus forte des trois fractions $\frac{9}{11}$, $\frac{3}{11}$, $\frac{1}{11}$?

671° Des deux fractions $\frac{15}{13}$ et $\frac{15}{16}$, dites quelle est la plus forte.

672° Faire connaître la plus grande des quatre fractions $\frac{12}{15}$, $\frac{11}{11}$, $\frac{11}{11}$ et $\frac{12}{15}$.

673° Quelle est la plus faible des trois fractions $\frac{1}{4}$, $\frac{2}{3}$, $\frac{7}{8}$?

674° Quelle est la moindre des quatre fractions $\frac{17}{18}$, $\frac{17}{26}$, $\frac{17}{15}$ et $\frac{17}{10}$?

675° Que deviendra $\frac{5}{6}$, si l'on multiplie le numérateur par 3 ?

676° Que deviendra $\frac{3}{24}$, si l'on divise le dénominateur par 4 ?

677° Si l'on divise, par 2, le numérateur de $\frac{8}{15}$, que deviendra la fraction ?

678° Si l'on multiplie, par 4, le dénominateur de $\frac{7}{12}$, que deviendra cette fraction ?

679° Quelle est la plus grande des deux fractions $\frac{4}{5}$ et $\frac{16}{20}$? $(\frac{16}{20} = \frac{4 \times 4}{5 \times 4}.)$

680° Quelle est la plus forte des deux fractions $\frac{12}{24}$ et $\frac{1}{2}$? $(\frac{12}{24} = \frac{12 : 12}{24 : 12}.)$

Exercices sur la simplification des fractions et la réduction à leur plus simple expression.

681° Parmi les nombres suivants : 376, 130, 245, 9428, 1233, 2475, 630, 2628, dites quels sont ceux qui sont divisibles par 10, 2, 5, 4, 8, 9, 3, 6, 12, 15.

682° Les nombres 112, 115, 110, 1224, 1284, 772, 3420, 5555, 6666, 38955, par quels autres sont-ils divisibles ?

683° Simplifiez les fractions $\frac{4}{12}$, $\frac{12}{24}$ et $\frac{12}{64}$.

684° Réduire à de moindres termes $\frac{45}{60}$ et $\frac{110}{120}$.

685° Donner une forme plus simple à $\frac{135}{180}$ et à $\frac{1080}{1512}$. — Diverses opérations.

686° On propose de simplifier les fractions $\frac{101}{180}$ et $\frac{1264}{3672}$.

687° Réduire à leur plus simple expression $\frac{74}{131}$ et $\frac{216}{324}$.

688° Réduisez les fractions $\frac{...}{188}$ et $\frac{...}{177}$ à leur plus simple expression.

689° Changer $\frac{...}{1231}$ et $\frac{...}{711}$ en deux fractions irréductibles.

690° Quelle est la plus simple expression de la quantité $\frac{201}{1536}$?

691° Réduisez à des termes les plus simples possibles $\frac{13700}{10875}$.

692° Chercher le plus grand commun diviseur des termes de $\frac{47}{897}$, s'ils en ont un, et réduire cette fraction à une plus simple expression.

693° Changer $\frac{...}{231}$ et $\frac{165}{231}$ en deux fractions irréductibles.

694° Réduisez à des termes les plus petits possibles les fractions $\frac{612}{900}$ et $\frac{111}{513}$.

695° Dites quelle est la plus simple expression des fractions suivantes : $\frac{1078}{1386}$, $\frac{850}{1184}$ et $\frac{311}{1862}$.

Exercices sur la réduction au même dénominateur.

696° Réduire au même dénominateur les fractions $\frac{1}{4}$ et $\frac{4}{7}$; puis $\frac{2}{3}$, $\frac{5}{7}$ et $\frac{2}{9}$.

697° Réduire au même dénominateur les fractions $\frac{1}{2}$, $\frac{1}{4}$, $\frac{1}{3}$, $\frac{1}{5}$.

698° Réduire au même dénominateur les fractions $\frac{1}{5}$, $\frac{1}{10}$, $\frac{7}{20}$, d'après la règle générale, puis d'après la première remarque.

699° Réduire au même dénominateur les fractions $\frac{1}{6}$, $\frac{5}{9}$ et $\frac{15}{18}$, d'après la règle générale, la première et la seconde remarque.

700° On propose de réduire au même dénominateur les deux fractions $\frac{4}{7}$ et $\frac{13}{15}$.

701° Trouver un dénominateur commun aux fractions $\frac{1}{2}$, $\frac{2}{3}$, $\frac{3}{4}$, $\frac{1}{5}$, $\frac{5}{6}$.

702° Réduisez au même dénominateur $\frac{1}{2}$, $\frac{5}{10}$, $\frac{3}{20}$, $\frac{1}{11}$, 1° par la règle générale; 2° par la première remarque; 3° par la seconde remarque.

Exercices sur l'Addition des fractions, expressions fractionnaires et nombres fractionnaires.

703° On propose d'additionner les fractions suivantes : $\frac{18}{25}$, $\frac{13}{25}$, $\frac{7}{25}$ et $\frac{21}{25}$.

704° Quel est le total de $\frac{13}{18}$, $\frac{5}{12}$, $\frac{8}{20}$ et $\frac{21}{48}$?

705° Faites la somme des nombres fractionnaires 7 $\frac{1}{2}$ et 27 $\frac{1}{4}$. Écrivez-la en lettres.

706° Additionnez 26 $\frac{5}{8}$, 52 $\frac{13}{15}$ et 9 $\frac{5}{18}$.

707° Trouver la somme totale de $\frac{7}{2}$, $\frac{13}{8}$ et $\frac{13}{7}$.

708° Réunir en une seule expression : $\frac{321}{7}$, $\frac{51}{8}$, $\frac{112}{8}$ et $\frac{510}{42}$.

Exercices sur la Soustraction des fractions, etc.

709° On propose de retrancher $\frac{40}{48}$ de $\frac{75}{48}$.

710° Otez $\frac{12}{6}$ de $\frac{24}{7}$, et vérifiez le résultat.

711° De 28 $\frac{8}{7}$, retranchez 6 $\frac{1}{2}$.

712° Faites la soustraction des deux nombres fractionnaires 8 $\frac{112}{255}$ et 41 $\frac{2}{8}$.

713° Il s'agit de retrancher $\frac{112}{255}$ de $\frac{230}{510}$.

714° De 47 $\frac{11}{12}$, soustrayez 9 $\frac{15}{16}$, et vérifiez.

Problèmes sur l'Addition et la Soustraction.
Fractions ordinaires, etc.

715° Deux pompes peuvent remplir une tonne : la première en 20 minutes, et la seconde en 45 minutes. Quelle portion de la tonne rempliront-elles en une minute, coulant ensemble ?

716° Un courrier a fait le 1er jour $\frac{3}{16}$ de sa route ; le 2e, les $\frac{5}{12}$, et le 3e, les $\frac{2}{15}$. Dites la partie qu'a été faite pendant ces trois jours.

717° Clotilde et trois sœurs ont été chargées d'un ouvrage. Clotilde y a travaillé 5 jours $\frac{1}{2}$; sa sœur aînée, 10 jours $\frac{1}{4}$; la cadette, 9 jours $\frac{5}{6}$, et la troisième,

14 jours. En combien de temps le travail a-t-il été exécuté ?

718° On demande la longueur d'une pièce de toile, à laquelle on a coupé 12 mètres $\frac{1}{4}$, le reste etant de 7 mètres $\frac{5}{6}$.

719° Trois fontaines donnent : la 1re 25 litres d'eau en 5 heures ; la 2e, 20 litres en 4 heures, et la 3e, 37 litres en 12 heures. Calculez ce que les trois fontaines fournissent d'eau en une heure.

720° De quel nombre faut-il ôter 123 $\frac{1}{4}$, pour que le reste soit 67 $\frac{2}{3}$? Et si l'on ajoutait 50 à la quantité obtenue, quel serait le résultat ?

721° Trouver la différence d'élévation de deux points, sachant que la hauteur du premier est de 25 mètres $\frac{2}{3}$, et celle du second de 17 mètres $\frac{1}{4}$.

722° Une machine fait 30 tours de roue en 5 secondes ; une autre, 22 tours en 4 secondes. Quelle est donc celle des deux machines qui a le plus de puissance ou de force ?

723° Quelqu'un laisse à un de ses neveux le $\frac{1}{3}$ de sa fortune ; celui-ci remet à ses enfants les $\frac{4}{7}$ de ce qu'il a hérité. Combien garde-t-il pour lui ?

724° Une source donne 160 litres d'eau en 6 heures ; une seconde en donne 220 litres en 10 heures. On demande de voir, par le calcul, quelle est la source la plus considérable.

725° F*** voulant acquitter une dette, en paya d'abord les $\frac{11}{14}$. Dire ce qu'il faut pour solde.

726° Un épicier a vendu à 4 personnes 114 kilos de marchandises. La 1re en a pris 32 kilos $\frac{1}{4}$; la 2e, 60 kilos ; la 3e, 5 kilos $\frac{1}{4}$, et la 4e, le reste. De combien était la dernière part ?

727° J'ai rendu le quart, le sixième et les cinq douzièmes d'une somme que j'avais empruntée. Qu'ai-je encore à verser pour être quitte ?

Exercices sur la Multiplication des fractions, etc.

728° Multipliez $\frac{3}{8}$ par 7, puis $\frac{11}{12}$ par 20.

729° Multipliez 7 par $\frac{4}{5}$, puis 32 par $\frac{6}{15}$.

730° Quel est le produit de $\frac{5}{12}$ par $\frac{9}{19}$? et celui de $\frac{10}{11}$ par $\frac{9}{10}$?

731° On propose de faire les opérations suivantes : $\frac{21}{5} \times \frac{17}{2}$; $8\frac{1}{3} \times 12\frac{3}{4}$.

732° Soit à multiplier $\frac{15}{72}$ par 5. Quel sera le résultat ?

733° Effectuez la multiplication des deux nombres $5\frac{1}{4}$ et $17\frac{4}{15}$.

Exercices sur la Division des fractions, expressions fractionnaires et nombres fractionnaires.

734° Je donne à diviser $\frac{25}{72}$ par 5. Que viendra-t-il au quotient ?

735° Combien de fois la fraction $\frac{13}{20}$ est-elle contenue dans le nombre 32 ?

736° Si l'on divisait $\frac{144}{86}$ par $\frac{57}{11}$, faites connaître ce qu'on obtiendrait.

737° Dites quel est le nombre qui, étant multiplié par $12\frac{4}{5}$, donne 432.

738° On demande de diviser $432\frac{5}{8}$ par $\frac{24}{2}$. Quelle sera la réponse ?

739° Une quantité a été multipliée par $\frac{5}{12}$ et a donné $47\frac{3}{4}$ pour produit. Trouver cette même quantité.

Problèmes sur la Multiplication et la Division.
Fractions ordinaires, etc.

740° La succession de M. P*** s'élevait à 13550 fr.; un des héritiers en eut $\frac{3}{8}$ pour sa part. Combien toucha-t-il donc d'argent ?

741° Un voyageur fait 4 kilomètres $\frac{3}{4}$ en une

heure. On désire savoir ce qu'il parcourra en douze heures $\frac{1}{2}$, marchant toujours de même.

742° Mlle R*** a acheté une barrique d'huile pour 45 fr. Qu'aurait-elle payé pour les $\frac{2}{3}$ de cette barrique ?

743° Un ouvrier gagne 3 fr. 50 par jour. Combien cela fait-il au bout de 15 jours $\frac{1}{4}$?

744° Mon marchand consent à remettre $\frac{1}{50}$ sur le prix d'une facture s'élevant à 975 fr. Dites quelle sera la diminution (remise ou escompte).

745° Un jeune couvreur a posé le $\frac{1}{3}$ d'ardoises de son maître, qui en a mis 7995 pour sa part à une couverture. Combien l'apprenti en a-t-il placé lui-même ?

746° À 50 fr. l'hectolitre de vin, que coûteront 9 hectolitres $\frac{2}{3}$? Et exprimer le revient des $\frac{10}{12}$ d'un arbre vendu 140 fr.

747° Une tante légua à sa nièce les $\frac{7}{13}$ de sa fortune, montant à 220000 fr. Quelle somme reçut la jeune fille ?

748° Une ouvrière, travaillant à la journée, obtient 9 fr. 35 pour 8 jours $\frac{1}{2}$ de travail. Combien gagnait-elle donc par jour ?

749° Quatre personnes vont se partager les $\frac{2}{3}$ de 15300 fr. Faites connaître la part de chacune.

750° Un filet d'eau donne 8 litres en 5 minutes. On demande en combien de temps il remplira un vase de 42 litres $\frac{1}{2}$ de capacité.

751° S*** fait en un jour les $\frac{5}{24}$ de son ouvrage. Que lui faudra-t-il de jours pour faire l'ouvrage tout entier ?

752° Quel nombre d'heures emploierait, pour faire 180 kilomètres, un homme qui parcourt ordinairement, à cheval, un espace de 63 kilomètres $\frac{1}{2}$ en 5 heures ?

753° Six ouvriers de force égale ont fait, en 15

jours $\frac{1}{2}$, 360 mètres de toile. On demande ce que chaque ouvrier en faisait par jour.

754° J'ai $\frac{4}{100}$ de remise sur 370 fr. Évaluez cette déduction. — Un instituteur reçoit 800 fr. par an. Quel est son traitement pour $\frac{9}{12}$ de l'année ?

Problèmes composés sur les quatre opérations.
Fractions ordinaires.

755° Que doit-on préparer de pâte pour faire 104 kilogrammes de pain, chacun d'eux en exigeant 1 kilogramme $\frac{1}{6}$?

756° On veut couper, par morceaux de $\frac{7}{10}$ de mètre, une pièce d'étoffe de 36 mètres. Combien y aura-t-il de morceaux ? Et si chacun était de $\frac{7}{8}$ de mètre ?

757° Des enfants veulent acquitter une dette contractée par leur père. Le 1er en paie les $\frac{4}{15}$; le 2e les $\frac{4}{21}$, et le 3e les $\frac{3}{10}$. On demande ce qu'il reste à payer de cette dette.

758° Trois compagnies d'ouvriers sont composées chacune de 30 hommes ; chaque homme ayant travaillé pendant 14 jours $\frac{2}{3}$, trouver le nombre d'heures de travail de tous les ouvriers réunis.

759° Un courrier fait 64 kilomètres en 4 heures. Combien : 1° en $\frac{7}{12}$ d'heure; 2° en 8 heures $\frac{1}{2}$?

760° Quelle était la fortune d'un homme qui a donné à un premier héritier $\frac{1}{4}$ de ses fonds, à un second les $\frac{2}{3}$, et à un troisième 5000 fr. ?

761° F*** vend 148 kilogrammes $\frac{1}{4}$ de marchandises, savoir : 57 kilogrammes $\frac{1}{4}$ à 3 fr., et le reste à 2 fr. 50. Faites connaître le produit de la vente.

762° Mon fils avait 144 kilomètres à faire en 3 jours; le premier jour, il fit $\frac{1}{4}$ de la route; le second jour, les $\frac{3}{7}$ de la même route. Trouver ce qu'il a parcouru de chemin par jour.

763° Un ouvrier a exécuté, en 5 semaines, les

17

$\frac{4}{5}$ d'un travail. Combien emploiera-t-il de temps pour le travail entier ?

764° Un certain ouvrage peut être fait en sept heures par un homme, et en 14 heures par un enfant. Calculer combien l'homme et l'enfant ensemble mettront d'heures à leur tâche.

Exercices sur les Fractions de fractions.

765° Quels sont les $\frac{4}{5}$ des $\frac{1}{2}$ de $\frac{4}{5}$?

766° Quelle est la $\frac{1}{2}$ du $\frac{1}{4}$ de 16 ?

767° Évaluez les $\frac{1}{3}$ des $\frac{6}{7}$ de $\frac{3}{4}$.

768° Prendre les $\frac{5}{12}$ de la $\frac{1}{3}$ de 18.

769° On demande les $\frac{3}{7}$ des $\frac{5}{11}$ de 48 $\frac{1}{4}$.

Exercices sur la conversion des Fractions ordinaires en fractions décimales.

770° Réduisez en décimales les fractions $\frac{1}{4}$, $\frac{1}{2}$, $\frac{1}{4}$, $\frac{3}{5}$ et $\frac{3}{15}$.

771° Évaluer la fraction $\frac{25}{37}$, à moins d'un millième près.

772° Transformez $\frac{15}{18}$ en décimales, et poussez la division jusqu'aux dix-millièmes.

773° Convertir, à moins d'un 0,01 près, les fractions $\frac{13}{15}$, $\frac{18}{20}$ et $\frac{5}{16}$.

774° Dites la valeur, en décimales, de $\frac{72}{151}$.

Exercices sur la conversion des décimales en fractions ordinaires.

775° Réduisez en fractions ordinaires 0,3 ; — 0,75 ; — 0,833 ; — 0,4555.

776° On propose de convertir les fractions : 0,344 ; — 0,85 ; — 0,9 ; — 0,7182 et 0,385.

Problèmes sur les Fractions de fractions, etc.

777° A*** et B*** toucheront ensemble 800 fr. A* aura la $\frac{1}{2}$ des $\frac{3}{4}$ des $\frac{2}{3}$ de cette somme. Énoncez en francs la part de chacun.

778° Un jeune homme demandait un jour à un géomètre quelle heure il était. Celui-ci répondit : « Il est la $\frac{1}{2}$ des $\frac{2}{3}$ des $\frac{3}{4}$ de 24 heures ; trouvez maintenant l'heure qu'il est. »

779° Un général a eu les $\frac{4}{15}$ de ses soldats qui ont été tués, les $\frac{3}{20}$ blessés, le $\frac{1}{30}$ mis en fuite, et il compte encore 16500 hommes. Quelle était donc la force de son armée ?

780° Trois personnes doivent se partager 3200 fr. La 1re prendra les $\frac{5}{8}$ des $\frac{8}{15}$ de cette valeur; la 2e, la $\frac{1}{2}$ des $\frac{4}{5}$ de la même valeur; la 3e a droit au reste. On demande le montant des différents lots.

781° Félicie a déboursé les $\frac{2}{3}$ des $\frac{4}{5}$ de ce qu'elle avait, et il lui reste 3500 fr. Que possédait-elle avant sa dépense ?

782° A combien s'élevait une dette, sur laquelle on redoit 30 fr., après avoir payé d'abord les $\frac{2}{3}$ des $\frac{4}{5}$ des $\frac{5}{10}$ de cette dette, puis les $\frac{11}{12}$ des $\frac{2}{3}$ de ce qui restait dû ?

Problèmes sur la Conversion des fractions ordinaires en fractions décimales.

783° A 5 fr. le $\frac{1}{4}$ du mètre de drap, dites ce que coûteront $\frac{15}{16}$ du même drap. *Réduisez exactement en décimales.*

784° Que faudrait-il payer à un ouvrier pour les $\frac{7}{12}$ d'un jour de travail, sachant qu'il reçoit ordinairement 2 fr. 50 centimes par jour ?

Problèmes sur la Conversion des décimales en fractions ordinaires.

785° On propose : 1° d'additionner 0,25 et 0,50 ; 2° de retrancher 0,612 du total ; 3° de multiplier le résultat par 0,8 ; 4° enfin de diviser le produit par 0,12, en réduisant en fractions ordinaires.

786° Deux hommes ont à répartir 30000 fr. entre eux. L'un enlèvera les 8 *dixièmes* des 40 *centièmes* de ce dividende. Combien restera-t-il à l'autre ?

SYSTÈME MÉTRIQUE.

Exercices et Problèmes sur les Mesures de longueur.

787° Additionner 7 décamètres, 4 hectomètres, 8 mètres, 25 centimètres et 138 millimètres. Exprimer le résultat : 1° en millimètres, 2° en centimètres, 3° en décimètres, 4° en mètres.

788° Faites la somme des nombres suivants : 1° 25 kilomètres, 8 décamètres, 7 décimètres ; 2° 6 myriamètres, 4 hectomètres, 5 mètres ; 3° 152 mètres, 30 centimètres ; 4° enfin, 905 myriamètres, 4 décamètres, 2 mètres et 75 millimètres.

789° Quel est le total de 1° dix-sept myriamètres, cinq kilomètres, soixante-douze mètres ; 2° six cent cinquante mille quatre-vingt-seize mètres ; 3° trois hectomètres, deux mètres, sept décimètres et cinq millimètres ?

790° La lune est 49 fois plus petite que la terre, dont elle est éloignée de la 402° partie de la distance solaire. Trouver, d'après cela, le nombre des kilomètres qui la séparent de notre globe (*V. Probl.* 537.)

791° Dire les mètres contenus 1° dans 5 kilo-

mètres ; 2° dans 28 kilomètres ; 3° dans 7 hectomètres ; 4° dans 632 décamètres ; 5° dans 65 myriamètres + 13 mètres.

792° On demande combien il se trouve de mètres
et de centimètres dans chacun des nombres suivants : 24 décamètres ; 132 mètres 14 centimètres ;
55 décimètres ; 8 mètres 9 décimètres et 5 centim.

793° Dans un magasin, il y avait 27481 mètres
15 centimètres de toile au commencement de l'année ; il n'y en a plus actuellement que 9396 mètres
30 centimètres. Dites quelle est la quantité vendue
depuis ce temps.

794° L'escalier d'une tour est de 228 marches ;
chacune d'elles a 0^{m}255. Faites connaître la hauteur
de la tour ; — les hectomètres de 3756^{m}9, et les
kilomètres de 9657^{m}37.

795° Un vaisseau bon voilier avance d'environ
6^{m}35 par seconde. On veut savoir combien de secondes, de minutes, d'heures il emploiera pour se
rendre d'un lieu à un autre, distant de 137 kilomètres, 16.

796° Quel chemin parcourt par jour, par heure
et par minute, un homme qui fait 500 kilomètres en
6 jours ? Exprimez cette distance, d'abord en mètres, ensuite en kilomètres.

Exercices et Problèmes sur les Mesures de surface proprement dites.

797° Lire 30^{mq}75 ; — 0^{mq}3248 ; — 5^{mq}083755 ; —
68^{mq}583 ; — ,04.

798° Énoncez les nombres : 0^{mq}0065 ; — 71^{mq}095 ;
340^{mq}00603.

799° Écrire en chiffres dix-sept décimètres carrés;
— vingt-cinq centimètres carrés ; — soixante-douze
mètres carrés trois mille deux cent six centimètres
carrés ; — 8 décimètres carrés ; — mille quatre cent

soixante-huit mètres carrés soixante-treize millimètres carrés.

800° Représenter sept cent quarante mille trois cents millimètres carrés; — 14 mètres carrés cinq décim. carrés; — 7631 mètres carrés trois cent soixante-sept centimètres carrés; — 8 millimètres carrés.

801° Réduire : 1° 43 mètres carrés en décimètres carrés; 2° vingt-cinq décimètres carrés en centimètres carrés; 3° deux cent trois millièmes de mètre carré en millimètres carrés; 4° huit dixièmes de mètre carré en centimètres carrés.

802° Trouver combien il y a de mètres carrés : 1° dans 312 décimètres carrés ; 2° dans 10000 centimètres carrés ; 3° dans 3124856 millimètres carrés. Ce dernier nombre, que vaut-il en décim. carrés ? — en centimètres carrés ?

803° Faites connaître le total de 23 mètres carrés 13 décimètres carrés; 114 mètres carrés 68 millim. carrés, et 412 centimètres carrés ; de la somme, retranchez 8 mètres carrés 7 dixièmes.

804° La superficie d'une cour est de 97 mètres carrés. Combien paiera-t-on pour le pavage, si chaque pavé, ayant 10 décimètres carrés, coûte 55 centimes tout posé ?

805° Une salle a 7 mètres 50 centimètres de long, sur 6 mètres 35 de large. On demande quelle en est la surface. (*Multipliez la longueur par la largeur*).

806° Combien faudrait-il de carreaux de 0^m 25 centimètres de long, sur 0^m 16^c de large, pour carreler une aire de 6^m 70 de longueur sur 6^m 12^c de largeur ? (*Divisez la surface de l'aire par celle d'un carreau.*)

Exercices et Problèmes sur les Mesures agraires.

807° La veuve D*** possède 4 pièces de terre ayant : la 1re cinq hectares huit ares vingt centiares; la 2e quatre-vingt-cinq ares six centiares; la 3e un hectare 42 ares 5 centiares ; la 4ᵉ 60 ares 72 centiares. Quelle est la superficie totale de ces pièces de terre ?

808° Trente ouvriers dessèchent un marais de quarante-deux hectares soixante-dix-sept ares. Combien chacun a-t-il d'ares à mettre à sec ?

809° Dites ce que me coûteront 5 hectares 7 ares 15 centiares d'enclos, à raison de 1200 fr. l'hectare.

810° Quelle est la surface, en ares, d'un bosquet de 432 mètres 50 centimètres de long, sur 186 mètres 62 centimètres de large ?

811° B*** laisse en mourant une propriété de 7 hectares 42 ares, à partager entre ses quatre fils. On demande ce qu'il revient à chacun.

812° Un arpenteur mesure un champ, et trouve qu'il a 132 mètres 40 centimètres de base et 90 mètres 20 centimètres de haut. Quelle est donc la contenance de ce champ ?

813° 68324 centiares, combien font-ils d'ares ? combien d'hectares ? combien de mètres carrés ?

814° Trouver ce qu'il y a de centiares dans 18 hectares 7 ares et 2 centiares ; puis réduire en ares.

815° J'ai vendu, par commission, le cinquième de 265 hectares de terre, à 5 fr. 50 l'are. Quel est le prix de vente ?

816° 25 ouvriers entreprennent de défricher un bois de 5 hectares 6 ares 40 centiares. Combien chacun d'eux devra-t-il faire de travail ? et en combien de temps l'ouvrage sera-t-il terminé, si chaque ouvrier défriche 2 ares 25 centiares par jour, l'un portant l'autre ?

Exercices et Problèmes sur les Mesures de volume.

817° Lire les nombres : 25ᵐᶜ 235 ; — 0ᵐᶜ 438912 ; — 473ᵐᶜ 8 ; — 0ᵐᶜ 64 ; — 5ᵐᶜ 3845.

818° Énoncez 0ᵐᶜ 003 ; — 14ᵐᶜ 0506 ; — 390ᵐᶜ 90008 ; — 4ᵐᶜ 1.

819° Écrire en chiffres quatre mètres cubes trente décimètres cubes ; quatre-vingt-quatre centimètres cubes ; dix-sept millimètres cubes ; 256 mètres cubes mille quatre cent soixante-douze centimètres cubes.

820° Représenter soixante-trois décim. cubes ; soixante-quatre centimètres cubes ; soixante-cinq millimètres cubes ; 8 mètres cubes cinq mille trois cent soixante-sept centimètres cubes.

821° Réduire : 1° 74 mètres cubes en décimètres cubes ; 2° 408 décimètres cubes en centim. cubes ; 3° 532 centimètres cubes en millimètres cubes ; 4° 55 centièmes de mètre cube en centimètres cubes.

822° Trouver combien il y a de mètres cubes : 1° dans 1234 décimètres cubes ; 2° dans 5678900 centimètres cubes ; 3° dans 1234567890 millimètres cubes. Ce dernier nombre, que vaut-il en centim. cubes ? — en décimètres cubes ?

823° Faire connaître le total des 3 volumes suivants : 15^{mc} 185 décimètres cubes ; 0^{mc} 97 centimètres cubes, et 483^{mc} 7708 millimètres cubes ?

824° Cinq ouvriers ont façonné chacun 987 décim. cubes d'ouvrage en maçonnerie. Dites, d'après cela, ce que cet ouvrage contient de mètres cubes.

825° 49^{mc} 168 décimètres cubes ont été faits en 14 jours par 14 ouvriers de même force. Combien chaque ouvrier a-t-il fait de travail, 1° en 14 jours ? 2° en 1 jour ?

826° Calculez les mètres cubes de bois d'une poutre de 10^m 5 décimètres de long, sur 37 centimètres de large et 45 centimètres d'épaisseur (*Multipliez les trois dimensions l'une par l'autre.*)

827° Dans un chantier, il y avait 1528 stères de hêtre, et 765 stères 5 d'orme. Or, on a vendu 40 stères 8 de la première sorte, et 127 stères de la seconde. Que reste-t-il de bois de chaque sorte ? et en tout ?

828° A 10 fr. 50 le stère, combien coûteront : 1° treize stères six décistères ? 2° trente demi-décastères ? 3° quatre doubles stères ?

829° On désire savoir le prix du stère, à raison de 97 fr. 50 les 7 stères et cinq décistères.

830° P*** a acheté 25 stères 3 décistères de bois à brûler. Les bûches avaient 95 centimètres de long. Dire la hauteur qu'il a fallu donner à la membrure pour mesurer ce bois.

Problèmes sur les Mesures de capacité.

831° Quel est le total, en litres, des nombres suivants : 12 hectolitres, 35 ; 2 décalitres, 3 ; 13524 litres, 86 ; 11 hectol., 3 ; et 16432 centilitres ?

832° Mme R*** avait cinq hectolitres cinquante litres de cognac, et il ne lui en reste plus actuellement que 24 décalitres 85 décilitres. Combien a-t-elle vendu de litres ?

833° Chercher ce qu'il y a d'hectolitres dans : 1° 1280 litres 15 ; 2° 567 décalitres ; 3° 1344 décilitres 5 ; 4° soixante mille trois litres + deux cent cinquante-sept centilitres.

834° Un fermier ordonne de conduire au marché cent huit sacs de grains, contenant chacun 1 hectolitre 5 décalitres. Faites connaître le nombre des litres de grains transportés par ses ordres.

835° A 85 fr. 50 l'hectolitre de vin, combien coûtent : 1° le décalitre ? 2° le litre ? 3° 25 kilolitres ? 4° 1 décalitre 3 litres 8 décilitres ?

836° Quatre frères ont acheté, pour 1300 fr., des vignes qui ont produit 35 hectolitres 77 litres de vin. Dites 1° à quel prix leur revient l'hectolitre ; 2° ce que chacun a payé pour sa part ; 3° la quantité de vin que chaque frère doit avoir.

Exercices et Problèmes sur les Mesures de poids.

837° Lire les nombres suivants : 50 grammes 80 ; — 11 décagr. 8 ; — 9 hectogr. 325 ; — 0 kilogr. 38.

838° Écrire en chiffres : treize centigrammes, neuf kilogrammes cinq grammes ; cent quinze hectogrammes soixante-douze décigrammes.

839° Réduire 1° 12 kilogrammes en grammes ; 2° 412 hectogr. en décagr. ; 3° 1000 gr. en centigr.

840° Trouver combien il y a de kilogrammes dans 1000 grammes ; 540 grammes ; 13377 décagrammes ; 567 décigrammes.

841° Si un litre de vin pèse 0ᵏ 980, dites quel sera le poids de 3 hectolitres, 5 du même vin.

842° Un tas de fil pesait 37 kilogrammes 5 hectogrammes ; on en a vendu 12375 grammes. Que reste-t-il donc de kilogrammes de fil dans le tas ?

843° Calculez la valeur de 96 grammes 7 décigr. de marchandises, à 32 fr. le kilogramme.

844° Combien de tabac a consommé par jour un homme qui, dans l'espace de 25 ans, en a fumé 320 kilogrammes ?

845° Cherchez ce que doivent peser : 1° 25 litres d'eau pure ; 2° 8 litres 50 centilitres ; 3° 1 litre 25 centilitres de mercure, métal liquide pesant 13 fois et demie plus que l'eau.

846° T*** demande quel est le volume de 432 grammes d'eau, — et quels poids il faut employer pour livrer 354 décagrammes, puis 17620 grammes de viande. Que doit-on lui répondre ?

847° La France payant deux milliards 300 millions d'impôts, dites combien il faudrait de chevaux pour porter ce budget, en monnaie d'argent, en chargeant chaque cheval de 250 kilogrammes.

848° Le poids de l'huile étant les 0,915 de celui de l'eau, trouver ce que pèse l'huile contenue dans un vase de 2 litres 50 de capacité.

Problèmes sur les Mesures monétaires.

849° Combien une pièce de 5 fr. vaut-elle de décimes et de centimes ?

850° Qu'y a-t-il de francs 1° dans 3255 centimes ? 2° dans 24 décimes ?

851° Un marchand épicier a reçu 512 kilogrammes de chocolat pour 1612 francs 80; mais il n'a payé que 705 francs 65. Quelle somme doit-il encore ?

852° E*** a mis en peinture 375 mètres carrés 84 décimètres carrés de bâtiments, à raison de 8 fr. 40 le mètre carré. Combien lui est-il dû pour travail et fourniture ?

853° Faites connaître le prix de l'hectogramme de sucre, sachant que 73 kilogrammes 850 grammes ont coûté 162 francs 47 centimes.

854° Deux frères ont acquis 30 hectolitres de vin, moyennant le prix de 61 fr. 50 l'hectolitre; ayant revendu ce vin 1 fr. 15 le litre, dites quel a été leur bénéfice total.

855° Un hectolitre de blé valant 32 fr. 50, on demande combien coûteront 4 doubles décalitres; — et combien on aurait de stères de bois pour 1440 fr., le stère coûtant 8 fr. 30.

856° La distance du pôle à l'équateur étant de 10 millions de mètres, que faudrait-il poser de pièces d'argent de 5 fr. à la file et au contact les unes des autres, pour faire ce quart du tour de la terre ?

857° Quel est le poids de 5320 fr. en argent monnayé ? et quelle est la quantité d'eau distillée qui pèse autant que cette somme ?

858° Cherchez l'estimation de 105 hectolitres d'avoine, à 0 fr. 58 centimes le décalitre. Calculez ce qu'on doit mettre de cuivre dans 10 kilogrammes d'or pur, pour former de l'or monnayé.

859° On veut savoir combien il y a d'argent et

de cuivre : 1º dans 28 pièces de 5 fr.; 2º dans 60 pièces de 2 fr.; 3º dans 14 pièces de 1 fr.; 4º dans 6 pièces de 50 centimes.

860º Sous le même poids, la monnaie d'or ayant une valeur 15 fois et demie plus forte que l'argent, dites ce que doivent peser, en grammes, 1º 80 fr.; 2º 140 fr.

861º Combien y a-t-il de francs dans un sac d'argent pesant 12 kilogrammes 25 grammes, le poids du sac étant de 25 grammes ?

862º Quel est le prix du kilogramme d'or monnayé, 1º connaissant le rapport de l'or à l'argent (860) ; 2º sachant qu'une pièce de 10 francs pèse 3 grammes 225 par excès ?

863º Quel est le *titre* le plus fort et le plus faible des monnaies d'or et d'argent? (*V. nº* 228.)

Problèmes combinés sur le Système métrique.

864º Ajouter ensemble 25 décamètres, 9 hectomètres, 5143 mètres et 501 kilomètres. — Dire combien le total contient de mètres, et l'énoncer ensuite en décamètres, hectomètres, kilomètres et myriam.

865º Additionnez les nombres suivants : 8 kilogrammes 5 décagrammes 3 grammes, + 50 kilogr. 7 hectogr., + 548 grammes, et exprimez la somme 1º en décagr.; 2º en hectogr.; 3º en kilogrammes.

866º Un boulet lancé qui ferait 0 kilomètre 840 mètres par seconde, aurait besoin d'au moins 600 000 ans pour atteindre Sirius, l'étoile fixe la plus voisine de notre terre. Dire, d'après cela, quel est l'éloignement approximatif de cet astre.

867º Combien 371225 centimètres carrés font-ils de mètres carrés et de décim. carrés? Et combien y a-t-il de centim. carrés dans 37 décam. carrés ?

880º On a 140 litres d'esprit de vin, à 175 fr. l'hectolitre, et l'on veut en faire de l'eau-de-vie, qu'on vendra 1 fr. 20 le litre. Pour gagner 40 fr. sur la totalité, que faudra-t-il ajouter d'eau ?

869° Dans 47030 centiares, trouvez combien il y a d'ares et d'hectares; et quels sont, en mètres carrés, les ⅞ de 5 hectares et 6 ares.

870° Écrivez et additionnez 3 mètres cubes 220 décimètres cubes, + 335 mètres cubes 254800 centim. cubes, + 0^{mc} 18 décimètres cubes. — De la somme, retranchez 16 mètres cubes 233 centimètres cubes.

871° J'ai acheté 4 hectolitres treize litres de vin; j'en ai revendu 2 hectolitres cinq litres et trente-cinq centilitres. Que m'en reste-t-il ?

872° Combien y a-t-il de grammes dans 542 kilogr. et 35 grammes ? et combien de centigr. ?

873° Un tisserand, pour faire une pièce de toile, a employé 42 hectogrammes huit grammes de fil; il en avait reçu cinq kilogrammes. Calculez ce qu'il a dû rendre.

874° Dans une maison qui a 4 feux, on a brûlé 32 stères de bois; combien par feu ? Et si le stère coûte 6 fr. 75, à combien revient la dépense de chaque feu ?

875° M*** a acheté 2 pièces de terre. La première contient un hectare et six ares; la seconde, 3 hectares 21 ares et 42 centiares. Il en a cédé à son neveu 84 ares 95 centiares. Dire, d'après cela, ce qu'il garde de terre.

876° En mesurant un bâtiment, on a trouvé 13^m 50 de long (largeur comprise) et 7^m 18 de haut. Que devra-t-on payer à l'ouvrier chef, si celui-ci demande un franc treize millimes par mètre carré ?

877° Additionnez ensemble 13 kilos 8 unités 85 centi, + 2 myria 25 déca 8 déci, + 456 unités 25 milli, + 31 hecto, + 65312 déca.

878° Un négociant vend 36 litres 25 centilitres de vin, à raison de 75 fr. l'hectol. Que doit-il recevoir ?

879° Pour conduire l'eau d'une source à une

habitation, on emploie des tuyaux en fonte de 2^m5 de longueur. Combien en faudra-t-il, si la distance du premier lieu au second est de 270 mètres ?

880° Une famille a consommé dans un an 7 hectolitres 5 décalitres et 30 centilitres de bière. Faites savoir ce qu'elle buvait de litres par jour, l'un portant l'autre.

881° Jules, Adèle et Léontine ont à se partager une propriété de 54 hectares et 27 ares. Dire si chacun d'eux aura plus de 18 hectares de terre.

882° Une femme, qui veut acheter de la toile, sait que pour 30 fr. 50 elle s'en procurerait 15 mètres 25. Combien peut-elle obtenir de toile pour 1 fr. ?

883° Un pré a 65 mètres en longueur et 34 mètres 20 centimètres en largeur. Que renferme-t-il d'ares ?

884° Dix litres de liquide pesant 55 kilogrammes 10 grammes, on demande ce que pèse un décilitre du même liquide.

885° Une pièce d'argent de 5 fr. pèse 25 grammes. Un tas de 30 kilogrammes de ces pièces, combien en contient-il ? Quelle est sa valeur ?

886° Quels poids faut-il employer pour 1° 330 grammes de marchandises ; 2° 287 décagrammes ; 3° 35 kilogrammes ?

887° Un homme qui a 50 fr. à dépenser par jour, souscrit pour 4380 fr. de billets, qu'il doit payer sur son revenu d'une année. A quoi doit-il restreindre sa dépense journalière ?

888° F* a versé 32500 fr. pour 21 hectares 42 ares de terre. Que lui ont coûté l'hectare, l'are et le centiare ?

889° Combien y a-t-il de grammes de cuivre dans une somme de grosses pièces d'argent, pesant 15 kilogr. 50 décagr. ? Combien vaut cette somme ?

890° On possède : 1° 22 pièces de 1 fr.; 2° 45 de 5 fr. ; 3° 38 de 2 fr. ; 4° 6 d'un demi-franc; 5° 4 d'un cinquième de fr. Quel est le poids total des pièces particulières et de toutes ensemble ?

891° Que pèse, en grammes, un litre d'eau distillée ? et quelle est la valeur, en argent monnayé, qui a le même poids que 50 centilitres de mercure, métal liquide 13 fois ½ plus lourd que l'eau ?

892° Un sac rempli d'espèces d'or de 100 fr., pèse 2 kilogr. 419 grammes 50 centigrammes, non compris le poids du sac, qui est de 12 grammes ; calculez combien il renferme de ces espèces.

893° Trois hectogrammes huit centigrammes de marchandise coûtant 0 fr. 25 centimes, dites quel serait le prix du kilogr., puis celui de 3250 grammes.

894° Six hectares 35 centiares de terre ont été vendus à raison de 80 fr. l'are. Que doit-on payer au notaire, s'il réclame deux centimes et demi par franc pour ses honoraires ?

895° 342 mètres 50 de drap sont revenus à 6840 fr. Combien a-t-on revendu le mètre, sachant qu'on a reçu sept mille cinq cent trente-cinq francs ?

896° Cherchez ce qu'il faudrait de pièces de 2 fr., pour équivaloir au poids d'un litre d'eau pure.

897° Établir le compte suivant : Peinture d'une porte de 1ᵐ 85 de haut, sur 0ᵐ 895 de large, à 2 fr. 25 le mètre carré.

898° D*** veut faire paver sa chambre. Que lui faudra-t-il de carreaux de 0,05 centièmes de mètre carré, si l'appartement a 8 mètres 30 centimètres de long et 5 mètres 65 centimètres de large ?

899° Mon frère a acheté un baril d'huile pesant 20 kilogrammes 30 ; le barillet seul pèse 3 kilogr. 15. Quelle est donc sa capacité ?

900° Un réservoir renferme 1560 hectolitres d'eau. On désire connaître le volume et le poids de l'eau.

901° J'ai acheté 38 ares 20 centiares de terrain, sur lequel je veux faire un jardin et des bâtiments. Le jardin devant avoir 45 mètres de long sur 30ᵐ 27 de large, dites la surface restante pour les constructions.

902° Un maçon a fait une muraille de 18^m 50 de long, 2^m 20 de haut et 0^m 40 d'épaisseur, moyennant le prix de 20 fr. le mètre cube. Combien recevra-t-il pour son salaire ?

903° Une caisse pèse 236 kilos 80 et coûte 344 fr. 20. Si cette caisse forme les $\frac{7}{8}$ du poids total, et que la marchandise soit vendue à 2 fr. 25 le kilo, quel bénéfice le marchand fera-t-il sur la totalité ?

904° On demande le volume de 5 grammes 27 d'eau, — et ce que contiendra de stères de bois un bûcher de 6 mètres de longueur, 3 mètres 24 de hauteur et autant de profondeur.

905° Combien y a-t-il d'hectolitres, 1° dans 16 mètres cubes ? 2° dans 777 décimètres cubes ? 3° dans 865 centimètres cubes d'eau ?

906° Quels sont les poids à employer pour fournir : 1° 452 grammes de comestibles ; 2° 37 kilogrammes 20 ; 3° 624 centigrammes ?

907° Exprimez la longueur du contour d'une armoire de 3^m 17 de haut, sur 1^m 82 de large. Et dire ce que pèsent 25^{mc} 15 d'eau.

908° Combien de kilomètres la terre parcourt-elle en un an, en tournant autour du soleil, sachant qu'elle n'emploie qu'une heure pour faire 109868^k ?

909° 450 pièces de 5 fr. font équilibre à 11237,50 grammes. Qu'y a-t-il donc de perte, 1° en poids ; 2° en argent ?

910° Une citerne rectangulaire a 32^m de longueur sur 8,50^m de largeur et 3^m de profondeur. Dites : 1° quel est son volume ; 2° quelle est sa capacité.

911° Un négociant se contente d'un dixième de profit sur la vente de ses articles. Cela posé, faire sa facture pour une balle de café de 118 kilogr., qu'il a payée à 2 fr. 50 le kilogramme.

912° On demande la valeur de 8 kilogrammes et demi d'or monnayé, et le poids de 30 pièces d'un cinquième de franc.

913° A 325,40 fr. le kilogramme de marchandise, chercher ce que coûteront 74 grammes 8 décigr. Et si le myria vaut 14 fr. 50, combien 15 hecto 6 unités ?

914° Quel est le prix de l'hectolitre de vin, si, pour 2330 litres 80 centilitres, on a payé 932 fr. 32 ?

915° Moyennant 72 fr. 50, on a eu un hectolitre de Rochelle. Dites la capacité qui correspond à 1 fr. — Que faut-il de centilitres pour un décalitre ? — Et trouver le poids de 5540 fr. en or.

916° On veut faire couvrir une maison dont la toiture a 25 mètres de long sur 6ᵐ 10 de haut. Combien faudra-t-il d'ardoises de 0,02 de mètre carré d'échantillon ?

917° Calculez le montant de la journée d'un ouvrier qui gagnerait 7 fr. 80 par jour, s'il recevait seulement 164 fr. 25 de plus par an.

918° Un débitant verse 5 litres d'eau dans 30 litres d'une sorte d'eau-de-vie, qui lui coûte 85 centimes. A combien lui revient le litre de mélange ?

919° Quelle est la quantité de fin d'une somme en or pesant 80 kilogrammes, sachant que l'or, de même que le gros argent monnayé, contient la dixième partie de son poids de cuivre ?

920° Un maître de pension a reçu 3 pièces de vin, à 45 fr. l'hectolitre. Il a payé pour le tout la somme de 244 fr. Or, la première pièce contenait 247 litres ; la deuxième, 196 litres 4 décilitres. Que contenait donc la troisième ?

921° Faites savoir ce qu'il y a d'argent pur, 1° dans 45 pièces de 1 fr. ; 2° dans 90 de 2 fr. ; 3° dans 135 de 5 fr. ; 4° dans 52 de 50 centimes.

922° Combien 62 décastères valent-ils de décistères ? Et que pèsent : un décimètre cube, un mètre cube, 70 litres, 3 hectolitres d'eau ?

923° J*** achète deux coupons de drap : l'un a 3ᵐ 45 et l'autre 5ᵐ 12 ; le second coupon coûte 28,40 fr. de plus que l'autre et est de même qualité. D'après cela, chercher la valeur du mètre de drap.

924° Que faudrait-il mettre d'eau dans 250 litres de vin à 2 fr., pour que le mélange ne revînt qu'à 1 fr. 40 ?

925° Quelle est la quantité de litres contenue 1° dans 3200 grammes d'eau ; 2° dans 45 décagr. ; 3° dans 128 hectogr. ; 4° dans 375 kilogrammes ?

926° On peut obtenir la longueur du mètre avec 6 pièces ou 44 pièces de 20 fr. et d'autres de 10 fr. Dites quels sont ces derniers nombres de pièces.

927° Un commerçant cède 2 tonneaux de vin. Le premier a 150 litres de plus que le second, et coûte 487,50 fr. ; le second coûte 390 fr. Trouver la contenance de chaque tonneau.

928° Combien y a-t-il de fois 10 fr. d'or dans un sac qui contre-balance brut 240 grammes 820 milligrammes, sachant que le sac vide équilibre 15 gr. ?

929° Une somme d'argent = 1 kilogr. 600 grammes ; quelle est-elle ? Que pèserait-elle, 1° en or ; 2° en bronze ? (*Une valeur d'argent pèse 15 fois et demie plus qu'en or, et 20 fois moins qu'en bronze.*)

930° Dire le poids de 85 mètres cubes d'air ; la capacité d'un vase, qui pèse 10 kilogrammes étant plein de mercure, et 243 grammes 56 lorsqu'il est vide ; enfin celle d'un autre, rempli à moitié de mercure et à moitié d'eau, pesant autant dans les 2 cas.

931° On voudrait connaître ce que coûte un mètre cube d'ouvrage, lorsque l'on paie 32 fr. 95 pour 27 décimètres cubes.

932° 20 fr. en or monnayé ne pèsent que 6 gr. 339. Combien perdent-ils : 1° en poids ; 2° en valeur ?

933° *La tolérance du poids, en plus ou en moins,* est de

	pour les pièces de			pour les pièces de	
1 millième		100 francs	5 millièmes		2 fr. et 1 fr.
2 millièmes		50 et 20ᶠʳ	7 millièmes		50 centimes
2 mill. 1/2		10 francs	10 millièmes		20, 10 et 5 c.
3 millièmes		5 francs	15 millièmes		2 et 1 cent.

Cela posé, exprimer cette tolérance en fraction décimale du gramme.

934. Quel est le poids le plus faible et le plus fort des pièces d'or et des pièces d'argent ?

935. Que représente, en centimes ou en millimes, la tolérance de poids sur les pièces d'or ? Et combien $\frac{1}{8}$ d'un hectolitre valent-ils de litres ?

936. On demande ce que représente, également en centimes ou en millimes, la tolérance du poids sur les pièces d'argent.

937. La pression de l'air qui nous entoure, étant équivalente à celle d'une colonne de mercure de 76 centimètres de hauteur, dire quel est le poids de l'air sur le corps humain, dont la surface est supposée de 3mq, 50.

938. Combien faudrait-il de briques de 0m 22 de longueur, sur 0m 11 de largeur et 0m 07 d'épaisseur, pour un mur de 12m de long, 6m de haut, 0m 50 d'épaisseur, dans lequel il entrera environ un sixième de mortier ?

939. On a fait creuser un puits de 2m 5 de diamètre et 28m de profondeur. Qu'a-t-on enlevé de mètres cubes de terre ? (*Multipliez 1° le diamètre par lui-même ; 2° le produit par la hauteur ; 3° le résultat précédent par $\frac{11}{14}$.*)

940. M. L*** désire une citerne cylindrique, qui ait 2m 6 de diamètre et 5m 5 de profondeur. Dites ce qu'elle contiendra d'eau (*Opérez comme à 939, et réduisez les mètres cubes en litres.*)

941. Un tronc d'arbre a 6m de haut et 2m 20 de circonférence ou de tour, au milieu. Combien en tirerait-on de stères ou mètres cubes ? (*Multipliez le quart du diamètre par la circonférence, puis le produit par la longueur de l'arbre [1].*)

---

[1] On trouve un diamètre inconnu, en divisant la circonférence par le rapport 3,1416. Si l'on divise cette circonf. par 12,566 (nombre qui égale 3,1416 × 4), le quotient donne tout de suite *le quart du diamètre*. — Quand on ne veut avoir que

942° On désire savoir ce qu'il y a de décistères dans un chêne qui porte 18^m 50 de long et 2^m 52 de circonférence, au milieu.

943° Un bassin rectangulaire qui a 6,5^m de longueur, 3^m de largeur et 2,7^m de profondeur, est rempli aux deux tiers de sa hauteur. Quelle quantité d'hectolitres d'eau renferme-t-il ? Et quel est le poids de cette eau, supposée pure ?

Problèmes sur la Règle de Trois simple.

944° Pour 106 fr. 50, on a acheté 35 mètres 50 centimètres de toile. Combien aurait-on de ladite toile pour 312 fr.?

945° Que coûteront 624 ares de landes, lorsque pour 328 fr. 75 c. on en a eu 26 ares 30 centiares?

946° Dix-sept hommes ont exécuté en une semaine 153^m de terrassement. Dire ce que 15 hommes en auraient fait pendant le même temps.

947° 24 ouvriers façonnent par jour 300^m d'ouvrage. Combien faudrait-il d'ouvriers pour 650^m ?

948° Un vieux grenier comportait 38 planches à 0^{m}27 de largeur. Combien en faudrait-il de neuves aussi longues, et larges de 0^m 108, pour remplacer les autres ?

949° Sachant que 12 maçons ont employé 25 jours pour construire un pont, trouver combien 20 maçons auraient mis de jours à ce même pont.

---

le *cubage-équarri* de l'arbre en grume, on *déduit les 2 dixièmes* du résultat obtenu ; mais alors il est plus simple de *multiplier par lui-même le quart du tour de l'arbre, et le produit trouvé, par la distance d'un bout à l'autre.*

Les problèmes 939, 940, 941 et leurs analogues peuvent aussi se résoudre en *multipliant le carré du rayon par 3,1416, et le produit par la hauteur.* On a ainsi : 1° la *surface* du cercle de la base ; 2° le *volume* cherché.

950° Un tailleur demande ce qu'il coupera de toile à 0ᵐ 65 de large, pour doubler 18ᵐ 50 d'un cuir de laine, qui a un mètre 25 centimètres de largeur.

951° Une garnison de 2000 hommes a des vivres pour 45 jours. Combien ces vivres dureraient-ils, si l'on augmentait l'effectif, de manière qu'il s'y trouvât 2500 hommes ?

952° Avec 3ᵐ 50 de drap à ¾ de large, on a fait un habit. Que faudrait-il d'un autre drap, n'ayant que ½ de large, pour faire un pareil habit ?

953° Il y a des aliments dans une caserne pour nourrir, pendant 180 jours, 2200 soldats. Si l'on ajoutait deux cent cinquante hommes, en combien de temps les substances seraient-elles épuisées ?

954° Lorsque je paie 33 fr. pour 30 kilogrammes de viande, dites ce que je devrais payer pour 85 hectogrammes.

955° Sur une somme de 2400 fr., on a fait une remise de 144 fr. Quel rabais fera-t-on, en proportion, sur 3548 francs ?

956° Pour 45 vêtements, il a fallu 275 mètres d'étoffe, large de 1ᵐ 35 ; combien aurait-on employé d'une étoffe plus large de vingt-cinq centimètres ?

957° L*** a acheté pour 13580 fr. de marchandises ; on voudrait savoir quel serait son bénéfice total, en revendant 12 fr. pour cent de plus.

958° Une maîtresse de pension a 33 élèves, qui lui rapportent 181 fr. 50 par mois. Combien lui faudrait-il d'élèves, pour gagner 231 fr. dans le même temps ?

959° J'ai fait transporter 125 kilogrammes de marchandises l'espace de 52 kilomètres, pour la somme de 15 fr. 75. Dites ce que j'aurais payé pour cent quatre-vingt-sept kilogrammes cinq hectogr. au même endroit.

960° Faire connaître ce qu'il faudra de jours à un artiste pour économiser 140 fr., si tous les mois il met trente-cinq francs de côté.

961° Quelqu'un a fait deux pièces de même qualité : l'une de 120 mètres, et l'autre de 82. Or, on lui paie 24 fr. pour la façon de la 1re. Combien recevra-t-il pour celle de la seconde ?

962° Cinquante hommes devaient faire un ouvrage en 24 jours ; on voudrait maintenant qu'il fût fini en 15 jours. Que faudra-t-il employer d'hommes de plus ?

963° 12 ouvriers se sont engagés à confectionner 250 pardessus en un mois ; mais trois étant tombés malades, dites quel temps mettront les autres. Et quelle est la hauteur d'un clocher dont l'ombre a 21ᵐ, quand une perche de 6ᵐ plantée d'aplomb, produit une ombre de 4 mètres ?

Problèmes sur la Règle de Trois composée.

964° On a parcouru 480 kilomètres en 5 jours, voyageant 10 heures par jour. Combien en ferait-on en 12 jours, si l'on marchait 8 heures du matin au soir, avec la même vitesse ?

965° Je suppose que 30 hommes gagnent 3600 fr. en 4 semaines. Calculez ce que 40 hommes gagneraient en 10 semaines, étant payés comme les premiers.

966° Dans une place, il y a 3000 hommes qui ont des vivres pour 6 mois, moyennant 1500 grammes de pain tous les deux jours. Que gardera-t-on de bouches, si l'on désire aller 8 mois, en fournissant la même ration ?

967° X*** veut savoir combien il faut de jours de 12 heures à 75 hommes, pour faire autant d'ouvrage que 60 hommes, en 30 jours de 10 heures.

968° On a déboursé 1150 fr. pour assister 56 pauvres, à 60 reprises. Que devra-t-on dépenser pour 225 pauvres, qu'on soulagera 180 fois ?

969° En 10 jours, 5 maçons ont fait un mur de

5ᵐ de long, 4ᵐ de haut et 0ᵐ80 d'épaisseur. En combien de temps ce mur aurait-il été construit, si l'on n'y avait employé que 3 ouvriers ?

970° On a mis un quart-d'heure pour vider un tonneau, au moyen d'un robinet qui donnait 3 litres en 7 secondes. Que mettrait-on de minutes avec un robinet qui donne 4 litres en 9 secondes ?

971° Combien faut-il de mètres d'une étoffe, large de 0ᵐ 80, pour 10 habillements complets, quand avec de l'étoffe de 0ᵐ 75, il a fallu 35ᵐ 50 pour en faire 7 semblables ?

972° On voudrait savoir quelle somme je gagnerais en 15 mois avec 10000 fr., sachant que j'ai eu 4000 fr. de gain en 6 mois, avec 14000 fr.

973° Un négociant a mis, dans une spéculation, 1500 fr. qui ont produit 120 fr. en 9 mois. Dites ce que procurerait la même valeur en 2 ans.

974° Une ville a des vivres pour alimenter 3 mois une garnison de 1200 hommes, en donnant à chacun 2 kilogrammes pesant par jour. A quoi doit-on la réduire, si l'on veut faire durer les vivres 2 mois de plus, avec la même ration ?

975° En s'occupant 9 heures par jour pendant 4 jours, 5 jeunes gens ont retourné 47 ares 475 de terre. Combien faudrait-il de travailleurs, durant 6 jours de 10 heures, pour bêcher 506 ares 40 centiares d'une terre présentant la même difficulté ?

976° Une place forte est gardée par 3500 militaires, qui ont des denrées pour 6 mois, en accordant journellement 750 grammes de pain à chacun. Le général ayant congédié 900 hommes, veut faire durer le blé 10 mois. La ration sera-t-elle diminuée ?

977° Un commissionnaire de roulage a reçu 70 fr. pour le port de 850 kilogrammes de marchandises, à 360 kilomètres de distance. Dites quelle somme il lui reviendra pour le roulage de 1000 kilos, à 210 kilomètres.

978° Un écrivain a fait 120 exemples d'écriture en 12 jours, travaillant 8 heures chaque jour. Faites connaître ce qu'il aurait mis de jours de moins, s'il avait écrit 10 heures du matin au soir.

979° Un champ de 92 mètres de long sur 54 de large, a produit 26 hectolitres 50 litres de pommes de terre. Combien en donnerait une autre pièce de même qualité, ayant 85 mètres en longueur et 35 mètres 20 centimètres en largeur ?

980° Un capitaine a 27000 fr. disponibles. Avec cela, il peut payer 400 hommes pendant 3 mois, en versant à tous 75 centimes par jour ; or, il lui arrive 100 hommes de plus, avec l'ordre de rester 4 mois. Que devra-t-il fournir par tête, s'il ne reçoit aucun argent ?

981° Trente piocheurs gagnent 900 fr. en 6 jours de 10 heures. Combien faut-il que 15 ouvriers piochent d'heures, tant l'avant-midi que l'après-dînée, pour recevoir 600 fr. dans un intervalle de 10 jours ?

982° Un tisserand et son ouvrier font, en 4 semaines, 70 mètres d'étoffe. Si le patron prend encore un ouvrier, calculez le temps au bout duquel il pourra livrer 630 mètres de la même étoffe.

983° En combien de jours 200 hommes obtiendront-ils 6000 fr., sachant qu'un homme perçoit 24 fr. en 12 jours, toutes choses égales d'ailleurs ?

984° Si 5 maçons, durant 8 jours de 12 heures, ont terminé 41 mètres carrés 40 décimètres carrés de travail, dites ce que 3 maçons, occupés 10 heures par jour et 15 jours, devraient faire de mètres carrés d'un autre ouvrage présentant la même facilité.

985° Avec 30 kilogrammes de fil, Y*** a tissé une pièce de toile de 86 mètres 50 centimètres sur 0^{m}75. Que lui faudrait-il de fil pour une autre pièce de même force, ayant 60^m de long et 1^m de large ?

986° Huit ouvriers, engagés à 10 heures par jour, ont exécuté la moitié d'un ouvrage en 15 jours ; mais 3 d'entre eux étant tombés malades, les autres tiendront journellement 2 heures de plus. Quand l'ouvrage sera-t-il achevé ?

987° 18 terrassiers ont creusé, en 15 jours de 10 heures, un fossé de 80ᵐ de long, 3ᵐ 40 de large et 2ᵐ de profondeur. On désire savoir ce que 20 terrassiers creuseraient d'un autre fossé, dont la largeur serait de 5ᵐ et la hauteur de 2ᵐ 50, en travaillant pendant 10 jours de 12 heures.

Problèmes sur la Règle d'Intérêt simple, etc.

988° Quel sera, dans 18 mois, l'intérêt de 7420 fr. placés au taux de 3 fr. 50 p. °/₀ par an [1] ?

989° Un capital de 1200 fr. a été prêté à 5 p. °/₀ pendant 4 mois 20 jours. On veut connaître l'intérêt qu'il a produit.

990° Le 7 août 1871, j'ai pris, chez un notaire, 615 fr. à 5 p. °/₀. Le 19 avril 1872, je lui ai donné un billet de banque de 1000 fr. Dire, d'après cela, ce qu'il m'a rendu.

991° P*** a fourni, à 6 p. °/₀ par an, la somme de 792 fr. 80. A combien se monteront les intérêts simples au bout de 5 ans ?

992° J'ai accepté 1350 fr., à raison de 5 p. °/₀ ; je les ai gardés 8 mois 15 jours. Qu'ai-je remis au bout de ce temps ?

993° On demande s'il vaut mieux placer 8300 fr. à 6 p. °/₀ par an, que d'en placer 9400 à 5 p. °/₀.

994° Mᵐᵉ S*** prête 3000 fr., à 4 ¹/₂ p. °/₀, pendant 4 ans 6 mois ; elle consent à ne toucher les intérêts simples qu'à l'époque du remboursement. Combien recevra-t-elle en tout ?

---

[1] *Dans le commerce, tous les mois sont censés de 30 jours, et l'année de 360 seulement, au lieu de 365. Mais lorsqu'il y a des dates particulières, comme par exemple du 5 mai au 28 octobre, on compte les mois pour ce qu'ils valent.*

995° Un marchand achète pour 10400 fr. d'huile ; il revend à 3 fr. 25 p. °/₀ de perte. Combien perd-il sur son marché ?

996° A*** s'est chargé de vendre une maison, à condition que le propriétaire lui donnerait 2 fr. 75 p. °/₀ sur le prix de la vente. L'agent ayant traité pour 6540 fr., dites combien il a reçu de commission.

997° Le 1ᵉʳ janvier, j'ai prêté 400 fr. à 5 ¹/₂ p. °/₀ ; le même jour, j'ai placé encore 765 fr. à 6 p. °/₀. Faire connaître : 1° ce que j'ai reçu d'intérêts le 1ᵉʳ janvier suivant ; 2° ce que j'ai touché en totalité.

998° Une personne voudrait se faire une rente annuelle de 600 fr. Quel capital doit-elle donner à cet effet à 4,50 p. °/₀ ?

999° Mon voisin me dit qu'on lui a remis 90 fr. au bout d'un an, pour 1800 fr. qu'il avait mis dans une entreprise. A quel taux a-t-il été payé ?

1000° Une somme de 320 fr. prêtée au 5 °/₀ a rapporté 16 fr. 60. On veut savoir combien de temps elle est restée confiée à d'autres mains.

1001° Dire quel est le capital qui a produit 1008 francs en 10 mois, sachant d'ailleurs que l'intérêt a été calculé à 6 p. °/₀ par an.

1002° Une personne a acheté, pour 80000 fr., une propriété qui lui a procuré 7200 fr. dans l'année ; une autre, moyennant 55000 fr., a fait construire plusieurs maisons louées 6940 fr. Dire, d'après cela, laquelle des deux a fait la meilleure spéculation.

1003° F*** a versé à G***, le 6 février, 546 fr. à raison de 4 fr. 50 p. °/₀ par an. Le créancier s'est acquitté le 22 août de la même année. Qu'a-t-il rendu, tant en principal qu'en intérêt ?

1004° Un marchand ayant gagné 48000 fr. après 17 ans de négoce, désire se retirer. Il place alors son argent au taux de 5 p. °/₀. Combien attendra-t-il de temps pour recevoir en tout 56000 fr. ?

1005° Un fermier projette de se faire une rente

annuelle de 1000 fr.; quel principal lui faut-il, s'il le dépose à 6 p. %?

1006° Quelqu'un a donné 3250 fr. à 4 ½ p. %. Combien d'années doit-il laisser fructifier ce capital, pour recevoir un intérêt de 1500 fr. ?

1007° Une veuve a 12000 fr. qu'elle prête à intérêt, mais à condition d'en retirer annuellement 480 fr. A combien pour cent doit-elle placer son capital ?

Problèmes sur la Règle d'Intérêt composé, etc.

1008° Trouver l'intérêt composé, au 4 ½ p. %, de mille francs pendant 3 ans, et comparer ce résultat avec le montant des intérêts simples pour le même temps.

1009° Un employé qui gagne 2000 fr., place chaque année le 10° de son traitement à la caisse d'épargne, qui lui sert 4 p. 100. Quelle somme retirera-t-il au bout de 5 ans ? (*V. Arith.* n° 283.)

1010° Une personne possédant une fortune de 20000 fr., la prête à 5 p. %. Trois années s'écoulent sans qu'on lui remette d'argent. Que touchera-t-elle après ce temps, en calculant les intérêts des intérêts?

1011° J'ai confié 1250 fr., à raison de 4 p. 0/0. Dites quelle en sera la valeur dans cinq ans et demi, mes bénéfices successifs étant joints au capital.

1012° Quels seraient les intérêts composés de 632 fr. au bout de 4 ans 3 mois vingt jours, à six pour cent par an?

1013° Un particulier ayant une réserve de 4800 fr., la donne à intérêt composé de quatre et demi pour cent. On demande ce que sera devenu son capital après deux ans cinquante jours.

Problèmes sur la Règle d'Escompte en dehors.

1014° Un billet de 1518 fr. 80 c. est payable dans 90 jours. Quel escompte doit-il subir aujourd'hui, si l'on traite à 6 p. 0/0 ?

1015° E*. achète pour 8000 fr. de marchandises à un an de crédit ; cinq mois après, on lui en réclame le paiement, moyennant une diminution de 5 p. 0/0. Combien doit-il payer ?

1016° Le 5 mars, une personne crée une obligation payable le 28 août. Le propriétaire l'escompte *sept* jours après à 6 °/₀ par an. Que recevra-t-il, si le montant de cette obligation est de 270 francs ?

1017° Quelle somme devrai-je verser pour acquitter un achat de 3000 fr. d'épiceries, sur lequel on a promis de me donner 3/4 p. 0/0 d'escompte par mois, si je paie soixante-dix jours avant le terme fixé?

1018° 3500 fr. sont remboursables dans un an, et 1420 le sont dans 6 mois ; mais au comptant, on peut obtenir 5 p. 0/0 d'escompte pour la première somme, et 2 1/2 pour la seconde. Quel sera donc le total à acquitter ?

1019° Un marchand vend pour 5375 fr. 40 c. de vin, à 180 jours de crédit ; il permet néanmoins au débiteur de devancer le temps, moyennant déduction de 6 p. 0/0 par an. Au bout de 30 jours, l'acheteur va régler ; que donnera-t-il ?

1020° On veut payer 600 fr. ce jour même avec une traite de 810 fr., dont l'échéance est à 9 mois. Combien doit-on recevoir en retour, calculant au taux de 5 p. 0/0 ?

1021° Quelqu'un change un billet de 562 fr., que le débiteur soldera dans 2 mois, contre un de 620 fr., payable dans 15 mois. A-t-il du bénéfice à cela, escomptant à 7 p. 0/0?

1022° Cherchez ce qu'on doit remettre au porteur d'un effet de 4275 fr., 45 jours avant son échéance, l'escompte étant de 5 p. 0/0 par an, et le change de place de 2 p. 0/0, sans distinction de temps.

Problèmes sur la Règle de Société.

1023° Deux dames font le commerce. La première a avancé 8000 fr., et la seconde 7500 ; elles ont fait un bénéfice de 43100 fr. Combien revient-il de gain à l'une et à l'autre, en proportion de ses apports ?

1024° Trois marchands ont mis, dans une spéculation : le 1er 3000 fr.; le second 4600, et le 3e 5000; leur profit a été de 12436 fr. 20 c. Que touchera chaque marchand en sus de son dépôt?

1025° M. V* devait à plusieurs personnes ; savoir : à la 1re 2115 fr.; à la 2e 980, et à la 3e 522 fr. 50 c. A sa mort, il ne laissa que 2170 fr. 50 c. Dites ce que chaque créancier reçut, en raison de ce qui lui était dû.

1026° Quatre ouvriers ont obtenu 251 fr. 60 c. pour un chemin qu'ils ont fait. Le 1er y a travaillé 14 jours, le 2e 18, le 3e 15, le 4e 21. D'après cela, faites connaître ce que les ouvriers ont eu de gain séparément.

1027° Trois associés ont perdu ensemble 7624 fr. 40 c. Le 1er avait avancé 15000 fr.; le 2e 16000, et le 3e 18000. Combien chacun eut-il à supporter de la perte ?

1028° A*, B*, C* ont transporté 16200 kilog. de laine. A* en a chargé 5412 kilogr.; B* 38 kilogr. de plus, et C* a pris le reste. Sachant qu'ils ont perçu la somme de 891 fr., on demande quelle a été la part individuelle.

1029° Cinq sœurs ont fait, en commun, un ouvrage qui leur a été payé 374 fr. 50 c. La 1re y a travaillé 13 jours, la 2e 16, la 3e 15, la 4e 12, et la 5e 14. Faites le partage du gain entre elles.

18.

1030° Il s'agit de répartir entre 4 personnes la somme de 13584 fr., en raison des nombres 12, 13, 14 et 15. De combien sera chaque portion ?

1031° Lors de la dissolution de leur société, 2 industriels ont reçu : l'un 14000 fr. de boni, et l'autre 9500 fr., d'après leurs mises proportionnelles, qui ont formé un total de 42300 fr. Cela connu, trouver le montant des actions.

1032° Trois entrepreneurs ont construit une maison; ils ont reçu 783 fr. pour prix de leur travail. Qu'est-ce que chacun doit avoir ? On sait que le chef estime sa journée 5 fr. 50 c., et que les autres se contentent de 4 fr. par jour.

1033° Deux personnes ont contribué à faire un fonds. La 1re a mis 760 fr. pour trois ans; la 2e 800 fr. pour 4 ans. Quel droit particulier chacune aura-t-elle au profit, montant à la somme de 8220 fr. ?

1034° Un homme qui laisse une fortune de 72 mille francs, ordonne par testament que sa veuve ait le double de chacune de ses trois filles, et que chaque fille ait la moitié de l'un de ses deux garçons. Former les lots de l'héritage.

1035° Dans un kilogr. de poudre de guerre, il entre 750 grammes de salpêtre, 125 gr. de soufre et autant de charbon. Quelles quantités de ces matières faut-il mêler et triturer ensemble, pour faire 300 kilogr. de poudre ?

1036° Deux voituriers s'entendent pour transporter des marchandises, moyennant 354 fr. 45 c. L'un conduit 1700 kilogr. à 205 kilom.; l'autre, 2050 kilogr. à 96 kilom. Combien revient-il aux ayants-cause ?

1037° Quatre commerçants ont gagné ensemble 1422 fr. dans une entreprise. Le 1er a avancé 320 fr. pendant quatre mois; le 2e, 260 fr. pendant 5 mois; le 3e, 800 fr. pendant 6 mois, et le 4e, 570 fr. pendant un an. Dire quelle est leur quote-part.

1638° Zoé, Sophie, Estelle ont fait un tricot, pour lequel elles ont reçu 37 fr. Zoé y a travaillé 10 heures par jour 4 jours ; Sophie, 12 heures par jour 5 jours, et Estelle, 8 heures par jour 6 jours. Comment doit se faire le partage ?

1639° De 3 ouvriers, le plus habile fait 25 mètres en 3 semaines, l'ouvrier ordinaire, 19ᵐ en 4 sem., et l'apprenti, 17ᵐ en 6 sem. L'ouvrage terminé, ils recevront 94 francs. Divisez l'argent en conséquence.

1640° Deux marchands ont loué un marais moyennant 538 fr. 50 c. Le premier y a mis 30 chevaux 270 jours et 10 heures par jour ; le second, 70 chevaux 240 jours et 8 heures par jour. On désire connaître ce que les marchands doivent payer par tête.

1641° Pour une pièce d'étoffe, un tisserand livre 25 kilogr. de fil, à 1 fr. 50 le kilo ; un autre, 18 kilogr. de coton, à 2 fr. 80 c. Ils touchent 175 fr. 80 c. ; que revient-il donc à l'un et à l'autre ?

1642° Trois pionniers ont entrepris de creuser un fossé : le 1ᵉʳ a été présent 15 jours et 9 heures par jour ; le 2ᵉ, 16 jours et 8 heures par jour ; le 3ᵉ, 12 jours et 11 heures par jour ; ils ont eu 263 fr. 50 c. suivant convention. D'après cela, faites connaître le gain de chaque pionnier.

Problèmes sur la Règle de Troc ou d'Échange.

1643° Je troque 350 mètres de drap à 18 fr., contre une autre qualité qui vaut 20 fr. Combien aurai-je de mètres de cette dernière valeur ?

1644° Un fabricant est convenu de donner du casimir à 12 fr. le mètre, pour 1320 kilogr. de laine, évaluée 5 fr. 50 c. le kilo. Que doit-il fournir de ce même casimir ?

1645° Un marchand de fer demande 560 décal. de blé, estimé 3 fr. 50 c. le décalitre, contre du fer qui vaut 0 fr. 75 c. le kilogr. Dites ce qu'il donnera de sa marchandise, en échange du blé qu'il reçoit.

1046° Ma sœur a la cession de 324 ares de terre labourable, du prix de 35 fr., en procurant des tourbières de 50 fr. l'are. Quelle superficie de marais fera-t-elle borner ?

1047° A* et B* consentent à faire un troc. A* possède de la toile qu'il vend 1 fr. 40 c., et il veut en avoir 1 fr. 60 c. en troc. B* a du chêne négocié à 12 fr. le stère, en argent. Comment évaluer le bois, pour compenser l'augmentation de la toile? et déterminer ce que B* expédiera de stères, s'il reçoit 142 mètres de toile.

1048° Combien faut-il livrer de kilogrammes de café à 2 fr. 50 c., de manière à obtenir 50 kilogr. de riz estimé 0 fr. 60 c. le kilo?

1049° Un marchand a du vin à 1 fr. le litre, au comptant; d'un autre côté, un épicier a du sucre à 1 fr. 50 le kilo ; mais, voulant en avoir 1 fr. 65 en échange, dites ce que sera estimé le litre de vin à proportion.

1050° Quelqu'un a reçu 200 mètres de drap, valant 15 fr. le mètre, contre 250 mètres de taffetas qu'il a fournis lui-même. Quel était le prix du taffetas?

Problèmes sur la Règle de Mélange et d'Alliage de 1re espèce.

1051° Un mélange est composé de 115 litres d'eau-de-vie à 0 fr. 80 c. le litre, et de 62 litres à 1 fr. 10 c. Dire à combien revient le litre de ce mélange.

1052° Un aubergiste verse 57 litres d'eau dans 285 litres de vin, à 1 fr. 20 c. le litre. Quelle sera la valeur, en détail, de ce vin.

1053° Quelqu'un a 4 sortes de blé, savoir : à

35 fr., à 32 fr. 50, à 26 fr. et à 25 fr. 50 l'hectolitre.
S'il les mélangeait, que vaudrait l'hectolitre ?

1054° Une ménagère vend 4 sacs d'orge : un à
15 fr. 50 c., un à 18 fr., un troisième à 20 fr. et un
quatrième à 21 fr. 70 c. Quel est le prix moyen de
chaque sac?

1055° On a mêlé 440 litres de liquides à 0 fr.
50 c. le litre ; 350 litres à 0 fr. 40 c., et 70 litres à
0 fr. 60 c. On voudrait gagner 157 fr. sur le tout.
Calculez ce que l'on doit vendre le litre du mélange.

1056° J'ai fait fondre ensemble 12 kilogr. d'argent à 0,95 centièmes de fin, et 15 kilogr. à 0,80.
Trouver le titre de l'alliage.

1057° Un débitant a reçu 2 pièces de vin contenant : la 1re 200 litres et la 2e 180. La 1re pièce lui
coûte 40 c. le litre, et la seconde, 55. Il veut mêler
ces deux sortes de vins, et gagner 23 c. par litre. A
combien doit-il livrer?

1058° Mon épicier a mêlé, par portions égales,
du café à 3 fr. le kilogr., à 3 fr. 25 c., et à 3 fr. 75 c.
Chercher le prix du kilogr. de son café.

1059° G* a mélangé 117 litres d'eau-de-vie à
50 fr. l'hectolitre ; 243 litres à 82 fr. et 95 litres à
45 cent. l'un ; il y a ajouté 33 litres d'eau. On propose d'établir le revient de détail.

Problèmes sur la Règle de Mélange et d'Alliage
de seconde espèce.

1060° Avec de l'huile à 80 c., à 90 c. et à 1 fr.
10 c. le litre, on veut un mélange de 1 fr. le litre.
Combien faut-il prendre d'huile de chaque sorte?

1061° Que doit-on employer de cuivre à 5 fr.
20 c. et de zinc à 90 c., pour faire 70 kilogr. de
laiton ou cuivre jaune, qui vaut 3 fr. 80 c. le kilo?

1062° Un boulanger a de la farine à 50 c., à
40 c. et à 35 c. le kilogr. Comment, avec les diffé-

rentes espèces, arrivera-t-il à en faire une autre qu'il puisse vendre 45 c. le kilogr.?

1063° On achètera des tableaux de 300 fr., de 325 fr., de 450 fr. et de 460 fr. Combien en faudrait-il de chaque prix, pour qu'ils revinssent à 350 fr., terme moyen?

1064° Un marchand accepte du vin à 1 fr. 20 c., à 1 fr. et à 0 fr. 60 c.; il désirerait obtenir une mixtion de 210 litres, à 0 fr. 80 c. sans perte ni gain. Dites ce qu'il devra mettre de vin de chaque qualité, dans la pièce.

1065° On demande dans quelle proportion on peut fondre de l'or au titre de 0,90 centièmes, avec de l'or à 0,80 centièmes, afin de composer un alliage au titre de 0,87 centièmes.

1066° Quelqu'un possède des liqueurs de 60 c. et de 45 c.; il trouve qu'elles feraient un bon mélange, et se décide à en emplir un fût de 72 litres. Que doit-il en tirer des deux prix, de manière qu'il donne le litre à 50 centimes?

1067° Z* a des haricots de 20 fr., 18 fr., 16 fr., 14 fr. et 12 fr. l'hectolitre. Quelle quantité mélangera-t-il de chaque sorte, pour en former une autre qui vaille 15 fr. l'hectolitre?

1068° J'ai 150 kilogr. de café à 3 fr. et 200 kilogr. à 4 fr. 50; dire combien je dois en prendre, voulant avoir 250 kilogr. à 4 fr. 20 chacun.

1069° Une dame dit qu'elle a livré 35 sacs de grains mêlés, pour 525 fr.; il y avait du froment à 20 fr. le sac, du seigle à 14 fr. et de l'orge à 12 fr. D'après cela, trouver la quantité particulière des céréales vendues.

1070° Un fermier conserve du blé à 15 fr. l'hectol., du seigle à 9 fr., de l'orge à 6 fr. et de la paumelle à 5 fr.; il en arrangera 65 hectol., qu'il fournira au prix de 8 fr. l'un. Comment parviendra-t-il à son but, de façon qu'il ne gagne ni ne perde?

PROBLÈMES
DE RÉCAPITULATION GÉNÉRALE.

1071° La chaleur de la terre augmentant d'un degré centigrade par 30ᵐ de profondeur, dire jusqu'où il faudrait pénétrer pour trouver la chaleur nécessaire à la fusion du fer, c'est-à-dire 9970 degrés.

1072° *Pour obtenir* la surface *d'un cercle, on multiplie sa circonférence par le quart du diamètre, ou le carré du rayon par le nombre* 3,1416. Quelle est donc la superficie d'un parterre circulaire ayant 18 mètres de diamètre ?

1073° Sachant que la surface de Paris est de 7088 hectares ; celle de la France, de 52.768.618 hect., et celle de la terre de 51 billions, trouver combien l'étendue de Paris est contenue de fois dans celle de la France, et celle-ci dans celle de la terre.

1074° La série des poids en fer étant : ¹/₂ hectogramme, 1, 2, 5 hectogrammes, 1, 2, 5, 10, 20 et 50 kilogrammes, quel est, en décimales du mètre cube, le volume d'eau de cette pesée ? Indiquez aussi celui de tous les poids cylindriques : 1, 2, 5, 10, 20, 50, 100, 200, 500 grammes et 1 kilogr.

1075° Un marchand vend 76 fr. une pièce de 115ᵐ d'indienne qui n'est plus de mode. De cette manière, il perd ¼ de franc par mètre. Combien celui-ci avait-il donc coûté au marchand ? — Cherchez le nombre complexe équivalant à ⅚ d'année.

1076° La lumière du soleil nous arrivant en 8 minutes 22 centièmes, et la distance de la terre au soleil étant de 153318000 kilomètres, dites l'espace que parcourt la lumière en une minute.

1077° Évaluez la quantité dont les ⅔ ajoutés aux ¼ font 400. — Lorsque le 4 ¹/₂ p. % est à 103 fr. 50, à quel taux place-t-on son argent en achetant des rentes sur l'État ?

1078° Une pierre a un volume égal à 1ᵐ·075 décimètres cubes; faire connaître son poids, sachant qu'elle pèse deux fois et demie autant que le même volume d'eau.

1079° Un épicier a acheté un hectolitre d'huile d'olive, à raison de 317 fr. Il veut vendre au prix de 4 fr. le kilogramme. Que gagnera-t-il en tout, l'huile d'olive pesant les 0,915 de ce que pèse l'eau?

1080° *Le volume d'une sphère ou boule s'obtient en multipliant le cube de son diamètre par 3,1416, et en prenant le 6ᵉ du résultat*[1]. Combien contient donc de litres d'eau une citerne sphérique de 2 mètres 76 centimètres de diamètre? Et combien de seilles de 40 litres?

1081° C*** jouissait d'un revenu de 4000 fr.; il a mis de côté 52000 fr. en 25 ans. Que dépensait-il par jour? — Calculez le boni de détail d'un marchand qui a acheté 364 mètres à 24 fr. 40, et qui les a re-vendus pour 10556 fr.

1082° La tuile de Bourgogne ayant 0ᵐ 3 de long sur 0ᵐ 22 de large, on demande combien il en fau-drait pour couvrir un toit de 21ᵐ sur 5ᵐ 35, sachant que la disposition des tuiles augmente de ⅙ le nombre à employer.

1083° On veut faire un poids de 207 grammes 50 avec des monnaies d'argent de 5 fr., 2 fr., 1 fr., 50 et 20 centimes, en employant le moins possible de pièces. Dire, d'après cela, ce qu'il en faudra de chaque espèce.

1084° Les grandes roues d'une voiture ont 8 dé-cimètres de rayon, et les petites 6 décimètres. On voudrait connaître ce que ces roues font de tours,

---

[1] On peut aussi : 1° *Multiplier la circonférence par le diamètre, pour avoir la surface, et 2° celle-ci par le tiers du rayon*; ou, ce qui est plus simple : *Multipliez le cube du rayon par les ½ de 3,1416*, c'est-à-dire par 4,1888 (nombre qui approche de 4,2).

l'une par rapport à l'autre, et ce que chacune en fait l'espace d'un kilomètre.

1085° S*** prend un kilogramme de marchandise qui lui coûte 12 fr. 55. Combien vaut un décagr. ? — Et que faudrait-il ajouter au litre d'air, qui pèse $\frac{1}{77}$ de kilogramme, pour avoir un poids égal à celui du litre d'eau ?

1086° Un mauvais ouvrier a perdu 2 heures par jour depuis 15 ans. Combien cela fait-il de jours perdus ?

1087° Un terrain en forme de carré a 130ᵐ de long sur 97 de large. Quelle en est la surface: 1° en mètres carrés, 2° en ares et en centiares ?

1088° Quelqu'un a fait les $\frac{3}{4}$ de son ouvrage en 10 jours ; quel temps mettra-t-il encore pour l'achever ? Et que faut-il de litres d'eau pour égaler le poids d'une somme d'argent de 10000 fr. ?

1089° Mˡˡᵉ Stéphanie a reçu des drogues à 5 fr. le kilogramme : elle les revend à raison de 0 fr. 10 le décagramme. Dites quel est son profit, 1° sur un décagramme ; 2° sur un kilogramme.

1090° A 95 fr. l'hectolitre de vin, combien faudra-t-il payer pour 25 litres, 75 ? — J'ai acheté 46 fiches, à 25 centimes l'une ; 11 espagnolettes, à 3 fr. 10 centimes ; 40 équerres de croisée, à 10 centimes, et une grosse de vis pour 2 fr. 60. Quel est le montant de ma facture ?

1091° Un vase vide a été pesé en employant 25 fr. d'argent monnayé ; rempli d'eau distillée au *maximum* de densité, il a fallu 81 fr. 25 pour établir l'équilibre. Quelle est donc la capacité de ce vase ?

1092° Qu'y a-t-il d'argent pur et de cuivre dans 341 fr. 50 en petites pièces ? — Une marchandise se vend 17 fr. au comptant. Que doit-on la vendre à 8 mois de terme, le taux étant de 6 °/₀ par an ?

1093° La rente 5 p. °/₀ ayant été à 120 fr. 30, combien a-t-on payé alors pour 2500 fr. de rentes ?

Et combien en aura-t-on pour 66000 fr., le 3 p. %. étant à 73 fr. 90 ?

1094. Quelqu'un a vendu 32 kilogrammes 5 hectogrammes de produits chimiques, à raison de 15 centimes le décagramme. Dites ce qu'il a reçu. — Quelle est la circonférence d'un cercle dont le diamètre est de 4ᵐ 75 ?

1095. I*** a demandé 300 kilogrammes de café, à 3 fr. 25 le kilogramme ; il les a expédiés pour 1050 fr. Combien a-t-il gagné par kilogramme ? et combien p. % sur le prix d'achat ?

1096. Un débitant a tiré 95 bouteilles ⅔ d'eau-de-vie, à un tonneau qui en contenait 118 bouteilles ⅘. Que recevrait-il de ce qu'il reste, en vendant 1 fr. 10 ?

1097. Aglaé se procure 13 litres 50 centilitres de liqueurs, qui lui coûtent 13 fr. plus cher que 8 litres 3 décilitres des mêmes boissons. D'après cela, chercher le prix du litre.

1098. Le propriétaire d'un bois en a vendu les ⅔ à un ami ; celui-ci a cédé à une autre personne les ¼ de ce qu'il avait acheté ; le dernier acquéreur ayant eu pour sa part 2 hectares et 8 ares de bois, on désire connaître ce que le 1ᵉʳ propriétaire a conservé d'ares.

1099. Combien y aurait-il de pièces de 1 fr., combien de 2 fr. et de 5 fr. dans un sac rempli d'argent, pesant 12 kilogrammes 55 décagram., sachant d'ailleurs que le sac vide pèse 0 hectogr. 5 ?

1100. Mon père a payé 42570 fr. pour un terrain carré, à raison de 6 fr. le mètre carré. Quelle est donc la surface de ce terrain ? et sa longueur et sa largeur ?

1101. Que déboursera-t-on pour payer 13 ouvriers qui ont fait ensemble 102 mètres 40 centim. d'ouvrage, le mètre à trois francs quinze centimes ? Que donnera-t-on à chacun d'eux ?

1102. Quels poids faut-il employer pour peser

27 kilogrammes 5 hectogrammes ? Et calculer la contenance d'une citerne cubique de 3m 25 de côté.

1103° 3 personnes auront 14744 fr. laissés par un failli. La 1re lui avait confié 7000 fr. à intérêt composé 5 p. %, depuis 4 ans ; la 2e 11500, à 4 p. %, depuis 9 mois, et la 3e 680, à 6 p. %, depuis 256 jours Combien chacune d'elles doit-elle recevoir ?

1104° Un vase pèse 7 kilogrammes 5 dixièmes et a 7 litres de capacité ; un autre pèse 5 kilogr. lorsqu'il est vide, et 17 k. lorsqu'il est rempli d'eau pure. D'après cela, dire : 1° ce que pèserait le 1er vase, s'il était plein d'eau ; 2° quelle est la capacité du second.

1105° On veut monnayer un lingot d'or de 1320 grammes. Combien faut-il ajouter de cuivre ? Quels seront le poids et la valeur de la monnaie ? — Faire connaître la longueur d'un des côtés d'une mare de 864 mètres cubes, sur un sol carré.

1106° Une marchande a vendu, la semaine dernière, 54m ¾ de mousseline, dont 28 mètres à 4,85 fr., et le reste à 5 fr. Dites ce qu'elle a reçu.

1107° N*** a prêté 13500 fr. à intérêt pendant 8 mois, à quatre et demi pour cent par an. Quelle somme a-t-il touchée au bout des 8 mois ?

1108° J'ai acheté 260 francs une belle pendule ; je ne l'ai revendue que 210 fr. Combien pour cent ai-je perdu ? Et combien pour % aurais-je gagné, si j'avais reçu 300 fr. de la vente ?

1109° Le mètre cube de la pierre à bâtir coûtant 22 fr., dites ce qu'on dépensera pour cinq mètres cubes six cents décimètres cubes. Dites aussi ce qu'est le décistère par rapport au décastère, et le centimètre carré par rapport au mètre carré.

1110° De Marseille à Ajaccio, il y a 300 kilom. Un bateau qui parcourt 5 mètres par seconde, met 43 heures de Toulon à Alger. D'après cela, combien de kilomètres séparent la France de l'Afrique ? Et quel temps mettrait le navire, pour aller d'Ajaccio à Marseille ?

1111° Une garnison de 3000 hommes a des vivres pour 90 jours; combien ces vivres dureraient-ils de temps, si l'on diminuait la garnison de 550 hommes ?

1112° G*** a eu 90 hectolitres de vin pour 1800 fr.; il les a cédés pour 2340 fr. Qu'a-t-il gagné pour cent? — Et qu'aurait-il eu de beurre pour 54 fr. 15 c., 12 kilogrammes coûtant 24 fr. 70 ?

1113° Une propriété acquise 73580 fr., rapporte net, l'un dans l'autre, 3330 fr. par an. A quel taux l'argent est-il placé ? — Et sachant qu'on a reçu 1260 fr. pour un billet de 1440 fr., payable dans 15 mois, dire à combien on l'a escompté.

1114° M*** a livré à B*** 3 pièces de toile pour 249 fr. 90. La 1re contenait 111m $\frac{1}{2}$, la 2e 85m et la 3e 97m $\frac{1}{4}$. Combien a-t-il vendu le mètre de toile ?

1115° Deux épiciers ont fait venir des chandelles en commun. La facture du premier se monte à 340 fr., et celle du second, à 565 fr. Il y a eu 45 fr. 25 de port. On demande ce que chacun a dû payer de ce port.

1116° De quels poids faut-il se servir pour peser 3550 grammes de cire ? — Et quel est, en centimètres cubes, le volume du kilogramme en cuivre, cylindre dont la hauteur, égale au diamètre de la base, est de 0m 053 ?

1117° A*** vend 43 hectares 56 ares 30 centiares de terre, moyennant 1750 fr. l'hectare. Que doit-il recevoir ? Que lui restera-t-il, après avoir rendu 23000 fr., plus les intérêts d'un an, au taux de 5 p. %?

1118° Combien faudrait-il de briques de 0m 22 centimètres de long et 0m 11 centimètres de large, pour paver une salle qui a 6m 40 sur 5m 32 ?

1119° Que doit-on payer chaque année, afin d'éteindre, en 6 ans, 6666 fr. remboursables par annuités, à 5 p. %? — Et quel est le volume d'un

corps irrégulier qui a laissé échapper 4 litres 35 centilitres d'eau, étant plongé dans ce liquide ?

1120° Mlle J*** achète 9 kilogrammes 8 décagr.
de marchandise, qui lui coûtent 51 fr. 10 centimes
plus cher que 6 kilogr. 7 décagr. 5 grammes de la
même marchandise. Trouver le revient du gramme.

1121° Un jardinier a reçu 81 fr. 50 pour la plantation de la bordure d'un bassin circulaire, à raison
de 1 fr. 80 par mètre. Combien ce bassin a-t-il de
diamètre ?

1122° Un homme gagne 3 fr. 50 par jour, et ne
dépense que 1 fr. 75. Qu'aura-t-il gagné au bout de
5 mois 4 jours ? Qu'aura-t-il dépensé ? Que lui
restera-t-il de bénéfice ?

1123° Une marchande a accepté, à 0 fr. 50 centimes le mètre, 4 pièces d'étoffe contenant : les deux
1res, 103^m chacune; la 3e 119^m $\frac{1}{2}$, et la 4e 2^m de moins
que la 3e. A quel prix doit-elle revendre en détail,
pour gagner 66 fr. 45 sur le tout ?

1124° On a 7 hectolitres de vin à 0 fr. 75 le litre.
De quelle quantité d'eau faut-il le mélanger, pour
que ce vin ne revienne qu'à 60 centimes ?

1125° Le dividende d'une entreprise s'élève à
2120 fr. Les associés reçoivent : le 1er 740 fr.; le 2^e
700 fr. et le 3e 680. On demande quelle fut l'action
de chacun, dans le fonds social montant à 1060 fr.

1126° Un orfèvre veut former un lingot d'or
pesant 2 kilogrammes, au titre de 0,930, avec de l'or
pur et de l'or aux titres de 0,840 et 0,750. Comment
s'y prendra-t-il ? — Et combien d'*oxigène* et d'*azote*
dans 3000 litres d'air respirable ?

1127° Une personne a gardé, pendant 6 mois
18 jours, la somme de 3500 fr., qu'elle avait prise à
intérêt, au taux de 5 p. %. Dire ce qu'elle a rendu
en tout, capital et intérêts.

1128° A*** va faire couvrir une grange, dont le
toit a 4^m 60 de hauteur et 9^m 24 de longueur. Que

lui faudra-t-il de pannes, sachant que chacune d'elles couvre 0ᵐ 23 centimètres sur 0ᵐ 21 ?

1129° Je puis prêter 12500 fr., partie à 5 p. %, partie à 6. Chercher la somme que je dois donner à chaque taux, pour me faire en tout 725 fr. de rentes ? Et quelle est la valeur qui, placée à intérêt composé 5 p. %, est devenue, en quatre ans, 2511 fr. intérêt et principal ?

1130° Combien faudrait-il de briques pour faire une muraille de 15 mètres de long, 4ᵐ 5 de haut et 0ᵐ 50 d'épaisseur, sachant que ces briques ont 0ᵐ 20, 0ᵐ 12 et 0ᵐ 08, et qu'elles seront liées par un cinquième de mortier ?

1131° Dans une faillite, les créanciers auront 75 pour cent. Que recevront-ils chacun ? Il est dû au 1ᵉʳ 2280 fr. pour le travail de 8 chevaux pendant 180 jours ; au 2ᵉ, 261 fr. 10 pour 4ᵐᶜ 017 de bois, et au 3ᵉ, la valeur d'un remblai de 31ᵐ de long sur 5 de large et 0ᵐ 325 de haut, à 3 fr. le mètre cube.

1132° B*** assure qu'il a fait 32 kilomètres de chemin en 5 heures ; son frère dit qu'il en a fait 24 kilom. en 4 heures. On demande combien l'un en a fait de plus que l'autre par heure.

1133° Une dame faisant le commerce, a donné 418ᵐ 30 centimètres de soie, pour payer 627ᵐ 45 de velours. Quel est le coût du mètre de ce velours, si celui de la soie est de 10 fr. 50 ?

1134° En revendant sa marchandise 1100 fr., un marchand gagne 40 pour 100 sur le prix d'achat. A quel prix a-t-il donc acheté ? Il a payé les ⅜, le tiers et le quart d'une dette, et il redoit encore 20 francs. Combien devait-il ?

1135° Quelqu'un a placé 300 fr., à 4 p. %, à la Caisse d'Épargne, le 3 mai 1840 ; mais étant tombé malade, il fut obligé de retirer ses fonds le 14 février 1841. Que lui a-t-on remis ? (V. *Caisses d'Épargne.*)

1136° Une poutre a 7 mètres de long sur 35 centimètres d'équarrissage. Combien a-t-elle de mètres cubes ? et que contient de litres une cuve cylindrique ayant 2ᵐ 15 de hauteur et 1ᵐ 20 centimètres de diamètre ?

1137° Sachant que l'atome lumineux qui frappe les yeux de celui qui regarde l'étoile la plus rapprochée de la terre, en est parti il y a trois ans, et qu'il a parcouru 311111 kilomètres par seconde, juger de l'éloignement prodigieux de cette étoile.

1138° Un boulanger a vendu de trois qualités de pain et autant de l'une que de l'autre, pour la somme de 144 fr.; les taxes du kilogramme étant de 15, 20 et 25 centimes, trouver combien il en a vendu de chaque sorte.

1139° Sept cent vingt-un francs sont le prix de 206 mètres d'étoffe. Combien faut-il revendre en détail, afin de gagner quinze francs pour cent ? — Et que doit-on ajouter d'eau à du vin qui coûte un franc, pour que le revient soit réduit à 75 centimes?

1140° Une société industrielle a formé un fonds de un million, qu'elle a partagé en mille actions d'une valeur nominale de mille francs. Si cette société paie à chaque actionnaire un dividende annuel de 46 fr. par action, dire quel est le prix de l'une. — L'intérêt est compté à 5 p. %.

1141° Quatre communes renferment 4585 habitants : la 1ʳᵉ 1350, la 2ᵉ 1600, la 3ᵉ 675 et la 4ᵉ 960. On répartit entre elles une contribution de 3438 fr. 75. Calculez la part que devra payer chacune.

1142° Une pièce de bois de 25 mètres de long, a 1ᵐ 26 de circonférence ou de tour; exprimez son volume. Et si on la vend au prix de 65 fr. le mètre cube, quelle somme reviendra-t-il ?

1143° Un orfèvre fond ensemble 12125 grammes d'étain avec 26 kilogrammes 520 grammes de cuivre. On veut connaître le poids de chacun de ces métaux dans un kilogramme de leur alliage.

1144° Mˡˡᵉ C*** a acheté de la marchandise à raison de 5 fr. le kilogramme; elle la revend à

6 fr. les quarante décagrammes. Dites 1° si elle la revend à perte ou à profit; 2° quelle est la perte ou le profit par kilogramme.

1145• On sait qu'avec 1200 fr. on reçoit 90 fr. d'intérêts simples tous les 18 mois. Combien faudra-t-il de temps pour recevoir 160 fr. d'intérêt, avec un capital de 800 fr. ?

1146° Une personne propose à un banquier de lui escompter un billet de 2572 fr. 60, payable dans 8 mois. Le banquier y consent moyennant un escompte de 5 ¼ p. °/₀ par an. Quelle somme remettra-t-il au porteur ?

1147• L'argent pèse dix fois ½ autant que l'eau. Cela posé, on voudrait savoir quelle somme d'argent monnayé on peut fabriquer avec un cube d'argent de 0ᵐ 15 de côté, en ajoutant la quantité convenable de cuivre. — Le titre sera de 0,9.

1148° Un capital de 13000 fr. est resté placé 2 ans 8 mois 15 jours à intérêt composé, au taux de 6 p. °/₀ par an. A combien s'élèvent ces intérêts ?

1149° On a fait planter un mât de cocagne de trois couleurs ; savoir : ¼ en blanc, ⅓ en bleu, et dix mètres restants en rouge. Quelle était la hauteur de ce mât ?

1150° On demande d'énoncer le volume de 385 kilogrammes d'eau, et combien il faudra de décalitres de grain pour ensemencer un champ de 42 ares 20 centiares, si l'on met deux hectolitres par hectare.

1151° Une fontaine peut remplir un bassin en 6 heures ; une autre, en 12 heures, et par une ouverture il se viderait en 10 heures. Le bassin étant vide et l'ouverture ouverte, dites en combien de temps ce bassin sera rempli par les 2 fontaines

1152° Un sac pèse 15 grammes, et plein d'argent 10 kilogrammes 915. S'il renferme 150 pièces de 5 fr., 300 de 2 fr., et que le reste soit en pièces de 1 fr., dites combien il contient de ces dernières.

1153. On arpente un champ de 3 côtés ; on trouve 50 mètres de long et 38 mètres 50 de haut. Sachant que la mesure d'un triangle s'obtient en multipliant la moitié de la base par la hauteur, on désire savoir la surface en ares et en centiares dudit polygone.

1154. 4 commerçants ont gagné 674 fr. 50 dans une affaire : le 1er a avancé 180 fr. pendant 4 mois ; le 2e, 170 fr. pendant 6 mois ; le 3e, 116 fr. pendant 10 mois, et le 4e, 208 fr. pendant un an. Que doit-il revenir à chacun ?

1155. D*** a acheté une maison, sur laquelle il doit encore 3024 fr., après avoir payé les $\frac{2}{3}$ des $\frac{3}{4}$ des $\frac{4}{5}$ du prix d'achat. Combien la maison a-t-elle donc été vendue ? — Retrancher un décimètre cube d'un décistère.

1156. Quelle est la longueur totale du méridien en mètres, décamètres, hectomètres, kilomètres, myriamètres et décimètres ? — Calculez le volume d'eau équivalant au poids de 1000 francs d'argent.

1157. Un usurier a prêté, à 10 p. %, un capital qui lui a rapporté 60 francs d'intérêt en soixante-douze jours. Dites quel était ce capital.

1158. Un menuisier veut faire un plancher de 12m 50 de longueur sur 7m de largeur ; il emploiera des planches de 2m 20 de long sur trente-cinq centimètres de large. Combien lui en faudra-t-il ?

1159. La somme de 875 fr. était composée d'un nombre égal de pièces de 5 fr., de 2 fr., de 1 fr., de 50 centimes et de 25 c. Faites connaître ce qu'il y avait de pièces de chaque valeur.

1160. Un voyageur plaça 3690 fr. avant son départ. Au bout de 4 ans il revint, et reçut 738 fr. d'intérêts simples. A quel taux ses fonds avaient-ils été prêtés ?

1161. On demande combien il y a de mètres cubes dans un arbre de 18m 50 de long, sur 2m 15 de circonférence.

1162° Un manouvrier dit qu'il exécute 15 mètres de travail en 10 heures; son ami dit qu'il peut en faire 14 mètres en 8 heures. Combien les deux ouvriers, travaillant ensemble, mettraient-ils de temps pour 400 mètres ?

1163° On propose de partager 2000 fr. entre 3 personnes, de manière que la seconde ait le double de la première, et la troisième, le triple de la deuxième. — Retrancher un centimètre carré d'un centiare.

1164° Pendant combien de temps doit-on prêter 3000 fr. à 6 p. %, pour compenser les intérêts annuels de 2500 fr., à cinq pour cent ?

1165° Une pièce de vin de 150 litres vaut 112 fr. 50 c.; on l'a emplie avec du vin à 50 centimes, à 80 centimes et à 1 fr. le litre. On désire savoir combien on y a mis de litres de chaque prix.

1166° Une pile de bois a 10^m de long, 7^m 25 de large et 11^m 60 de haut. Dites ce qu'elle contient de stères. — Quelle somme d'argent équivaut au poids de 27 kilogrammes 65 ?

1167° Un colporteur a acheté 300 volumes au prix de 75 fr. le cent, à condition d'en avoir 13 pour 12. Il les a revendus tous et en détail à 90 centimes. Combien a-t-il donc gagné par volume ? et combien sur son marché ?

1168° Il a fallu 6 jours à 4 ouvriers pour faire 230 mètres. Qu'auraient-ils mis de jours, si, au lieu de s'occuper 12 heures par jour, comme ils le faisaient, ils n'avaient travaillé que 10 heures ?

1169° Trois compagnies d'ouvriers se présentent pour creuser un canal. La 1re peut faire l'ouvrage en 60 jours; la 2e en 50 jours, et la 3e en 30 jours. On emploie les 3 compagnies; en combien de temps le canal sera-t-il creusé ?

1170° 4 jeunes hommes sont âgés : le 1er de 24 ans, le 2e de 21 ans, le 3e de 18 ans et le 4e de

17 ans ; leur tante meurt, laissant 95000 fr., qu'ils doivent se partager en proportion de leur âge. Dites quelle sera la part de chacun.

1171° F*** demande à son père quelle est la somme qui, placée à 5 p. % par an pendant 4 ans, est devenue 360 fr., capital et intérêts réunis. Faites connaître la réponse.

1172° Une dame ayant 50 fr. dans sa bourse, donne aux pauvres les $\frac{3}{5}$ et le $\frac{1}{13}$ de son argent. Combien lui reste-t-il ? — Et quels poids doit-on employer pour peser 4485 grammes d'épiceries ?

1173° Émilie a acheté 4 pièces de toile pour 500 fr., à 3 fr. 10 le mètre. La première contient 48^m, la seconde 30^m, la troisième 27. On demande la longueur de la quatrième.

1174° Que faudra-t-il de carreaux *hexagones* de 0^m 12 de côté, pour carreler une place de 7^m 43 de long sur 2^m 55 de large, la hauteur des 6 triangles de l'hexagone étant de 0^m 105 ?

1175° Pendant combien de temps faut-il donner 5680 fr. à quatre et demi, pour recevoir 6400 fr., capital et intérêts ? — Et quelle somme de gros argent monnayé fera-t-on avec 1 kilogramme 500 grammes d'argent pur ?

1176° En 10 jours, 15 ouvriers travaillant 12 heures par jour, ont fait 18 pièces de drap de 70^m chacune. Combien ces ouvriers et 5 de plus auraient-ils fait de pièces de 45^m du même drap ?

1177° 2 négociants s'étant associés pour 2 ans, ont fait un gain de 36600 fr. L'un a mis 12000 fr. d'abord, puis 6 mois plus tard il a ajouté 3000 fr. L'autre, qui avait apporté 18000 fr., a retiré 2000 fr. 3 mois après. Quel est le bénéfice de chacun, à raison de ses mises et du temps qu'elles sont restées dans le commerce ?

1178° J'ai emprunté, le 22 juin, au taux de 5 p. %, la somme de 400 fr., payable par quart. Combien dois-je payer tous les ans, pendant 4 ans, au créancier ?

1179° Diophante, d'Alexandrie, resta ⅙ de son existence dans l'enfance, $\frac{1}{12}$ dans la jeunesse ; il se maria et passa ⅐ de sa vie plus 5 ans avec sa femme, avant d'en avoir un fils auquel il survécut de 4 ans, et qui, en mourant, avait la ½ de l'âge auquel son père parvint. Quand mourut donc Diophante ?

1180° G*** a prêté, pendant 4 ans 3 mois, à intérêt composé, 2520 fr. à 6 pour cent. Combien a-t-il reçu en tout, au bout de ce temps ?

1181° Quel est le poids d'une somme de 3000 fr. en argent monnayé ? et que faut-il employer d'argent et de cuivre pour la fabriquer au titre de $\frac{9}{10}$?

1182° Quelqu'un achète 10 feuilles de zinc de 2ᵐ de long sur 1ᵐ5 de large, à raison de 4 fr. le mètre carré. Combien débourse-t-il ? — Et par quel nombre faut-il multiplier une quantité, pour la diminuer des ⅔ ?

1183° 10 litres 5 décilitres d'une certaine eau ont coûté 75 centimes. Dire ce qu'on aurait de cette eau pour 10 fr. — et ce qu'il faudrait mettre de cuivre avec 12 kilogrammes 15 d'argent pur, pour obtenir des pièces au titre de $\frac{9}{10}$ ou $\frac{900}{1000}$.

1184° Un marchand doit 6000 fr. payables ainsi qu'il suit : ¼ comptant, ⅓ à trois mois, ⅙ à 6 mois, et le reste au bout de l'année. Que doit-il donc verser à chaque terme, sans intérêt ?

1185° La nef d'une église a 75 mètres de long et 17ᵐ50 de large. Combien, pour la paver, faudrait-il de carreaux de marbre ayant trente-quatre centimètres sur chaque côté ?

1186° Quelle serait la hauteur, en kilomètres, d'une pile de pièces de 5 fr., équivalente au budget de l'État, évalué à 2300000000 de fr., chaque pièce ayant 0ᵐ0027, ou deux millimètres 7 dixièmes d'épaisseur ?

1187° On veut répartir 600 fr. entre trois personnes, de manière que la 2ᵉ ait le double de la 1ʳᵉ + 20 fr., et la 3ᵉ les ¾ de la seconde, moins 10 fr. Comment se fera le partage ? — Un volume in-8° a 360 pages. Que comportera-t-il de feuilles en in-12, toutes choses égales d'ailleurs ?

1188° Combien aurait-on eu de rentes 5 p. °/₀ pour 1500 fr., en supposant la rente *au pair* ? — Qu'est-ce que 500 décimètres cubes par rapport au mètre cube ?

1189° Je veux acheter pour 2000 fr. de rentes 3 p. °/₀. Quel sera mon revenu, le cours étant à 75 fr.? — J'emprunte 450 fr. On exige de moi un billet de 500 fr. payable à une certaine époque. Le taux de l'intérêt étant 4 1/2 °/₀ par an, comment calculer le terme de l'échéance ?

1190° La terre a 40 millions de mètres dans la direction du méridien, et 40173552 mètres dans la direction de l'équateur. Quelle est sa circonférence moyenne ? sa superficie en myriamètres carrés ? et sa solidité en kilomètres cubes, etc. ? (V. *Probl.* 1080)

1191° Un rentier voulant aller de Paris à Nice, désirerait toucher net 2000 fr. dans cette dernière ville. Combien devra-t-il payer au négociant de Paris, le change étant de deux et demi pour cent ?

1192° A*** remet 600 francs à un banquier de Rouen; que touchera-t-il à Lyon, le change se prenant à 2 p. °/₀ ? — Une maison estimée 20000 fr. est assurée à ¼ de franc p. °/₀ par an. Dites quelle est la prime d'assurance.

1193° Trois personnes doivent se partager 12 hectares 8 ares 75 centiares. La part de la 1ʳᵉ sera à celle de la 2ᵉ comme 5 est à 11, et celle de la 3ᵉ égalera la somme des deux précédentes. Combien reviendra-t-il d'ares à chaque copartageant ?

1194° Je paie vingt-cinq francs de prime pour l'assurance d'une maison à ¼ fr. par 1000. Dites quelle est la valeur de cette maison. — J'ai donné 2562 fr. 50 pour avoir 125 fr. de rentes 5 p. %. Quel en était le cours?

1195° Une personne doit 550 fr. payables comme il suit : 200 fr. dans 3 mois, 200 fr. dans 6 mois et le reste dans 9 mois; mais elle convient de ne faire qu'un seul paiement. Quand doit-elle l'effectuer, pour qu'il y ait compensation de temps ?

1196° La terre, dans son mouvement journalier, présente successivement tous ses points ou *méridiens* au soleil. Dire ce qu'il passe de degrés en 60 minutes devant le soleil, — et l'heure d'un lieu à 28 degrés de longitude orientale, quand il est *midi* à Paris.

1197° Le trajet par mer de Marseille au Hâvre est de 300 myriamètres. Combien un navire à vapeur parcourant 5ᵐ 5 par seconde, mettrait-il de jours pour faire ce trajet ? — Quelle est la valeur d'une boule d'or de 20 millimètres de rayon ? Le poids spécifique de l'or = 19,3617.

1198° Deux sœurs achètent pour 200 fr. de marchandises, à un an de crédit. Cependant, au bout de 2 mois, elles paient 50 fr.; deux mois après, 60 fr., et six mois plus tard encore, 40 fr. Quel temps peuvent-elles garder le reste, pour compenser les avances qu'elles ont faites ?

1199° La somme de 2 nombres est 56, et l'un est les ¼ de l'autre. Quels sont ces nombres ?

1200° I*** fait valoir des fonds à intérêt composé 6 p. % pendant 3 ans 3 mois. A l'échéance, il lui est remboursé 1088 fr. Il s'agit, d'après cela, de découvrir le principal.

1201° Un particulier touche 1286 fr. 50 pour un capital et ses intérêts simples de 18 mois, au taux de 4 p. %. par an. Quelle était la somme placée ?

1202° Convertir 4320 fr. de rentes 5 p. % à 108, en rentes 3 p. % au cours de 60 fr.

1203° Un quadrilatère irrégulier a 146ᵐ 8 de diagonale, et les perpendiculaires abaissées, l'une 53ᵐ 7 et l'autre 30ᵐ 3. Cela connu, calculer la surface

de ce champ. (*Multipliez la diagonale par la demi-
somme des perpendiculaires*).

1204° On achète une maison pour 6000 fr. On
l'acquittera en trois annuités. De combien sera chaque
paiement, les intérêts étant comptés à 5 p. %?

1205° Lequel est le plus avantageux d'acheter
du 3 p. % à 68 fr. 70 ou du 4 ½ p. % à 89 fr. 50 ?
— Et à quel cours peut-on prendre le 3 p. %, pour
placer son argent à 5 p. %?

1206° Que doit-on pour le crépi, en dedans et
en dehors, des 4 murs d'un jardin carré de 3 ares
80 centiares et 25 décimètres carrés, les murs ayant
2 mètres de haut, à 40 centimes le mètre carré ?

1207° 2 joueurs ont ensemble 55 fr.; l'un perd
la ¼ de ce qu'il possède ; l'autre en perd le ⅓, et leurs
déboursés s'élèvent à 25 fr. Combien chacun avait-il ?

1208° Le 4 février 1865, j'ai emprunté 2000 fr.
chez un notaire, et le 4 août 1200 fr. J'ai remboursé
1° 1500 fr. le 4 décembre ; 2° 800 fr. le 4 mars suivant,
et 3° 500 fr. le 4 juin. Je me suis acquitté finalement
au bout de 2 ans 8 mois. Qu'ai-je rendu, à intérêt
composé 5 p. %?

1209° Mon fils a acheté 41^m d'étoffe à 4 fr. 50;
13^m 60 à 8 fr. et 54^m à 10 fr. Que doit-il revendre le
mètre proportionnellement, pour gagner 250 fr., ou
30 p. % sur le tout ?

1210° Deux courriers, suivant la même route,
partent en même temps de Paris et de Tours. Le
premier fait 20 kilomètres en 3 heures et va à Tours;
le second fait 28 kilomètres en 4 heures et va à Paris.
Au bout de combien d'heures se croiseront-ils ? et
à quelle distance de Paris et de Tours, les villes
étant à 240 kilomètres l'une de l'autre ?

1211° Quel prix doit coûter le pavé d'une aire
ronde ayant 18^m de diamètre, à 25 centimes le mètre
carré ? — Et à combien revient l'hectolitre d'une
sorte de vin qu'on a vendu en détail 15 centimes le

décil., sachant qu'on a fait, sur chaque hectol. de vente, un bénéfice égal à ce que coûtent 5 décal.?

Pour avoir la surface de l'aire, on peut :

1° Multiplier le diamètre par lui-même, puis le produit par Π; 2° Multiplier la circonférence par la moitié du rayon; 3° Multiplier le carré du rayon par 3,1416.

1212° Quelle est, en litres, la capacité d'un tonneau dont le diamètre des jables ou des fonds est de 52 centimètres; celui du bouge ou du milieu, de 60 centimètres, et la longueur intérieure d'un fond à l'autre, de 100 centimètres ?

Pour obtenir cette capacité, c'est-à-dire pour jauger le tonneau, 1° on fait le carré du diamètre d'un jable; 2° on y ajoute le double carré du diamètre du bouge ; 3° on multiplie la somme par la longueur du tonneau, et 4° le produit par 262. — *Ou bien* « On multiplie entre elles les 3 dimensions et leur produit par 8 ; puis on sépare 4 chiffres décimaux, » (L. MAITRE). — La méthode abrégée donne un peu moins qu'il ne faut.

CHIFFRES ROMAINS.

I.	1	XVI.	16	LXXIX.	79
II.	2	XVII	17	LXXX	80
III	3	XVIII.	18	XC.	90
IV	4	XIX.	19	IC	99
V.	5	XX.	20	C.	100
VI	6	XXI	21	CIC	199
VII.	7	XXX	30	CCC.	300
VIII	8	XXXII	32	CD.	400
IX	9	XL.	40	D.	500
X.	10	XLIII	43	DIC	599
XI	11	L.	50	DC.	600
XII.	12	LIV.	54	DCC.	700
XIII	13	LX.	60	GM.	900
XIV	14	LXV.	65	IM	999
XV.	15	LXX.	70	M.	1000

PRINCIPALES
MONNAIES ÉTRANGÈRES
AVEC LEUR VALEUR EN FRANCS ET EN CENTIMES.

(La *Belgique*, la *Suisse* et le *Grand-Duché de Luxembourg* ont adopté notre système monétaire.

ANGLETERRE.

Guinée et Souverain, en *or*. 25,20
Demi-guinée et demi-souverain................. 12,60
Quart de guinée............ 6,30
Couronne ou crown, en *arg*. 5,81
Demi-crown................. 2,90
Double schelling........... 2,40
Schelling (12 pences ou pennys)................. 1,20
Demi-schelling............. 0,60
Penny, en *bronze*........... 0,10
Demi-penny ou half-penny. 0,04

ALLEMAGNE et PRUSSE.

Carolin de Cologne, en *or*.. 28,35
Carolin de Wurtemberg ... 25,35
Carl de Brunswick, 5 thalers. 18,95
Double Frédéric............ 41,60
Frédéric................... 20,80
Demi-Frédéric.............. 10,40
Ducat fin.................. 11,77
Ecu, Thaler, Risdale ou Rixdale (16 schell.), en *arg*·} 3,75
Florin (gulden)............ 2,10
Un sixième de thaler (5 silbergros)................ 0,60
Un douzième de thaler.... 0,30
Silbergros, en *bronze*...... 0,11
Kreutzer.................. 0,031
(*Ne pas confondre le* CAROLIN *avec le* CARL.)

AUTRICHE et BOHÊME.

Double souverain, en *or*.. 35,16
Souverain................. 17,58
Demi-souverain............ 8,79
Ducat 11,85
Ecu, risdale ou risdaler, en *argent* 5,20
Demi-risdale ou florin de Hanovre.................. 2,60
Florin d'Autriche ou de Vienne.................. 2,50
Livre (20 kreutzers)...... 0,86
Dix kreutzers............. 0,48
Kreutzer, en *bronze*....... 0,043

BADE (Grand-Duché).

Dix florins, en *or*......... 21,00
Cinq florins.............. 10,50
Trois florins, en *argent*... 6,30
Deux florins.............. 4,20
Florin.................... 2,16

BAVIÈRE.

Carolin, en or............ 25,66
Carl (10 flor., 42 kreutzers). 24,13
Maximilien............... 17,18
Ducat................... 11,85
Couronne, en argent....... 5,72
Risdale................. 5,20
Teston................. 0,86

DANEMARK et HOLSTEIN.

Chrétien, en or.......... 21,00
Ducat.................. 9,47
Risdale ou thaler(96 schell.),
  en argent.............. 5,65
Marc.................. 0,83

ESPAGNE.

Pistole ou doublon
  de 8 écus, en or: 81,50 et 86,40
Pistole de 4 écus.. 40,75 et 43,20
Pistole de 2 écus.. 20,37 et 21,60
Demi-pistole ou écu: 10,18 et 10,80
Plastre, en argent......... 5,40
Demi-plastre.......... 2,70
Réal de 2 (une piécette)... 1,08
Réal de 1 (1/2 piécette).... 0,54
Réalillo (34 maravédis), en
  bronze............... 0,27

ÉTATS D'ITALIE, Romains, etc.

Pistole, en or, à Venise... 21,86
  —   à Florence. 21,10
  —   à Milan... 19,76
  —   à Rome... 17,28
Demi-pistole, à Rome.... 8,64
Sequin, à Venise: 12 fr.; à
  Rome.............. 11,80
Demi-sequin) à Venise.. 6,00
ou ducaton) à Rome... 5,90

Écu à la croix (de Venise). 6,70
Écu de 10 paolis, en arg.. 5,40
Talaro de Venise......... 5,25
Teston................. 1,62
Papeto................. 1,08
Florin de Florence....... 1,20
Carlin, monnaie de billon. 0,40
Dix bayoques............ 0,54
Une bayoque ou baïoque. 0,054
10 centesimi............ 0,10

GRÈCE.

Talent (6000 drachmes), 5500 fr.
Mine (100 drachmes), 92 fr. env.
Tétra (4 drachmes), en arg. 3,60
Drachme (6 oboles)...... 0,90
Obole.................. 0,15
Denier ou 10 as.......... 0,47
Quinaire ou 5 as......... 0,23
Sesterce............... 0,12

HAMBOURG.

Ducat, en or............ 11,85
Risdale, en argent........ 5,78
Marc.................. 1,53

HOLLANDE.

Ryder ou ruyder d'or..... 31,83
Ducat, en or............ 11,00
Demi-ducat ou risdale..... 5,97
Guillaume ou 10 florins.... 20,85
Cinq florins............ 10,42
Ryder d'argent ou ducaton. 6,85
Trois florins, en argent.... 6,25
Florin................. 2,10
Demi-florin ou 50 cents... 1,05
Quart de florin ou 25 cents. 0,52
Dix cents.............. 0,20
Cinq cents............. 0,10

ITALIE.

(Voir États romains, Naples, Parme, Piémont, Sardaigne, Toscane).

NAPLES et SICILE.

Six ducats, en or............ 25,60
Once d'or { de Sicile..... 13,75
{ de Naples.... 13,00
Écu de 12 carlins ou 12 tarins, en argent .. 5,10
Ducat ou ducaton (10 carlins).................. 4,26
Deux carlins............. 0,85
Carlin de Naples.......... 0,425
Carlin de Palerme et de Messine............... 0,30

PARME.

Sequin, en or............. 11,95
Pistole.................. 21,92
Quarante lires........... 40,00
Vingt lires.............. 20,00
Ducat, en argent......... 5,18
Cinq liras 5,00
Lira ou lire italienne...... 1,00

PIÉMONT.

Carlin, en or............ 150,10
Demi-carlin............. 75,05
Sequin.................. 11,85
Double pistole.......... 40,00
Pistole................. 20,06
Écu de 5 livres, en argent, 5 francs et............ 7,07
Demi-écu: 2 fr. 50 et.... 3,53
Lire ou livre: 1 fr. et..... 1,41

PORTUGAL.

Moeda douro, en or....... 33,93
Meia moeda ou demi-lisbonnine.............. 16,96
Quartinho............... 8,49
Meia dobra ou portugaise. 45,27
Demi-portugaise......... 22,63
16 testons (1600 reis)..... 11,32
12 testons (1200 reis)..... 8,02
8 testons (800 reis)....... 5,66
Cruzade, en argent....... 3,00
1000 reis............... 6,25
160 reis = 1 fr. 13 pour... 1,00

RAGUSE (Autriche.)

Talaro ou ragusine, en arg. 3,90
Demi-talaro 1,95
Ducat................... 1,37

RUSSIE.

Impériale (10 roubles), en or. 40,60
Demie (de 5 roubles)...... 20,30
Ducat.................. 11,60
Rouble de 100 kopecks, en argent............. 4,00

SARDAIGNE.

Carlin, en or............ 49,33
Demi-carlin 24,66
Pistole 28,45
Demi-pistole........... 14,22
Écu de 5 livres, en argent. 5,00
Demi-écu............... 2,50
Lire de Sardaigne........ 1,83
Livre.................. 1,00

SAXE.

Double auguste, 10 thalers,
en or 41,50
Auguste, 8 thalers 26,75
Demi-auguste 10,37
Ducat 11,88
Risdale, en *argent* 5,20
Demi-risdale ou florin 2,60
Thaler : 3 fr. 90 et 4,18
Gros, en *bronze* 0,16

SUÈDE.

Ducat, en *or* 11,70
Demi-ducat 5,85
Risdale ou thaler (48 schellings), en *argent* 5,75
2/3 risdale ou double plotte .. 3,84
1/3 risdale ou 16 schellings .. 1,92
Carolin 0,85

SUISSE.

Trente-deux franken, en or 17,50
Seize franken (pistole de
Berne) 23,30
Ducat de Zurich 11,77
Ducat de Berne 11,64
Écu de Bâle, en *argent* 4,50
Demi-écu ou florin de 15
bats 2,25
Écu de Zurich 4,70
Demi ou florin 2,35
Quatre franken de Suisse 6,00
Deux franken 3,00
Franken 1,50
Bats, en *bronze* 0,15

TOSCANE.

Ruspone, en *or* 36,00
Tiers de ruspone ou sequin
aux lis 12,00
Demi-sequin 9,00
Rosine (pistole de Florence) .. 21,10
Demi-rosine 13,05
Francescone ou piastre de
Toscane, en *argent* 5,65
Cinq paolis 2,80
Deux paolis 1,12
Un paoli 0,56
Livre de Toscane 0,85

TURQUIE.

Sequin, en *or* 7,80
Demi-sequin 3,65
1/3 de sequin 2,43
1/4 de sequin 1,82
Piastre, en *argent* 0,23
Aspre, monnaie de compte 0,02½

AMÉRIQUE.
—
ÉTATS-UNIS.

Double aigle, en *or* 55,11
Aigle de 5 dollars 27,60
Demi-aigle 13,80
Dollar, en *argent* 5,42
Demi-dollar 2,71
Quart de dollar 1,35
Schelling, de 05 centimes ½ ... 1,11

ASIE

JAPON.

Kobang de 100 mas, en or.. 32,70
Demi-kobang, de 50 mas... 16,35
Tigo-gin, de 40 mas....... 14,40
1/2 tigo-gin, de 20 mas....   7,20
1/4 tigo-gin, de 10 mas,
  en argent...............   3.60
1/8 tigo-gin, de 5 mas.....   1,80

MONGOLIE.

Rouple du Mogol, en or... 38,72
Demi-rouple...id......... 19,36
Quart de rouple..id......   9,68
Rouple au Zodiaque,,...... 37,50
Demi-rouple...id......... 18,75
Quart de rouple...id......   9,37
Pagode au croissant.......   9,46
Pagode à l'étoile..........   9,35

Pagode de Pendichéry.....   6,22
Ducat de la Compagnie
  hollandaise................ 11,62
Demi-ducat................   5,81
Rouple du Mogol, en arg..   2,42
Rouple de Madras et pièce
  de la Compagnie hollan-
  daise....................   2,40
Double fanon des Indes.....   0,63
Fanon.   0,31

PERSE.

Rouple, en or............ 38,75
Demi-rouple.............. 18,37
Double rouple de 5 abassis,
  en *argent*..............   4,90
Rouple de 2 abassis 1/2....   2,45
Abassi....................   0,97
Mamoudi..................   0,485
Larin.....................   1,90

TABLE DES MATIÈRES

POUR LE RECUEIL DE PROBLÈMES.

— FIN —

Amiens. Typ. V° Lambert-Caron.

Doit Monsieur X***, Manufacturier à....... Son c/c¹ et d'intérêts avec la Société du Charbonnage de......, arrêté au 10 mai 1877. — **Avoir**

DATES. 1876	FR.	C.	MOTIFS DU DÉBIT.	ÉCHÉANCES.	JOURS.	NOMBRES.
Mars 25	4930	25	N/livraison de 266.500 k°°, à 18f 50 . . .	1er Mars 1877	70	3451
Avril 12	4837	38	id. de 261.480 » » . . .	1er Février 77	98	4741
» »	600	»	Avance sur fret à E. Droz, batelier . . .	27 Avril 76	378	2268
Mai 12	4834	97	N/livraison de 261.350 k°°, à 18f 50 . . .	1er Février 77	98	4738
Juin 1er	4595	40	id. de 248.400 » » . . .	1er Janvier 77	129	5928
» »	600	»	Avance sur fret à B. Frénoy. , . . .	16 Juin 76	328	1968
» 7	4371	73	N/livraison de 236.310 k°°, à 18f 50 . . .	1er Janvier 77	129	5640
» »	500	»	Avance sur fret à C. Pollet	22 Juin 76	322	1610
» 14	4461	46	N/livraison de 241.160 k°°, à 18f 50 . . .	1er Janvier 77	129	5755
» »	600	»	Avance sur fret à D. Obert	29 Juin 76	315	1890
» 19	4960	77	N/livraison de 268.150 k°°, à 18f 50 . . .	1er Janvier 77	129	12632
» 23	4851	46	id. de 261.160 » » . . .	1er Janvier 77	129	
» »	800	»	Avance sur fret à G. Magloire.	8 Juillet 76	306	2448
	745	**86**	INTÉRÊTS à 6 % sur la Balance des Nombres (int. obtenus en divisant 4474000 par 6000, ou 4474 par 6).			
	41669	08				53069
	20046	83	SOLDE débiteur, à nouveau, 10 mai 1877.			

DATES. 1876	FR.	C.	MOTIFS DU CRÉDIT.	ÉCHÉANCES.	JOURS.	NOMBRES.
Décembre 31	1022	25	Prime de 50 c. par tonne, sur 2044t 51 . .	31 Décembre	130	1329
1877 Avril 5	20060	»	Sa remise en un chèque, payable chez M. Z.	5 Avril	35	7000
			(NOTA. — 18f 50c, ci-contre, signifient 18 fr. 50 les 1000 kilos de charbon, qu'on écrit 00/00) Pour abréger, on a négligé 3 zéros à la droite des quantités dites *Nombres*.			
			Balance des Nombres			44740
	20046	83	*SOLDE DÉBITEUR.*			
	41669	08				53069

Doivent MM. S... et T..., Fabricants de sucre, à... Leur C/ cᶜᵗ, arrêté le 30 Septembre 1877, chez H. FÉLIX, banquier à Paris. **Avoir**

DOIT

1877.		fr	c		3ᵉ Trimestre.			nb.	c.
		37126	90	SOLDE au 30 Juin. ÉPOQUE.					
Juillet	1ᵉʳ	1002	60	Mon envoi en b/ de B/, port et chargement	30	Juin	»	»	»
	5	2002	90	» » » »	4	Juillet	4	1	35
	17	1000	»	» » » »	16	»	16	2	65
	18	2004	50	» » » »	17	»	17	5	65
	24	2004	50	» » » »	23	»	23	7	65
	27	2004	50	» » » »	26	»	26	8	75
	31	160	»	Traite O/ Lefèvre fils	31	»	31	0	80
	»	24	»	Impôt 3 %/ sur actions	1	»	1	»	»
Août	25	4000	»	Paiement du chèque O/ E. W.	25	Août	56	37	30
	31	2004	50	M/ env. en b/ de B/... etc.	30	»	61	20	35
	»	0	25	Ma lettre	31	»	31	»	»
Septembre	13	2002	60	M/ envoi..... etc.	12	Septemb.	74	24	70
	»	0	25	M/ lettre	13	»	75	»	»
	16	54	»	Paiement de la traite O/ Allard	15	»	77	0	70
	26	5005	70	M/ envoi..... etc.	25	»	87	43	55
	30	421	80	Traite O/ Gustave	30	»	99	21	30
	»	1000	»	» »	»	»			
		59819	»					176	25
				Balance des Int.				* 627	30

$$
\begin{array}{rl}
 & 418,20 \text{ Int. à } 4\,°/_°.\\
+ & 74,75 \ \ 1/8 \text{ p. }°/_° \text{ de Cᵒⁿ sur le débit.}\\
+ & 105\text{-} \ \text{»} \ \ 1/4 \text{ p. }°/_° \text{ sur 42000 fr. environ de}\\
 & \text{découvert moyen.}\\
+ & 0,30 \text{ p. } 0,10 \text{ aux vers. (des 1ᵉʳ, 10 et 11}\\
 & \text{août).}\\
+ & 0,50 \text{ c. Port de ce c/.}\\
\end{array}
$$

		598	75	= 598,75					
		60417	75					802	55
		48104	95	SOLDE débiteur au 30 Septembre 1877.					

AVOIR

1877.		fr	c					fr.	c.
Août	1ᵉʳ	4487	50	Versement A. Guillon fils	2	Août	33	24	65
	10	8000	»	» de la Raff. Sᵗ-Ouen	11	»	42	42	»
	11	1025	30	» Lebaudy frères	12	»	43	7	35
		800	»	Int. sur Actions au 1ᵉʳ Juillet			1	0	15
		12312	80					74	15
				Bal. des Capitaux = 47506,20	30	Septemb.	92	728	40
		48104	95	SOLDE.					
		60417	75					802	55

$$
\begin{array}{r}
59819, \ \text{»}\\
-\ 12312,80\\
\hline
\end{array}
$$

* Prenez 2 fois le 1/8 de 627,30.

APPENDICE

AU PETIT COURS D'ARITHMÉTIQUE S. PAUCHET.

COMPTES COURANTS.

La nouvelle méthode des comptes courants, usitée dans la Banque, permet de calculer d'avance les intérêts.

Voici comment : Supposons un compte arrêté au 30 juin, — qui fait alors Époque.

Au 1er juillet, l'intérêt est calculé pour . . . 1 jour;
au 2 juillet, » » pour . . . 2 jours;
au 3 juillet, » » pour . . . 3 jours;
au 31 août, » » pour . . . 62 jours;
au 25 septembre, » » pour . . . 87 j., etc.

Cela posé, pour établir le compte courant,
1° On addit. les capit. et leurs intérêts, tant au *Doit* qu'à l'*Avoir*;
2° On fait la différence des totaux (de gauche et de droite);
3° Enfin on ajoute cette différence au *côté le plus faible*.
On a ainsi la Balance, pour le Solde débiteur ou créditeur:
Solde débiteur, si le négociant ou le fabricant redoit au banquier;
Solde créditeur, si, au contraire, c'est le banquier qui redoit à son client.

Remarques. Nous ferons observer ici qu'un certain nombre de banquiers font courir à 6 % les intérêts des sommes qu'ils prêtent; mais ne paient qu'à 3, à 2 ou même à 1 % les fonds qui leur sont confiés.
D'autre part, l'intérêt varie encore suivant le taux de l'escompte de la Banque de France.

Les exercices ci-après, étudiés avec soin, seront un guide précieux pour les jeunes gens qui se destinent au Commerce, veulent se livrer à l'Industrie ou entrer dans la Banque.

Pour bien comprendre ce nouveau procédé, il suffit de remarquer :
Qu'étant donnée une somme divisée en 2 parties, chacune d'elles égale le tout diminué de l'autre quantité.
Or, toute opération divise en 2 parties l'intervalle d'un compte arrêté à l'autre: l'une antérieure (le temps écoulé depuis le dernier arrêté de compte), et l'autre postérieure (le temps qui doit s'écouler jusqu'à l'arrêté de compte suivant).

Par suite, l'intérêt pour le second intervalle est égal à celui que donnerait la somme pendant l'intervalle complet, moins l'intérêt de l'intervalle antérieur.

On nomme intérêts totaux ceux du trimestre ou du semestre entier; intérêts temporaires ceux de la 1re partie, et intérêts restants ceux de la 2e partie.

1er MODÈLE. **Doit** M. J. Louis, Fabricant de sucre à... Son *Compte courant* arrêté au 30 Juin 1875, chez MM. N... et Cⁿ, banquiers à... **Avoir**

(Dans ces modèles, les noms propres sont supposés. — B/ ou b/ signifie *Billet ou billets de Banque*; Cⁿ, commission; O/, ordre; N/, notre; M/, mon; etc.)

DOIT

2e Trimestre.

DATES	SOMMES fr.	c.	PROVENANCE DES SOMMES	DATES POUR LES JOURS d'intérêt à 6 0/0	jours	fr.	c.
1875							
Avril 2	5003	40	N/ envroi en b/ de B/, port et chargement	1er Avril	1	0	85
6	27634	13	N/ paidem du chèque O/ Robert	2 »	2	12	55
8	11607	10	N/ enve. en b/ de B/, port et charg.	7 »	7	12	85
12	6603	70	» » »	11 »	11	11	»
15	6003	70	» » »	14 »	14	14	»
17	1000	»	N/ remise à E. W.....	17 »	17	2	85
19	6003	70	N/ nouv. en b/ de B/....., etc.	18 »	18	13	»
28	15006	50	» » »	22 »	22	55	»
Mai 3	25000	»	N/ paidem du chèque O/ A.....—T.....	1er Mai	31	129	15
5	1432	65	Paiement de la traite E. Georges	5 »	35	8	35
8	8007	55	N/ envoi..... etc	7 »	37	49	33
19	770	»	N/ paiem du chèque O/ Arthur, frères	19 »	49	6	85
22	340	09	» » M.....—M.....	22 »	52	2	75
Juin 8	85	65	Remise faite à J..... et P.....	7 Juin	68	0	95
11	5005	45	N/ envoi..... etc.	10 »	71	59	90
28	3002	85	» »	27 »	88	44	95
	131277	08				427	25

172963,35
— 131277,—
Balance des Capitaux = 41686,35

{ + 1164,13 c., 1/8 p. %, de Cⁿ sur le débit.
      4,65 c., ports de l/ et du c/.
(= 1168,75 c., somme à déduire (V. ci-contre).

				30 Juin	91	639	95
41748	95		SOLDE (c.-à-d. *Balance p/s.*):			1039	50
173025	95					1039	50

AVOIR

DATES	SOMMES fr.	c.	PROVENANCE DES SOMMES	DATES POUR LES JOURS d'intérêt à 6 0/0	jours	fr.	c.
1875	96785	35	*SOLDE au 31 Mars, ÉPOQUE.*				
Avril 23	5006	60	Versement J... et P....	24 Avril	24	20	05
27	11074	»	» de la Raff. C. Say.	28 »	28	51	65
29	11189	30	» » »	30 »	30	55	05
Mai 3	11320	40	» » »	4 Mai	34	64	15
7	5678	»	» J... et P.....	8 »	33	33	95
Juin 7	22975	55	» G.-L. H...	8 Juin	69	254	20
8	9963	85	» de la Raffinerie parisienne.	9 »	70	104	60
	172963	35				396	75

1059,50
— 456,75
Balance des Int. = 462,75
Moitié de 462,75 (Int. à 6 %) =
231,35 (Int. à 3 %.)
— 168,75
= 62,60

Nota. 62 fr. 60 forment donc réellement, pour M. J. Louis, le boni des sommes versées à s/c chez MM. N... et Cⁿ, banquiers, — sommes qui, comme nous l'avons dit, ont porté int. à 3 %.

	68	60				482	75
	173025	95				1050	50
	41748	95	*SOLDE créditeur au 30 Juin 1875.*				

4e MODÈLE, analogue au 3e, mais pour 6 mois, du 1er Juillet au 31 Décembre = 184 jours. — D'après M. E. Cadrès-Marmet.

Doivent MM. G...-C... et Fils, Négts à...... L/ c/ ct et d'intérêts, chez B..., frères, Négts à....., arrêté le 31 décembre 1877. — **Avoir**

DATES.	FR.	C.	MOTIFS DU DÉBIT.	ÉCHÉANCES.	JOURS.	NOMBRES.	DATES.	FR.	C.	MOTIFS DU CRÉDIT.	ÉCHÉANCES.	JOURS.	NOMBRES.
1877	5000	»	SOLDE au 30 Juin. — ÉPOQUE.				1877						
Août 15	8800	»	N/ facture de ce jour	15 Août.	46	404800	Juillet 11	10000	»	L/ versement en un chèque, payable le 12.	12 Juillet.	12	120000
Septemb. 1er	6500	»	N/ envoi en espèces	1er Septembre.	63	409500	Septemb. 30	2000	»	L/ remise en billets de banque.	30 Septembre.	92	184000
Novemb. 15	2000	»	N/ remise en un effet, payable le 15 janvier.	15 Janvier.	199	398000	Décembre 25	1000	»	» en 1 effet sur S..., payable le 20 janv.	20 Janvier.	204	204000
	22300	»				1212300		13000	»	(Balance des *Capitaux* : 23300 — 13000) =	9300	184	1711200
			Balance des Nombres.			1006900				(Balance des *Nombres* : 2219200 — 1212300 = 1006900. V, ci-contre).			
+	167	80	Intérêts à 6 % sur ladite Balance des Nombres. — Intérêts obtenus en divisant 1006900 par 6000, ou 1006,900 par 6.				+	9467	80	*SOLDE DÉBITEUR.*			
										REMARQUE. — Ce solde est en faveur de B... frères, et en conséquence G.-C. et fils leur rédoivent 9467 fr. 80 c.			
	22467	80				2219200		22467	80				2219200
	9467	80	*SOLDE débiteur, à nouveau,* 31 déc. 1877.										